国家示范性职业学校
数字化资源共建共享课题成果教材

# 电机变压器

主　编　王　建　赵　文
副主编　张　宏　朱彦齐　吕尚礼
　　　　刘继先
参　编　杨海燕　张冬琴　张　琳
　　　　梁丽萍　蔡四龙　付世书
　　　　李　瑄　郝鑫虎　王枫清

机械工业出版社
CHINA MACHINE PRESS

本书是国家示范性职业学校数字化资源共建共享课题成果教材。本书共分为八个单元，主要内容为单相变压器及其维护、三相变压器及其维护、特殊变压器及其维护、三相异步电动机及其维修、单相异步电动机及其维修、直流电动机及其维修、特种电机及其维护和同步电机及其维护。

本书适合作为职业院校机电技术应用及相关专业的教材，也可作为机电设备相关培训机构或机电行业从业人员的参考用书。

为方便教学，本书配有电子课件等教学资源，选择本书作为教材的教师可来电（010-88379195）索取，或登录 www.cmpedu.com 网站，注册、免费下载。

**图书在版编目（CIP）数据**

电机变压器/王建，赵文主编. —北京：机械工业出版社，2017.12
国家示范性职业学校数字化资源共建共享课题成果教材
ISBN 978-7-111-58615-9

Ⅰ.①电… Ⅱ.①王… ②赵… Ⅲ.①变压器-中等专业学校-教材 Ⅳ.①TM4

中国版本图书馆 CIP 数据核字（2017）第 295829 号

机械工业出版社（北京市百万庄大街 22 号 邮政编码 100037）
策划编辑：赵红梅 责任编辑：赵红梅 王 荣 责任校对：刘志文
封面设计：陈 沛 责任印制：张 博
三河市国英印务有限公司印刷
2018 年 2 月第 1 版第 1 次印刷
184mm×260mm·19.25 印张·427 千字
0001—1900 册
标准书号：ISBN 978-7-111-58615-9
定价：39.80 元

凡购本书，如有缺页、倒页、脱页，由本社发行部调换

| 电话服务 | 网络服务 |
| --- | --- |
| 服务咨询热线：010-88379833 | 机 工 官 网：www.cmpbook.com |
| 读者购书热线：010-88379649 | 机 工 官 博：weibo.com/cmp1952 |
| | 教育服务网：www.cmpedu.com |
| **封面无防伪标均为盗版** | 金 书 网：www.golden-book.com |

# PREFACE 前言

　　为落实教育部、人力资源和社会保障部、财政部《关于实施国家中等职业教育改革发展示范学校建设计划的意见》文件精神，大力推进职业院校课程体系改革，增强技能人才培养的针对性与适应性，在全国示范校共建共享数字化精品资源建设的基础上，精心提炼精品课程和资源库的成果，并组织多年从事机电技术应用专业教学的职教专家、骨干教师和企业实践专家，在充分调研企业岗位需求和学校教学要求的基础上，开发编写了"国家示范性职业学校数字化资源共建共享课题成果教材"系列。

　　本书采用任务驱动的形式，有针对性地设计典型工作任务，将完成任务所需的理论知识和操作技能紧密地结合起来，本着够用为度的原则，尽量降低理论难度，突出操作技能的培养，并兼顾前瞻性，为学生今后的工作和进入高层次的学习打下基础。

　　本书的编写特色如下：

　　1. 根据机电技术应用岗位真实的工作任务设置学习情境。以典型性、实践性、职业性、先进性为原则选取工作任务，在此基础上对其进行转化、补充，并结合相关理论知识，使之成为学习任务，同时融入职业素养内容，使学生在掌握理论知识、专业技能的同时，逐步形成和提高个人职业素养。

　　2. 根据学生的认知规律和职业能力形成规律组织教材内容，创新编写模式。以机电技术应用岗位需要的能力为主线，由简单到复杂、由单项到综合安排学习任务。学生通过完成不同的任务，掌握机电技术应用领域有关工作全过程的工作技能，提高职业能力。

　　3. 根据学生的学习特点确定教材的呈现形式。注重利用图表、现场照片和实物照片辅助讲解知识点和技能点，突出教材的直观性，激发学生的学习兴趣。

　　4. 编写内容充分体现新知识、新技术、新工艺和新方法，具有一定的前瞻性和先进性。

　　本书由王建、赵文任主编，张宏、朱彦齐、吕尚礼、刘继先任副主编，参编人员有杨海燕、张冬琴、张琳、梁丽萍、蔡四龙、付世书、李瑄、郝鑫虎、王枫清。

　　由于编者水平有限，书中不妥之处在所难免，恳请读者批评指正。

编　者

# C●NTENTS

# 第一单元

# 单相变压器及其维护

变压器是一种常见的静止电气设备，它利用电磁感应原理，将某一数值的交变电压变换为同频率的另一数值的交变电压。变压器不仅对电力系统中电能的传输、分配和安全使用有重要意义，而且广泛应用于电气控制、电子技术、测试技术及焊接技术等领域。

变压器种类很多，通常可按其用途、绕组结构、铁心结构、相数、冷却方式等进行分类。按相数分为三相和单相变压器。单相变压器常用于单相交流电路中隔离、电压等级的变换、阻抗变换、相位变换或三相变压器组；三相变压器常用于输配电系统中变换电压和传输电能。变压器外形如图 1-1 所示。

a)          b)

图 1-1　变压器外形

a）单相变压器　b）三相变压器

## 任务一　小型变压器的拆装与重绕

### 学习目标

1. 熟悉变压器的基本原理与分类。
2. 掌握小型变压器的拆装与重绕技能。

1

变压器的原理　变压器的结构

一、单相变压器的结构

单相变压器的基本结构包括一只由彼此绝缘的薄硅钢片叠成的闭合铁心以及绕在铁心上的高、低压绕组两大部分。其中绕组是电路部分，铁心是磁路部分。常用单相变压器的外形结构图如图 1-2 所示。其中，壳式单相变压器常用于单相交流电路中隔离、电压等级的变换、阻抗变换、相位变换或三相变压器组；心式单相变压器常用于大、中型变压器及高压的电力变压器；自耦变压器常用于实验室或工业上调节电压。

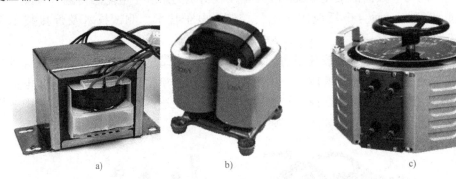

a)　　　　　　　　　　b)　　　　　　　　　　c)

图 1-2　常用单相变压器的外形结构图

a）壳式单相变压器　b）心式单相变压器　c）自耦变压器

1. 单相变压器铁心

铁心构成变压器磁路系统，并作为变压器的机械骨架。铁心由铁心柱和铁轭两部分组成，铁心柱上套装变压器绕组，铁轭起连接铁心柱使磁路闭合的作用。对铁心的要求是导磁性能要好，磁滞损耗及涡流损耗要尽量小，因此均采用 0.35mm 厚的硅钢片制作。目前国产低损耗节能变压器均用冷轧晶粒取向硅钢片，其铁损耗低，且铁心叠装系数高（因硅钢片表面有氧化膜绝缘，不必再涂绝缘漆）。

根据变压器铁心的制作工艺可分叠片式铁心和卷制式铁心两种。

 提示

叠片式铁心的心式及壳式变压器的制作顺序：

先将硅钢片冲剪成如图 1-3 所示的形状，再将一片片硅钢片按其接口交错地插入事先绕好并经过绝缘处理的线圈中，最后用夹件将铁心夹紧。为了减小铁心磁路的磁阻以减小铁心损耗，要求铁心装配时，接缝处的空气隙应越小越好。

2. 绕组（线圈）

变压器的线圈通常称为绕组，它是变压器中的电路部分，小型变压器一般用绝缘的漆包圆铜线绕制而成，对容量稍大的变压器则用扁铜线或扁铝线绕制。

在变压器中，接到高压电网的绕组称高压绕组，接到低压电网的绕组称低压绕组。

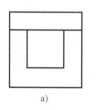 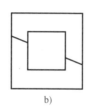 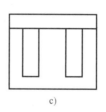 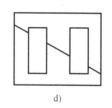

图 1-3　单相小容量变压器铁心形式

a）心式口形　b）心式斜口形　c）壳式 E 形　d）壳式 F 形

按高压绕组和低压绕组的相互位置和形状不同，绕组可分为同心式和交叠式两种。

（1）同心式绕组　同心式绕组是将高、低压绕组同心地套装在铁心柱上，如图 1-4 所示。为了便于与铁心绝缘，把低压绕组套装在里面，高压绕组套装在外面。对低压大电流、大容量的变压器，由于低压绕组引出线很粗，也可以把它放在外面。高、低压绕组之间留有空隙，可作为油浸式变压器的油道，既利于绕组散热，又利于两绕组之间的绝缘。

同心式绕组按其绕制方法的不同又可分为圆筒式、螺旋式和连续式等多种。同心式绕组的结构简单、制造容易，常用于心式变压器中，这是一种最常见的绕组结构形式，国产电力变压器基本上均采用这种结构。

（2）交叠式绕组　交叠式绕组又称饼式绕组，它是将高压绕组及低压绕组分成若干个线饼，沿着铁心柱的高度交替排列着。为了便于绝缘，一般最上层和最下层安放低压绕组，如图 1-5 所示。交叠式绕组的主要优点是漏抗小、机械强度高、引线方便。这种绕组形式主要用在低电压、大电流的变压器上，如容量较大的电炉变压器、电阻电焊机（如点焊、滚焊和对焊电焊机）变压器等。

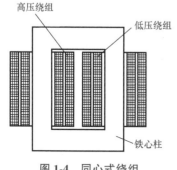

图 1-4　同心式绕组

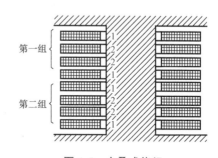

图 1-5　交叠式绕组

1—低压绕组　2—高压绕组

## 二、单相变压器的分类

### 1. 按用途分类

（1）电力变压器　电力变压器用作电能的输送与分配。按其功能不同又可分为升压变压器、减压变压器、配电变压器等。

（2）特种变压器　在特殊场合使用的变压器，如作为焊接电源的电焊变压器；将交流电整流成直流电时使用的整流变压器；供电子装置上使用的阻抗匹配变压器等。

（3）仪用互感器　用于电工测量中，如电流互感器、电压互感器等。

（4）控制变压器　容量一般比较小，用于小功率电源系统和自动控制系统，如电源变压器、输入变压器、输出变压器、脉冲变压器等。

（5）其他变压器　其他变压器有试验用的高压变压器，输出电压可调的调压变压器，产生脉冲信号的脉冲变压器，压力传感器中的差动变压器等。

2. 按绕组构成分类

按绕组构成划分，有双绕组变压器、三绕组变压器、多绕组变压器和自耦变压器等。

3. 按铁心结构分类

根据变压器铁心的结构形式可分为心式变压器和壳式变压器两大类。心式变压器是在两侧的铁心柱上放置绕组，形成绕组包围铁心的形式，如图 1-6 所示。壳式变压器则是在中间的铁心柱上放置绕组，形成铁心包围绕组的形状，如图 1-7 所示。

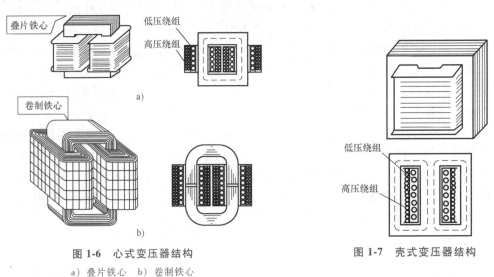

图 1-6　心式变压器结构

a）叠片铁心　b）卷制铁心

图 1-7　壳式变压器结构

心式变压器常用于小型变压器、大电流的特殊变压器，如电炉变压器、电焊变压器，或用于电子仪器及电视机、收音机等的电源变压器。

4. 按冷却方式分类

根据变压器冷却方式可分为油浸式、风冷式、自冷式和干式变压器等。

其中油浸式用于中小型电力变压器；风冷式用于大型电力变压器；自冷式用于小型变压器；干式变压器用于防火安全较高的场合。

一、训练内容

小型变压器的拆装与重绕。

二、工具、仪器仪表及材料

1）硅钢片选用 $a=38$mm，$c=19$mm，$h=57$mm，$A=114$mm，$H=95$mm 的 E 形通用硅钢片，叠厚48mm，一次侧参数为 220V、0.6A，绕组用最大外径为 0.67mm 的 Q 型漆

包线绕 534 匝。

E 形通用硅钢片尺寸示意图如图 1-8 所示。

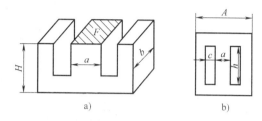

图 1-8 E 形通用硅钢片尺寸示意图

a）尺寸示意图 1　b）尺寸示意图 2

图中，$F=ab$，$b=b/K_e$。$a$ 为铁心中柱宽，单位为 mm；$b$ 为铁心净叠片厚，单位为 mm；$F$ 为铁心柱中心面积，单位为 mm$^2$；$H$ 为铁心高度，单位为 mm；$c$ 为铁心窗口宽，单位为 mm；$h$ 为铁心窗口高，单位为 mm；$A$ 为铁心长，单位为 mm；$K_e$ 为叠片系数。

2）二次侧参数为 17V、6A，绕组用最大外径为 1.64mm 的 Q 型漆包线绕 41 匝。

3）绕线心子用厚 1mm 的弹性纸制作；对铁心绝缘用两层电缆纸（0.07mm），一层黄蜡布（0.14mm）；绕组间绝缘与对铁心绝缘相同。

4）17V 层间绝缘用两层电缆纸（0.12mm）；其他绕组层间绝缘用一层电缆纸（0.07mm）。

5）电工工具 1 套，绕线机 1 台，其他专用工具。

三、评分标准

评分标准见表 1-1。

表 1-1　评分标准

| 序号 | 主要内容 | 评分标准 | 配分 | 扣分 | 得分 |
|---|---|---|---|---|---|
| 1 | 绕组质量 | 1. 二次电压误差±3%，每超过 1%，扣 10 分<br>2. 中心抽头电压误差±1%，每超过 0.5%，扣 10 分<br>3. 绕组间短路，扣 15 分<br>4. 绕组通地（碰铁心），扣 15 分 | 50 分 | | |
| 2 | 外形 | 1. 线包不紧实，扣 10 分<br>2. 镶片不整齐，有空隙，扣 5 分<br>3. 引出线端未做电压值标记，扣 10 分<br>4. 焊片与青壳纸铆接不牢，每只扣 5 分 | 30 分 | | |
| 3 | 引出线 | 1. 有虚假焊，每只扣 5 分<br>2. 引出线未套绝缘套管，每个扣 5 分 | 10 分 | | |
| 4 | 安全与文明生产 | 每违反一次扣 10 分 | 10 分 | | |
| 5 | 工时：6h | 不准超时 | 总分　100 分<br>教师签字 | | |

四、训练步骤

按小型变压器绕制工艺绕制绕组，绕制结束后，先镶片，然后紧固铁心、焊接引出线，交教师检验、评分后再进行烘干、浸漆。

1. 熟悉工具

拆装与重绕工具见表1-2。

表1-2 拆装与重绕工具

| 材料、仪表或工具名称 | 相关图片 | 描述 |
|---|---|---|
| 标准变压器及漆包线 |  | 通过拆卸标准变压器，可了解选用相应的漆包线的一次绕组和二次绕组的线径参数 |
| 绝缘材料 |  <br>牛皮纸 　　　　青壳纸 | 选择绝缘材料应从两个方面考虑：一是绝缘强度，二是工艺处理方案。对于层间绝缘应使用厚度为0.08mm的牛皮纸，线包外层绝缘应使用厚度为0.25mm的青壳纸 |
| 仪表和量具 |  <br>万用表 　　　　绝缘电阻表 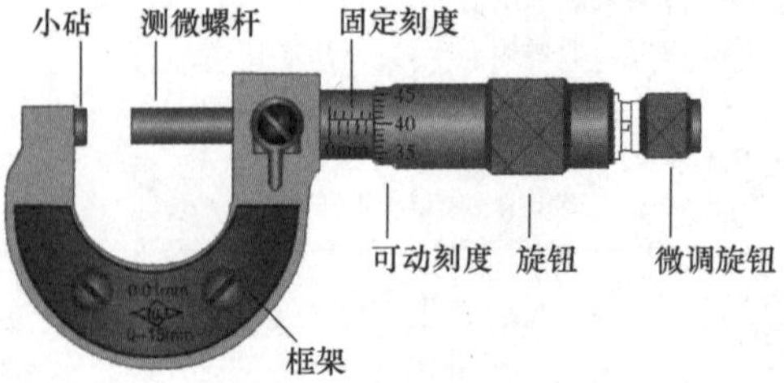<br><br>千分尺 | 万用表、绝缘电阻表和千分尺分别用于测量变压器的绕组直流电阻、绝缘电阻和绕组线径 |

（续）

| 材料、仪表或工具名称 | 相关图片 | 描 述 |
|---|---|---|
| 工具 | 胶锤(或木槌)　　　　　　绕线机 | 用于拆卸变压器铁心及绕组 |

### 2. 标准变压器的参数测量

标准变压器的参数测量见表 1-3。

表 1-3　标准变压器的参数测量

| 序号 | 步 骤 | 过程照片 | 步骤描述 |
|---|---|---|---|
| 1 | 绝缘电阻表的开路试验 | | 将绝缘电阻表的 L 线与 E 线自然分开，以 120r/min 的速度摇动。正常情况下，绝缘电阻表的表针应指向无穷大，也以此证明绝缘电阻表电压线圈正常 |
| 2 | 绝缘电阻表的短路试验 | | 将绝缘电阻表的 L 线与 E 线短接，轻轻摇动绝缘电阻表。正常情况下，绝缘电阻表的表针应很快指向刻度 0，也以此证明绝缘电阻表电流线圈正常<br><br>注意：轻摇一下就行，当指针指向刻度 0 后就不允许继续摇动，否则此时的短路电流可能会将绝缘电阻表的电流线圈烧毁 |
| 3 | 一、二次绕组间绝缘电阻的测试 | | 用绝缘电阻表测量一次绕组和二次绕组间的绝缘电阻，如左图所示，阻值接近"∞"（用绝缘电阻表测量各绕组间和各绕组对铁心的绝缘电阻。400V 以下的变压器其绝缘电阻值应不低于 90MΩ） |

（续）

| 序号 | 步　　骤 | 过程照片 | 步骤描述 |
|------|---------|---------|---------|
| 4 | 一次绕组与铁心间绝缘电阻的测试 |  | 用绝缘电阻表测量一次绕组对铁心（外壳）的绝缘电阻，如图所示，阻值接近"∞" |
| 5 | 二次绕组与铁心间绝缘电阻的测试 |  | 用绝缘电阻表测量二次绕组对铁心（外壳）的绝缘电阻，如图所示，阻值接近"∞" |
| 6 | 绝缘电阻表读数情况 | 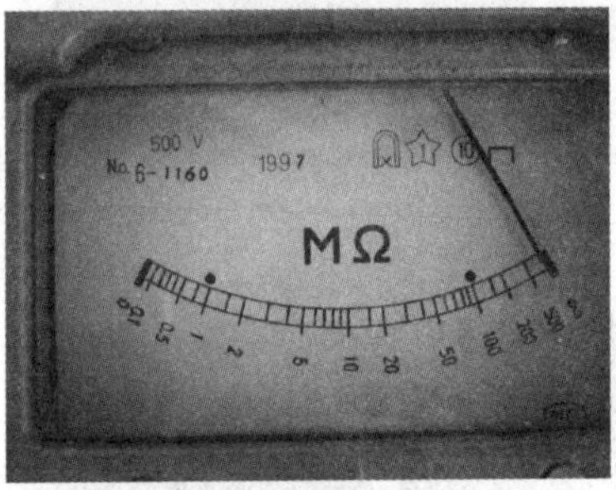 | 测量阻值接近"∞"时的表面 |
| 7 | 空载电压的测试 |  | 当一次电压为额定值220V时，二次绕组的空载电压允许误差为±5%，现测二次电压为16.5V，误差为3%，在允许范围内。请读者回答：二次电压应为多少？是16V还是17V？ |

3. 单相变压器产品拆卸

1）对小型变压器的铁心和绕组进行拆卸。

2）记录骨架尺寸参数、绕组线圈的线径和匝数。

单相变压器产品拆卸见表1-4。

表 1-4　单相变压器产品拆卸

| 序号 | 步骤 | 过程照片 | 步骤描述 |
|---|---|---|---|
| 1 | 外壳拆卸 | 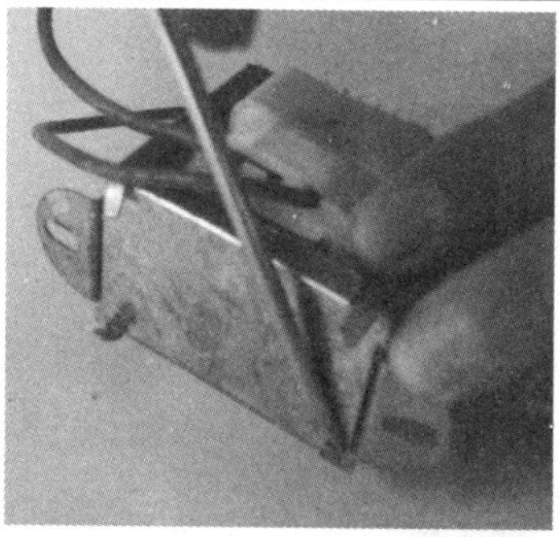 | ①用一字螺钉旋具将小型变压器的卡住底板的 4 个卡脚撬起 |
| | |  | ②取出外壳底板 |
| | | 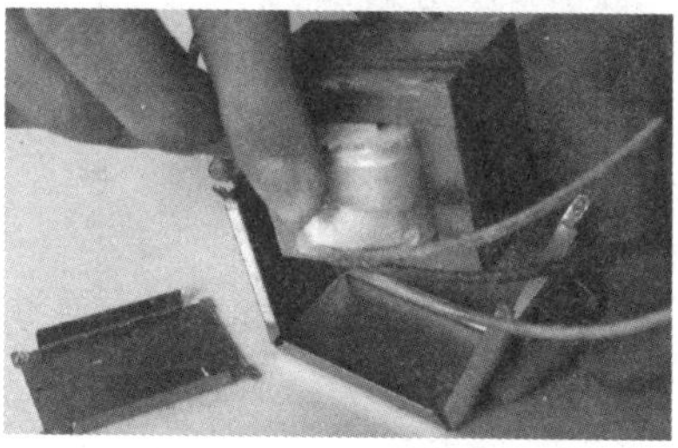 | ③将整个外壳拆卸下来,并取出铁心 |
| | | 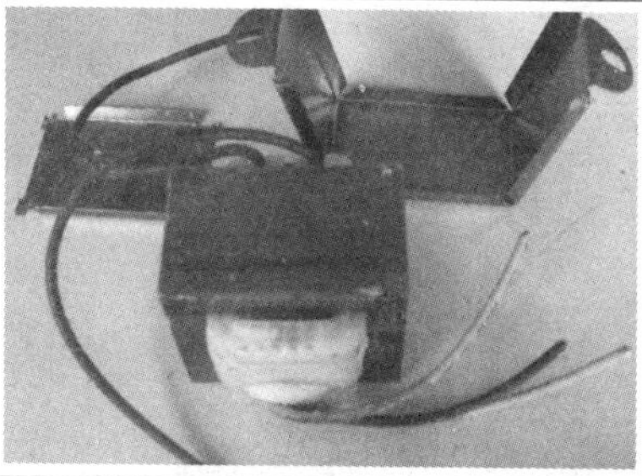 | ④拆卸后照片 |
| 2 | 铁心起拆 | 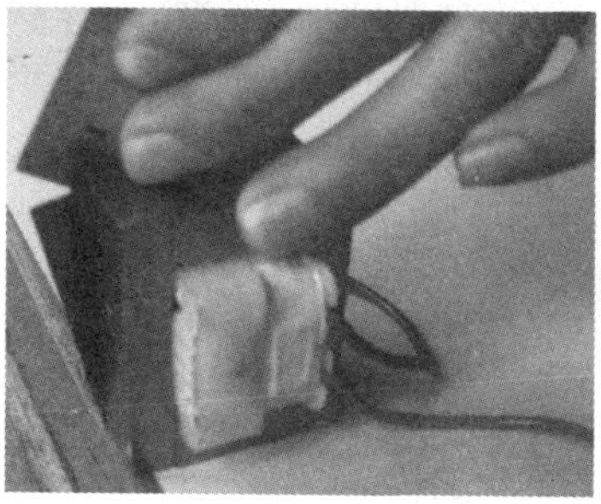 | ①将变压器置于 80~100℃ 的温度下烘烤 2h 左右,使绝缘软化,减小绝缘漆黏合力,并用锯条或刀片清除铁心表面的绝缘漆膜。在变压器下方垫一木块,外边缘留几片不垫在木块上,在上方用磨制的断锯条对准最外面一层硅钢片的舌片 |

电机变压器 ————————————————————————————————————

（续）

| 序号 | 步骤 | 过程照片 | 步骤描述 |
|------|------|----------|----------|
| 2 | 铁心起拆 | 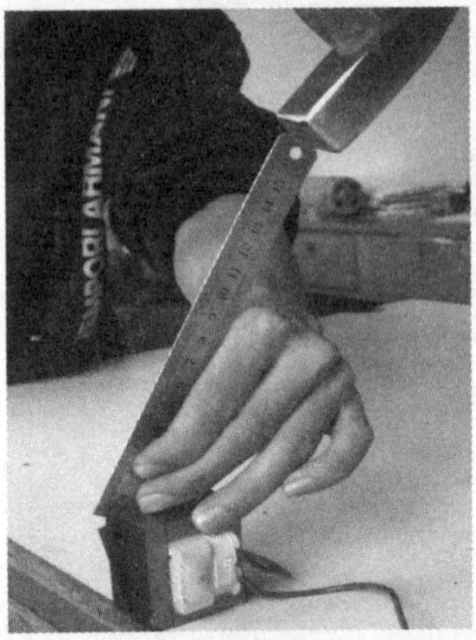  | ②用榔头轻轻敲薄铁片（图中为薄钢直尺），将硅钢片先冲出几片来 |
|  |  | 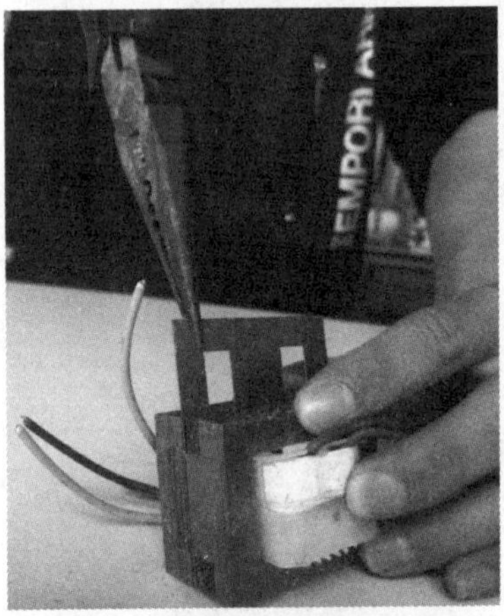  | ③将冲出的那几片硅钢片沿两侧摇动，使硅钢片松动，同时将铁心边摇动边往上提，直到将这片硅钢片取出为止 |
|  |  |   | ④重复上述两个过程，逐步取出最外面插得较紧的硅钢片<br>外层硅钢片取出后，铁心已很不紧固，其余部分可直接用手取出 |
| 3 | 绕组拆卸、绕组线径测量 |   | ①为了便于记录一次绕组的匝数，将待拆绕组连同骨架以绕制方向相反的方向安装在绕线机上 |

（续）

| 序号 | 步骤 | 过程照片 | 步骤描述 |
|------|------|----------|----------|
| 3 | 绕组拆卸、绕组线径测量 | | ②将绕线机的计数器清零 |
| | | | ③用手拖动绕组的线头并将拉出来的线绕在另一空骨架上。在骨架的拖动下，绕线机也被动转动，同时带动计数器计数。用此方法分别将一次和二次绕组拆卸下来并分别记录好一次和二次绕组的匝数 |
| | | | ④用千分尺分别测出一次和二次绕组的线径并做记录 |

 **操作提示**

　　对于有卷边和弯曲的硅钢片，可用木槌敲直展平后继续使用。注意不可用铁锤敲打，以免造成延展变形。若硅钢片表面发现锈蚀，应用汽油浸泡掉锈斑和旧有绝缘漆膜，重刷绝缘漆。

　　如果整个线包需要重新绕制，原有的漆包线和骨架均不再用时，可采用破坏性拆法；将变压器铁心夹紧在台虎钳上，用钢锯沿着铁心舌宽面将线包连骨架一起锯开，即可轻易拆开铁心。

4. 绕组制作

绕组制作见表1-5。

表 1-5  绕组制作

| 序号 | 步骤 | 过程图片 | 步骤描述 |
|---|---|---|---|
| 1 | 心子的制作 | | 心子用来固定骨架并便于绕线,可以用木材或铝材制作 |
| 2 | 骨架的制作(仿制或用原骨架) | | 制作方形底筒,用胶带粘牢底筒并定形,并制作底筒挡板 |
| 3 | 套心子 | | 将骨架套在心子上 |
| 4 | 固定心子及骨架 | | 将带心子的骨架穿在绕线机轴上,上好紧固件 |
| 5 | 记数转盘调零 | | 将绕线机上的记数转盘调零 |

（续）

| 序号 | 步骤 | 过程图片 | 步骤描述 |
|---|---|---|---|
| 6 | | 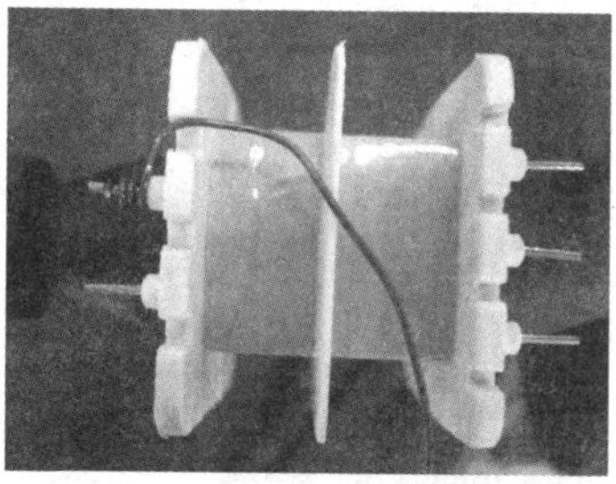 | 起绕时，在骨架上垫好绝缘层，然后将导线一端固定在骨架的引脚上 |
| 7 | 起绕 | 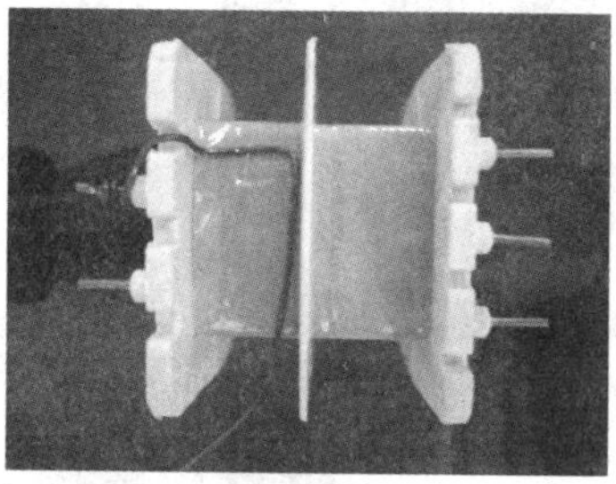 | 引线需紧贴骨架，用透明胶将其粘牢 |
| 8 | |  | 绕线时从引线的反方向开始绕起，以便压紧起始线头 |
| 9 | 线尾的固定 |  | 当一组绕组绕制到最后一层时，要垫上一条对折的棉线，以防引出导线转弯处的棱角与顺绕导线产生摩擦而损伤 |
| 10 | | 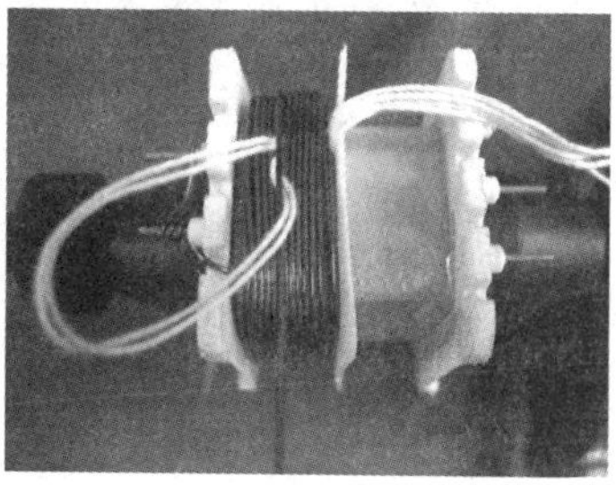 | 继续绕线到结束，将线尾插入对折棉线的折缝中 |

（续）

| 序号 | 步骤 | 过程图片 | 步骤描述 |
|---|---|---|---|
| 11 | 线尾的固定 | | 抽紧绝缘带,线尾便固定 |
| 12 | | | 将线尾绕在引脚上,剪掉多余的漆包线 |
| 13 | 引出线的处理 | | 线径大于 0.2mm 时,绕组的引出线可利用原线,绞合后将表面的绝缘漆刮掉,将引出线焊在引角上即可 |
| 14 | 外层绝缘 | | 线包绕制好后,外层用青壳纸缠绕 2~3 层绝缘,写上要求的电压值,用胶水粘牢 |

 提示

　　导线要求绕制紧密、整齐,不允许有叠线现象。绕线的要领:绕线时将导线稍微拉向绕线前进的相反方向约5°,如图 1-9 所示。拉线的手顺绕线前进方向而移动,拉力大小应根据导线粗细而灵活掌控,导线就容易排列整齐,每绕完一层要垫层间绝缘。

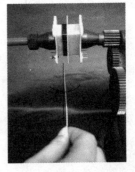

图 1-9　绕线的要领

5. 硅钢片的安装

硅钢片的安装见表1-6。

表1-6 硅钢片的安装

| 序号 | 步骤 | 过程图片 | 步骤描述 |
|---|---|---|---|
| 1 | 硅钢片安装准备 | | 镶片前先将夹板装上 |
| 2 | 硅钢片安装开始 | | 镶片应从线包两边两片两片地交叉对镶 |
| 3 | 硅钢片安装完成 | | 当余下最后几片硅钢片时，比较难镶，俗称紧片。紧片需要用螺钉旋具撬开两片硅钢片的夹缝才能插入，同时用木槌轻轻敲入，切不可硬性将硅钢片插入，以免损伤框架和线包 |

6. 测试

方法同"2. 标准变压器的参数测量"。测试目的是检验制作出来的变压器的电气性能是否达到要求。

7. 绝缘处理

绝缘处理见表1-7。

表 1-7　绝缘处理

| 序号 | 步骤 | 过　程　图　片 | 步骤描述 |
|---|---|---|---|
| 1 | 绝缘处理准备 |  | 将线包用导线扎好 |
| 2 | 线包加热 |  | 将线包放在烘箱内加温到 70~80℃，预热 3~5h 取出，以便油漆渗透 |
| 3 | 浸漆 |  | 取出后，立即浸入 1032 绝缘清漆中约 0.5h |
| 4 | 绝缘风干或烘干 |  | 取出后在通风处滴干，然后在 80℃ 烘箱内烘 8h 左右即可 |

 **操作提示**

1）木心和绕线心子做好后，送教师检验，合格后方可绕线。

2）绕制绕组时不要搞错线径。

3）一次绕组引出线放在左侧，二次绕组引出线放在右侧。

4）导线排列要紧密、整齐，不可有叠线现象，匝数要准确。

5）不可损伤导线绝缘层，若发现导线绝缘层受损，要及时修复。

6）各绕组的头、尾、中心抽头都要套绝缘套管，并做好头、尾标记。

7）铁心镶片时不要损伤线包，硅钢片接口不可有空隙。

8）铁心用夹板紧固。

## 任务二　单相变压器的维护

1. 掌握单相变压器的工作原理。
2. 掌握变压器的变压原理、变流原理、阻抗变换及改变相位的作用。

知识解读

### 一、变压器的变压原理

图 1-10 所示为变压器的工作原理示意图。变压器的主要部件是铁心和绕组。两个互相绝缘且匝数不同的绕组分别套装在铁心上，两绕组间只有磁的耦合而没有电的联系，其中接电源的绕组称为一次绕组（曾称为原绕组、初级绕组），用于接负载的绕组称为二次绕组（曾称为副绕组、次级绕组）。

一次绕组加上交流电压 $u_1$ 后，绕组中便有电流 $i_1$ 通过，在铁心中产生与 $u_1$ 同频率的交变磁通 $\Phi$，根据电磁感应原理，将分别在两个绕组中感应出电动势 $e_1$ 和 $e_2$。

$$e_1 = -N_1 \frac{\mathrm{d}\Phi}{\mathrm{d}t}$$

$$e_2 = -N_2 \frac{\mathrm{d}\Phi}{\mathrm{d}t} \tag{1-1}$$

式中，"–"号表示感应电动势总是阻碍磁通的变化。若把负载接在二次绕组上，则在电动势 $e_2$ 的作用下，有电流 $i_2$ 流过负载，实现了电能的传递。由式（1-1）可知，一、二次绕组感应电动势的大小（近似于各自的电压 $u_1$ 及 $u_2$）与绕组匝数成正比，故只要改变一、二次绕组的匝数，就可达到改变电压的目的，这就是变压器的基本工作原理。

1. 感应电动势的大小

根据电磁感应定律 $e = -N \frac{\Delta\Phi}{\Delta t}$，可推得变压器绕组上感应电动势大小的计算公式为

$$E = 4.44 f N \Phi_{\mathrm{m}} \tag{1-2}$$

式中，$\Phi_{\mathrm{m}}$ 为主磁通幅值，单位为 Wb；$f$ 为频率，单位为 Hz；$E$ 为感应

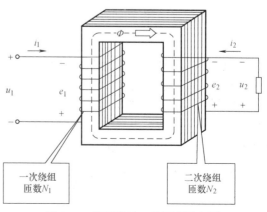

图 1-10　变压器的工作原理示意图

电动势有效值，单位为V。

式（1-2）是交流磁路的基本关系式，它表明了感应电动势的大小与电源频率 $f$、绕组匝数 $N$ 及铁心中的主磁通的幅值 $\varPhi_m$ 成正比。

由公式 $\dot{U}_1 = -\dot{E}_1$ 可知，$U_1 = E_1$，即

$$U_1 = E_1 = 4.44 f N \varPhi_m \tag{1-3}$$

式（1-3）说明铁心中的主磁通的大小取决于电源电压、频率和一次绕组的匝数，而与磁路所用的材料和磁路的尺寸无关。

2. 电压比

电压比的定义是一次绕组相电动势 $E_1$ 与二次绕组相电动势 $E_2$ 之比，即 $K = E_1 / E_2$。因为 $E_1 = 4.44 f N_1 \varPhi_m$，$E_2 = 4.44 f N_2 \varPhi_m$，可得到

$$K = \frac{E_1}{E_2} = \frac{N_1}{N_2} = \frac{U_1}{U_2} \tag{1-4}$$

式中，$N_1$ 为一次绕组的匝数；$N_2$ 为二次绕组的匝数。

二、变压器的变流原理

当变压器的二次绕组接上负载后会出现什么现象呢？让我们先观察图 1-11 和图 1-12 所示的实验。

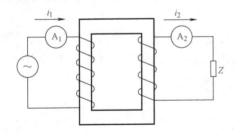

图 1-11　单相变压器负载运行实验图　　图 1-12　单相变压器负载运行接线图

当二次绕组接上负载、一次绕组接上交流电源后，二次绕组有电流 $i_2$ 通过，此时一次绕组的电流立即从空载电流 $i_0$ 增加到 $i_1$。如果增加负载，则 $i_2$ 增大，$i_1$ 也随着增大。换句话说，变压器二次绕组所消耗的电功率增加（或减少）时，一次绕组从电源所取得的电功率也随着增加（或减少）。这表明，变压器在传输电能时具有一种自动调节的作用。

在变压器空载时，铁心中的主磁通 $\varPhi_m$ 仅由一次绕组空载电流 $\dot{I}_0$ 产生，外加电压 $\dot{U}_1$ 与一次绕组的感应电动势 $\dot{E}_1$ 处于相对平衡的状态。但当二次绕组出现电流 $\dot{I}_2$ 时，情况就发生了变化，如图 1-13 所示，因为 $\dot{I}_2$ 也在铁心中产生磁通 $\varPhi_2$，由楞次定律可知，该磁通对主磁通 $\varPhi_m$ 存在阻碍作用，有使铁心中的主磁通 $\varPhi_m$ 发生改变的趋势。

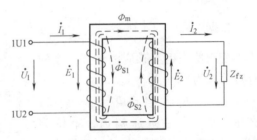

图 1-13　单相变压器负载运行图

根据 $U_1 = E_1 = 4.44 fN\Phi_m$，在电源电压一定时，磁通 $\Phi_m$ 要保持不变，因此，一次绕组电流将从 $\dot{I}_0$ 增加到 $\dot{I}_1$，其增加的电流所产生的磁通补偿 $\Phi_2$ 对 $\Phi_m$ 的阻碍作用。所以，变压器负载运行时，铁心中磁场是由一、二次绕组中电流共同产生的。

同样，变压器在负载状态时也存在漏磁通，此时一、二次绕组都产生漏磁通，分别是 $\dot{\Phi}_{S1}$ 和 $\dot{\Phi}_{S2}$。

由此可得变压器负载运行时的磁通势平衡方程式为

$$N_1 \dot{I}_1 + N_2 \dot{I}_2 = N_1 \dot{I}_0$$

由于变压器的空载电流 $\dot{I}_0$ 很小，特别是在变压器接近满载时，$N_1 \dot{I}_0$ 相对于 $N_1 \dot{I}_1$ 或 $N_2 \dot{I}_2$ 而言基本上可以忽略不计，于是可得变压器一、二次绕组磁通势的有效值关系为

$$N_1 I_1 \approx N_2 I_2$$

$$\frac{I_1}{I_2} \approx \frac{N_2}{N_1} = \frac{1}{K_U} = K_1 \tag{1-5}$$

式中，$K_1$ 称为变压器的电流比。

式（1-5）表明，变压器一、二次绕组中的电流与一、二次绕组的匝数成反比，即变压器也有变换电流的作用，且电流的大小与匝数成反比。

### 三、变压器的阻抗变换

变压器的阻抗变换的示意图如图 1-14 所示。当忽略漏阻抗，不考虑相位，只计大小时，在空载和负载运行分析中，已得到公式有

$$U_1 = KU_2$$

$$I_1 = I_2 / K$$

而变压器的一次侧和二次侧的阻抗为 $Z_1 = U_1/I_1$、$Z_2 = U_2/I_2$，所以可以得到阻抗变换公式为

$$Z_1 = \frac{U_1}{I_1} = \frac{KU_2}{I_2/K} = K^2 \frac{U_2}{I_2} = K^2 Z_2 \tag{1-6}$$

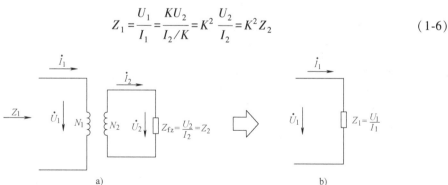

**图 1-14　变压器的阻抗变换的示意图**

a）有变压器时　b）无变压器时

这说明负载 $Z_2$ 经过变压器以后，阻抗扩大为 $K^2$ 倍。如果已知负载阻抗 $Z_2$ 的大小，要把它变成另一个一定大小的阻抗 $Z_1$，只需接一个变压器，该变压器的电压比 $K = \sqrt{Z_1/Z_2}$。

例 1-1　某晶体管收音机的输出变压器的一次绕组的匝数 $N_1 = 230$；二次绕组的匝数 $N_2 = 80$，原来配接 $8\Omega$ 的扬声器，现要改用同样功率而阻抗为 $4\Omega$ 的扬声器，则二次绕组的匝数 $N_2$ 应改绕成多少匝？

**解：** 先求出一次侧的阻抗 $Z_1$，因为不论 $N_1$ 和 $N_2$ 怎么变，必须保证 $Z_1$ 不变，才能保证功率输出最大。

$$Z_1 = K^2 Z_2 = \left(\frac{230}{80}\right)^2 \times 8\Omega = 66.13\Omega$$

再由 $Z_1$ 和新的扬声器阻抗 $Z_2 = 4\Omega$，求出新的 $K'$ 和 $N_2'$，得

$$K' = \sqrt{\frac{Z_1}{Z_2}} = \sqrt{\frac{66.13}{4}} = 4.07$$

$$N_2' = \frac{N_1'}{K'} = \frac{230}{4.07} = 57$$

则二次绕组的匝数 $N_2$ 应改绕成 57 匝。

### 四、变压器的外特性及电压变化率

#### 1. 变压器的外特性

变压器的外特性是用来描述输出电压 $U_2$ 随负载电流 $I_2$ 的变化而变化的情况。当一次绕组电压 $U_1$ 和负载的功率因数 $\cos\varphi_2$ 一定时，二次绕组电压 $U_2$ 与负载电流 $I_2$ 的关系，称为变压器的外特性。

变压器的外特性通常用曲线表示，功率因数不同时的几条外特性绘于图 1-15 中，可以看出，当 $\cos\varphi_2 = 1$ 时，$U_2$ 随 $I_2$ 的增加而下降得并不多；当 $\cos\varphi_2$ 降低时，即在感性负载时，由于一、二次绕组的漏阻抗 $Z_{S1}$、$Z_{S2}$ 的存在，$U_2$ 随 $I_2$ 增加而下降的程度加大，这是因为滞后的无功电流对变压器磁路中的主磁通的去磁作用更为显著，而使 $E_1$ 和 $E_2$ 有所下降的缘故；但当 $\cos\varphi_2$ 为负值，即容性负载时，超前的无功电流有助磁作用，主磁通会有所增加，$E_1$ 和 $E_2$ 亦相应加大，使得 $U_2$ 会随

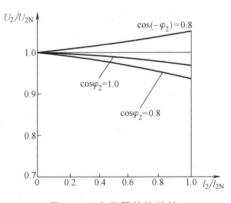

图 1-15　变压器的外特性

$I_2$ 的增加而提高。以上分析表明，负载的功率因数和漏阻抗 $Z_{s1}$、$Z_{s2}$ 对变压器外特性的影响是很大的。

在图 1-15 中，纵坐标用 $U_2/U_{2N}$ 表示，而横坐标用 $I_2/I_{2N}$ 表示，使得在坐标轴上的数值都在 0~1 之间，或稍大于 1，这样做是为了便于不同容量和不同电压的变压器相互比较。

#### 2. 变压器的电压变化率

一般情况下，变压器的负载大多数是感性负载，因而当负载增加时，输出电压 $U_2$ 总是下降的，其下降的程度常用电压变化率来描述。当变压器从空载到额定负载（$I_2 = $

$I_{2N}$）运行时，二次绕组输出电压的变化值 $\Delta U$ 与空载电压（额定电压）$U_{2N}$ 之比的百分值就称为变压器的电压变化率，用 $\Delta U\%$ 来表示。

$$\Delta U\% = \frac{U_{2N}-U_2}{U_{2N}}\times100\%\qquad(1\text{-}7)$$

式中，$U_{2N}$ 为变压器空载时二次绕组的电压（称为额定电压）；$U_2$ 为二次绕组输出额定电流时的电压。

 **提示**

> 电压变化率反映了供电电压的稳定性，是变压器的一个重要性能指标。$\Delta U\%$ 越小，说明变压器二次绕组输出的电压越稳定，因此要求变压器的 $\Delta U\%$ 越小越好。常用的电力变压器从空载到满载，电压变化率为 3%～5%。一般情况下照明电源电压波动不超过±5%；动力电源电压波动在−5%～+10%之间。

**例 1-2**　某台供电电力变压器将 $U_{1N}=10000V$ 的高压降压后对负载供电，要求该变压器在额定负载下的输出电压为 $U_2=380V$，该变压器的电压变化率 $\Delta U\%=5\%$，求该变压器二次绕组的额定电压 $U_{2N}$ 及电压比 $K$。

**解：** 由公式 $\Delta U\% = \frac{U_{2N}-U_2}{U_{2N}}\times100\%$ 得

$$\Delta U\% = \frac{U_{2N}-380V}{U_{2N}}\times100\% = 5\%$$

则
$$U_{2N}=400V$$
$$K=U_{1N}/U_{2N}=10000/400=25$$

### 五、变压器的损耗及效率

变压器从电源输入的有功功率 $P_1$ 和向负载输出的有功功率 $P_2$ 可分别用下式计算

$$P_1=U_1I_1\cos\varphi_1$$
$$P_2=U_2I_2\cos\varphi_2$$

二者之差为变压器的损耗 $\Delta P$，它包括铜损耗 $P_{Cu}$ 和铁损耗 $P_{Fe}$ 两部分，即

$$\Delta P=P_{Cu}+P_{Fe}$$

**1. 铁损耗 $P_{Fe}$**

变压器的铁损耗包括基本铁损耗和附加铁损耗两部分。基本铁损耗包括铁心中的磁滞损耗和涡流损耗，它取决于铁心中的磁通密度的大小、磁通交变的频率和硅钢片的质量等。附加铁损耗则包括铁心叠片间因绝缘损伤而产生的局部涡流损耗、主磁通在变压器铁心以外的结构部件中引起的涡流损耗等，附加铁损耗为基本铁损耗的 15%～20%。

变压器的铁损耗与一次绕组上所加的电源电压大小有关，而与负载电流的大小无关。当电源电压一定时，铁心中的磁通基本不变，故铁损耗也就基本不变，因此铁损耗又称"不变损耗"。

**2. 铜损耗 $P_{Cu}$**

变压器的铜损耗也分为基本铜损耗和附加铜损耗两部分。基本铜损耗是由电流在

一、二次绕组电阻上产生的损耗，而附加铜损耗是指由漏磁通产生的趋肤效应使电流在导体内分布不均匀而产生的额外损耗。附加铜损耗占基本铜损耗的 3%~20%。在变压器中铜损耗与负载电流的二次方成正比，所以铜损耗又称为"可变损耗"。

### 3. 效率

变压器的输出功率 $P_2$ 与输入功率 $P_1$ 之比称为变压器的效率 $\eta$，即

$$\eta = \frac{P_2}{P_1} \times 100\% = \frac{P_2}{P_2 + \Delta P} \times 100\% = \frac{P_2}{P_2 + P_{Cu} + P_{Fe}} \times 100\%$$

由于变压器没有旋转的部件，不像电动机那样有机械损耗存在，因此变压器的效率一般都比较高，中小型电力变压器的效率在95%以上，大型电力变压器的效率可达99%以上。

变压器在不同的负载电流 $I_2$ 时，输出功率 $P_2$ 及铜损耗 $P_{Cu}$ 都在变化，因此变压器的效率 $\eta$ 也随负载电流 $I_2$ 的变化而变化，其变化规律通常用变压器的效率特性曲线来表示，如图 1-16 所示，图中 $\beta = \dfrac{I_2}{I_{2N}}$ 称为负载系数。

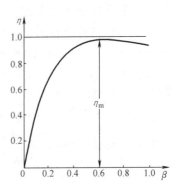

图 1-16　变压器效率曲线

通过数学分析可知：当变压器的不变损耗等于可变损耗时，变压器的效率最高，即

$$B_m = \sqrt{\frac{P_{Fe}}{P_{Cu}}}$$

通常变压器的最高效率为 0.5~0.6。

 **提示**

　　由于电力变压器常年接在线路上，其空载损耗是固定不变的，而铜损耗则随负载变化；又由于变压器不可能常年满负载运行，相比之下，铁损耗引起的损失是相当大的。从全年效益考虑，降低铁损耗是有利的，一般使铁损耗与铜损耗之比为 1/4~1/3。

### 六、变压器的极性及判定

#### 1. 直流电源的极性

直流电路中，电源有正、负两极，通常在电源出线端上标以"+"号和"−"号。"+"号为正极性，表示高电位端；"−"号为负极性，表示低电位端，如图 1-17a 所示。当电源与负载形成闭合回路时，回路中电流 $I$ 将由高电位的"+"极流出，经负载流入"−"极。由于直流电源两端电压的大小和方向都不随时间而变化，如图 1-17b 所示，A 端极性恒定为正，B 端极性恒定为负，即直流电源两端的极性是恒定不变的。

#### 2. 交流电源的极性

正弦交流电源的出线端不标出正负极性，因为正弦交流电源输出电压的大小和方向

都随时间而变化，每经过半个周期（$T/2$）正负交替变化一次，如图 1-18 所示。

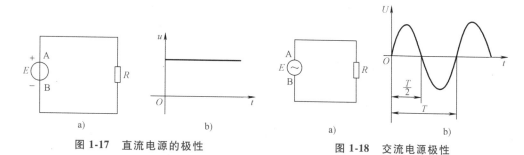

图 1-17　直流电源的极性　　　　图 1-18　交流电源极性

正弦交流电源两端不存在恒定极性，但在任一瞬间仍存在瞬时极性，例如某一瞬间 A 端为高电位，B 端相对 A 端则为低电位，反之，当 A 端为低电位时 B 端则为高电位。

回路中电流将由高电位端流出，低电位端流入，由此可见，正弦交流电源两端只存在瞬时极性。而电位的高与低是相对的，极性也是相对的、可变的、暂时的、随时间而变化的。

3. 单相变压器的极性

变压器绕组的极性是指变压器一、二次绕组在同一磁通作用下所产生的感应电动势之间的相位关系，通常用同名端来标记。

例如在图 1-19 中，铁心上绕制的所有绕组都被铁心中交变的主磁通所穿过，在任意瞬间，当变压器一个绕组的某一出线端为高电位时，则在另一个绕组中也有一个相对应的出线端为高电位，那么这两个高电位（如正极性）的线端称为同极性端，而另外两个相对应的低电位端（如负极性）也是同极性端。即电动势都处于相同极性的绕组端就称同名端；而另一端就成为另一组同名端。不是同极性的两端就称为异名端。

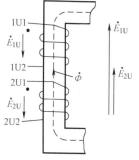

图 1-19　绕组的极性

 提示

> 对于没有被同一个交变磁通所贯穿的绕组，它们之间就不存在同名端的问题。

同名端的标记可用星号"＊"或点"●"来表示，在互感器绕组上常用"＋"和"－"来表示（并不表示真正的正负意义）。

对一个绕组而言，哪个端点作为正极性都无所谓，但一旦要定下来，其他有关的线圈的正极性也就根据同名端关系定下了。有时也称为线圈的首与尾，只要一个线圈的首尾确定了，那些与它有磁路穿通的绕组的首尾也就定下了。

例 1-3　某一台单相变压器，一次绕组和二次绕组在某一瞬间的电流如图 1-20 所示，试判断并用符号标出同名端。

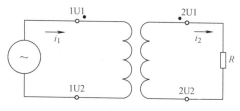

图 1-20　单相变压器电路

**解**：当一次绕组两端外加一交流电压时，某一瞬间电流 $i_1$ 由 1U1 端流入、由 1U2 端流出，此时二次绕组接上负载后，电流由 2U1 端流出，2U2 端流入，即 1U1 端和 2U1 端为高电位端；1U2 端和 2U2 端是低电位端。故 1U1 与 2U1（或 1U2 与 2U2）为同名端。

4. 绕组的连接

绕组的连接主要有串联与并联两种形式。变压器绕组之间进行连接时，极性判别是至关重要的。一旦极性接反，轻者不能工作，重者导致绕组和设备的严重损坏，这在变压器、电动机和控制电路中是经常会遇到的。绕组的接法、连接图式及特点见表 1-8。

表 1-8 绕组的接法、连接图式及特点

| 接法 | 连接图示 | 特点 |
|---|---|---|
| 绕组串联 | 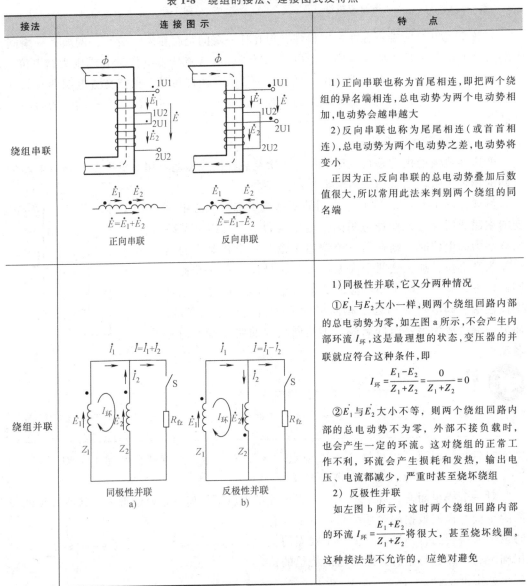 | 1) 正向串联也称为首尾相连，即把两个绕组的异名端相连，总电动势为两个电动势相加，电动势会越串越大<br>2) 反向串联也称为尾尾相连（或首首相连），总电动势为两个电动势之差，电动势将变小<br>正因为正、反向串联的总电动势叠加后数值很大，所以常用此法来判别两个绕组的同名端 |
| 绕组并联 |  | 1) 同极性并联，它又分两种情况<br>① $\dot{E}_1$ 与 $\dot{E}_2$ 大小一样，则两个绕组回路内部的总电动势为零，如左图 a 所示，不会产生内部环流 $I_环$，这是最理想的状态，变压器的并联就应符合这种条件，即<br>$$I_环 = \frac{E_1 - E_2}{Z_1 + Z_2} = \frac{0}{Z_1 + Z_2} = 0$$<br>② $\dot{E}_1$ 与 $\dot{E}_2$ 大小不等，则两个绕组回路内部的总电动势不为零，外部不接负载时，也会产生一定的环流。这对绕组的正常工作不利，环流会产生损耗和发热，输出电压、电流都减少，严重时甚至烧坏绕组<br>2) 反极性并联<br>如左图 b 所示，这时两个绕组回路内部的环流 $I_环 = \frac{E_1 + E_2}{Z_1 + Z_2}$ 将很大，甚至烧坏线圈，这种接法是不允许的，应绝对避免 |

5. 变压器的极性判定

变压器铁心中的交变主磁通，在一、二次绕组中产生的感应交变电动势，没有固定的极性。这里所说的变压器绕组的极性是指一、二次绕组的相对极性，也就是当一次绕组的某一端在某个瞬间电位为正时，二次绕组也一定在同一瞬时有一个电位为正的对应端，把这两个对应端称为变压器的同名端，或者称为变压器的同极性端，通常用"＊"来表示。

变压器同名端的判别方法有以下三种：

（1）观察法　观察变压器一、二次绕组的实际绕向，应用楞次定律、安培定律来进行判别。例如，变压器一、二次绕组的实际绕向如图1-21所示。当合上电源开关的一瞬间，一次绕组电流 $I_1$ 产生主磁通 $\Phi_1$，在一次绕组产生自感电动势 $E_1$，在二次绕组产生互感电动势 $E_2$ 和感应电流 $I_2$，用楞次定律可以确定 $E_1$、$E_2$ 和 $I_1$ 的实际方向，同时可以确定 $U_1$、$U_2$ 的实际方向。这样可以判别出一次绕组A端与二次绕组a端电位都为正，即A、a是同名端；一次绕组X端与二次绕组x端电位为负，即X、x是同名端。

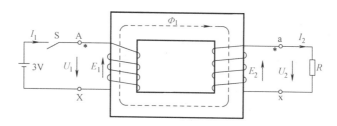

图1-21　用观察法判别变压器同名端

（2）直流法　在无法辨清绕组方向时，可以用直流法来判别变压器同名端。用1.5V或3V的直流电源，按如图1-22所示连接，直流电源接入高压绕组，指针式直流电压表（5V或10V）接入低压绕组。当闭合开关一瞬间，如电压表指针向正方向摆动，则接直流电源正极的端子与接直流毫伏表正极的端子是同名端。

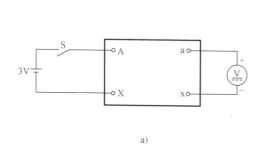
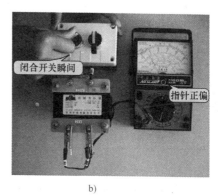

图1-22　用直流法判别变压器同名端

a）原理图　b）接线图

（3）交流法　将高压绕组一端用导线与低压绕组一端相连接，同时将高压绕组及低压绕组的另一端接交流电压表，如图1-23所示。在高压绕组两端接入低压交流电源，测量 $U_1$ 和 $U_2$ 值，若 $U_1>U_2$，则A、a为同名端；若 $U_1<U_2$，则A、a为异名端。

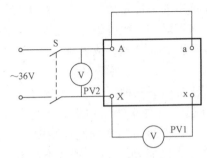

图 1-23  用交流法判别变压器同名端

## 一、训练内容

变压器同名端的判别：分别采用直流法和交流法判别一次绕组与二次绕组的同名端。

## 二、工具、仪器仪表及材料

一次电压为 380V，二次电压为 127V、24V，变压器容量为 100~150V·A，出线头未标有电压标记。交流电压表 2 块，其量程均为 0~500V。单相开启式负荷开关 1 只，容量为 15A。万用表 1 只，1.5V 电池 2 节，电工工具 1 套。

## 三、评分标准

评分标准见表 1-9。

表 1-9  评分标准

| 序号 | 主要内容 | 评分标准 | | 配分 | 扣分 | 得分 |
|---|---|---|---|---|---|---|
| 1 | 一、二次绕组的判定 | 一、二次绕组的判定,错一组扣 10 分 | | 10 分 | | |
| 2 | 连接电路 | 连接电路(共两次连接),每错一次扣 20 分 | | 40 分 | | |
| 3 | 选择量程 | 电压表量程选择错,扣 10 分 | | 10 分 | | |
| 4 | 判定结果 | 判定结果错,扣 30 分 | | 30 分 | | |
| 5 | 安全文明生产 | 每违反安全文明生产规定一次,扣 5 分 | | 10 分 | | |
| 6 | 工时:15min | 不准超时 | 总分 | 100 分 | | |
| | | | 教师签字 | | | |

## 四、训练步骤

1) 先用万用表判定一次侧、二次侧每个绕组的两个出线头。

2) 按照交流法判别变压器同名端方法进行电路连接，根据被测电压选择电压表的量程，读出电压表实测电压读数。根据读数判定一次侧、二次侧共三个绕组的同名端。

3) 按照直流法判别变压器同名端方法进行电路连接，根据毫伏表的指示值，判定一次侧、二次侧共三个绕组的同名端。

 **操作提示**

> 1）采用交流法时，电源应接在高压侧端即一次绕组上。
>
> 2）采用交流法时，电源电压可以选择 380V 或 220V，但电压表量程要在对应位置上。
>
> 3）通电时注意安全。

 **课后练习**

1. 变压器按用途分类可分为哪几种？

2. 同心式绕组有什么特点？

3. 实际变压器空载运行的损耗有哪些？

4. 变压器一次绕组为 2000 匝，电压比 $K = 30$，一次绕组接入工频电源时，铁心中的磁通最大值 $\varPhi_m = 0.015\text{Wb}$。试计算一、二次绕组的感应电动势。

5. 单相变压器的一次电压 $U_1 = 380\text{V}$，二次电流 $I_2 = 21\text{A}$，电压比 $K = 10.5$，试求二次电压和一次电流。

6. 收音机的输出阻抗为 $450\Omega$，现有 $8\Omega$ 的扬声器与其连接，用阻抗变压器使其获得最大的输出功率，求输出变压器的电压比。

7. 变压器的额定电压调整率是一个常数吗？它与负载性质有哪些关系？

8. 影响变压器输出电压稳定性的因素有哪些？为什么会影响稳定性？

9. 什么是绕组的同名端？什么样的绕组之间才有同名端？

10. 变压器绕组之间进行连接时，极性判别是至关重要的，一旦极性接反，会产生什么后果？

11. 变压器绕组的极性判别一般采用什么方法？试简述用直流法和交流法判别变压器绕组的同名端的原理和方法。

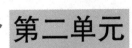

# 第二单元

# 三相变压器及其维护

三相电力变压器广泛应用于输电配电技术领域，是工农业生产及国防建设的重要设备，在生产和日常生活中起着至关重要的作用。本单元主要介绍三相变压器的用途、结构及维护等内容。

## 任务一　三相变压器运行中的检查

1. 熟悉三相变压器的用途和铭牌。
2. 掌握三相变压器的结构。
3. 掌握三相变压器运行中的检查方法。

三相电力变压器的结构

### 一、三相电力变压器的用途

目前我国高压输电的电压等级有 110kV、220kV、330kV、500kV 及 750kV 等多种。发电机本身由于其结构及所用绝缘材料的限制，不可能直接发出这样的高压，因此在输电时必须首先通过升压变电站，利用变压器将电压升高。电力变压器的作用、作用描述及传输过程示意图见表 2-1。

高压电能输送到用电区后，为了保证用电安全和符合用电设备的电压等级要求，还必须通过各级降压变电站，利用变压器将电压降低。例如工厂输电线路，高压为 35kV 及 10kV 等，低压为 380V、220V 等。

综上所述，三相变压器是输、配电系统中不可缺少的关键电气设备，从发电厂发出的电能经升压变压器升压，输送到用户区后，再经减压变压器降压供电给用户，一般是 8~9 次变压器的升降压。简单电力系统示意图如图 2-1 所示。

高压传输线路架设成本较低，有色金属消耗较小，安全系数高，是最经济的远距离输电办法，故广泛采用在远距离输电中。

表 2-1　电力变压器的作用、作用描述及传输过程示意图

| 作用 | 作用描述 | 传输过程示意图 |
| --- | --- | --- |
| 升压:实现高压输电 | 电厂用三相同步发电机将其他自然能源转换为电压为 10kV 的电能,为提高电能的传输效率,用升压变压器将传输电压提高到 110kV 甚至更高的超高压 | 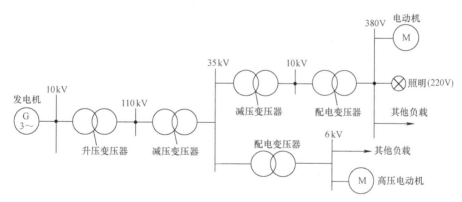 |
| 降压:实现低压用电 | 当把超高压的电能传输到用户前,考虑用电安全等实际情况,再应用减压变压器降低电压。然后通过电动机或其他用电设备将电能转换成机械能、热能、光能等 | |

图 2-1　简单电力系统示意图

### 二、三相电力变压器的结构

根据用途的不同，变压器的结构也有所不同，大功率电力变压器的结构比较复杂，而多数电力变压器是油浸式的。油浸式变压器由绕组和铁心组成器身，为了解决散热、绝缘、密封、安全等问题，还需要油箱、高压套管、低压套管、储油柜、散热器、压力释放阀、安全气道、放油阀门、油位计和气体继电器等附件，其结构如图 2-2 所示。

1. 铁心

铁心是三相变压器的磁路部分，与单相变压器一样，它也是由 0.35mm 厚的硅钢片

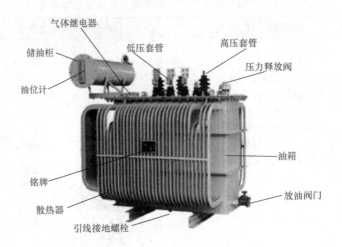

图 2-2　三相电力变压器的结构

叠压（或卷制）而成的，新型电力变压器铁心均用冷轧晶粒取向硅钢片制作，以降低其损耗。三相电力变压器铁心均采用心式结构。

　　铁心柱的截面形状与变压器的容量有关，单相变压器及小型三相电力变压器采用正方形或长方形截面，如图 2-3a 所示；在大、中型三相电力变压器中，为了充分利用绕组内圆的空间，通常采用阶梯形截面，如图 2-3b、c 所示。阶梯形的级数越多，则变压器结构越紧凑，但叠装工艺越复杂。

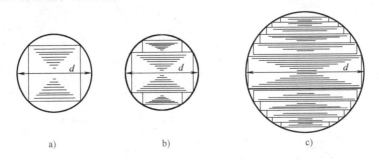

图 2-3　铁心柱截面形状

a）方形　b）阶梯形　c）多级阶梯形

　　2. 绕组

　　绕组是三相电力变压器的电路部分。一般用绝缘纸包的扁铜线或扁铝线绕成，绕组的结构形式与单相变压器一样有同心式绕组和交叠式绕组。当前新型的绕组结构为箔式绕组电力变压器，绕组用铝箔或铜箔氧化技术和特殊工艺绕制，使变压器整体性能得到较大的提高，我国已开始批量生产。

　　3. 油箱和冷却装置

　　由于三相变压器主要用于电力系统进行电压等级的变换，因此其容量都比较大，电压也比较高，为了铁心和绕组的散热和绝缘，均将其置于绝缘的变压器油内，而油则盛放在油箱内。为了增加散热面积，一般在油箱四周加装散热装置，老型号电力变压器采用在油箱四周加焊扁形散热油管；新型电力变压器以采用片式散热器散热为多。容量大于 10000kV·A 的电力变压器，采用风吹冷却或强迫油循环冷却装置。

较多的变压器在油箱上部还安装有储油柜，它通过连接管与油箱相通。储油柜内的油面高度随变压器油的热胀冷缩而变动。储油柜使变压器油与空气的接触面积大为减小，从而减缓了变压器油的老化速度。新型的全充油密封式电力变压器则取消了储油柜，运行时变压器油的体积变化完全由设在侧壁的膨胀式散热器（金属波纹油箱）来补偿，变压器端盖与箱体之间焊为一体，设备免维护，运行安全可靠，在我国以 S10 系列低损耗电力变压器为代表，现已批量生产。

如按冷却方式进行分类，电力变压器可分为油浸式变压器（常用于大、中型变压器）、风冷式变压器（强迫油循环风冷，用于大型变压器）、自冷式变压器（空气冷却，用于中、小型变压器）、干式变压器（用于安全防火要求较高的场合，如地铁、机场及高层建筑等）。

我国生产的多种系列电力变压器，多数采用油浸式冷却，具体冷却方式、图示及描述见表 2-2。

表 2-2　油浸式电力变压器的冷却方式、图示及描述

| 冷却方式 | 图　示 | 描　述 |
|---|---|---|
| 油浸自冷式（ONAN） |  散热器 | 主要有 SJ 系列和 SJL 系列（铝线）。冷却方式：当变压器运行时油温上升，根据热油上升、冷油下降原理形成自然对流，流动的油将热量传给油箱体和外侧的散热器，然后依靠空气的对流传导将热量向周围散发，从而达到冷却效果 |
| 油浸风冷式（ONAF） |  冷却风扇 | 主要有 SP 系列，其结构如右图所示。冷却方式：是在油浸自冷式的基础上，在油箱壁或散热管上加装风扇，利用吹风机帮助冷却，而且风力可调，以适用于短期过载。加装风冷后可使变压器的容量增加 30%~35%。多应用于容量在 10000kV·A 及以上的变压器 |

（续）

| 冷却方式 | 图　示 | 描　述 |
|---|---|---|
| 强迫油循环风冷式（OFAF） |  | 主要有 SFP 系列。冷却方式：在油浸自冷式的基础上，利用油泵强迫油循环，并且在散热器外加风扇风冷，以提高散热效果 |
| 强迫油循环水冷式（OFWF） | | 主要有 SSP 系列。冷却方式：在油浸自冷式的基础上，利用油泵强迫油循环，并且利用循环水作冷却介质提高散热效果 |

## 4. 常用的保护装置

常用的保护装置的名称、图示及作用描述见表 2-3。

表 2-3　常用的保护装置的名称、图示及作用描述

| 名称 | 图　示 | 作用描述 |
|---|---|---|
| 气体继电器 |  | 气体继电器装在油箱与储油柜之间的管道中，当变压器发生故障时，器身就会过热使油分解产生气体。气体进入继电器内，使其中一个水银开关接通（上浮筒动作），发出报警信号。此时应立即将继电器中的气体放出检查，若是无色、不可燃的气体，变压器可继续运行；若是有色、有焦味、可燃的气体，则应立即停电检查。当事故严重时，变压器油膨胀，冲击继电器内的挡板，使另一个水银开关接通跳闸回路（即下浮筒动作），切断电源，避免故障扩大 |
| 安全气道 |  | 安全气道又称防爆管，装在油箱顶盖上，它是一个长钢筒，出口处有一块厚度约 2mm 的密封玻璃板（防爆膜），玻璃上划有几道缝。当变压器内部发生严重故障而产生大量气体，内部压力超过 50kPa 时，油和气体会冲破防爆玻璃喷出，从而避免了油箱爆炸引起的更大危害。安全气道在生产中目前已较少使用，逐渐已被压力释放阀取代 |
| 压力释放阀 |  | 目前在变压器中，尤其是在全密封变压器中，都广泛采用压力释放阀进行保护，它的动作压力为（53.9±4.9）kPa，关闭压力为 29.4kPa，动作时间不大于 2ms，其结构如左图所示。动作时膜盘被顶开释放压力，不动作时膜盘靠弹簧拉力紧贴阀座（密封圈），起密封作用 |

### 5. 分接开关

变压器的输出电压可能因负载和一次电压的变化而变化，可通过分接开关改变线圈匝数来调节输出电压。分接开关的名称、图示及作用描述见表2-4。

表 2-4 分接开关的名称、图示及作用描述

| 名称 | 图 示 | 作 用 描 述 |
|---|---|---|
| 无励磁调压分接开关 |  一次侧励磁调压原理图　　二次侧励磁调压原理图 | 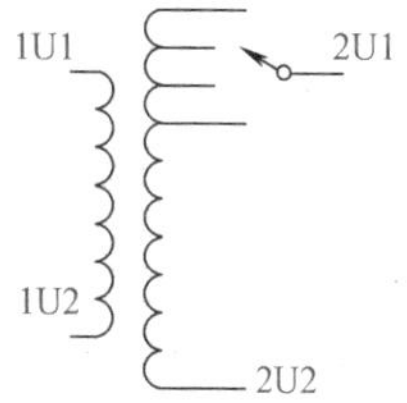 无励磁调压是指变压器一次侧脱离电源后调压，常用的无励磁调压分接开关调节范围为额定输出电压的±5% 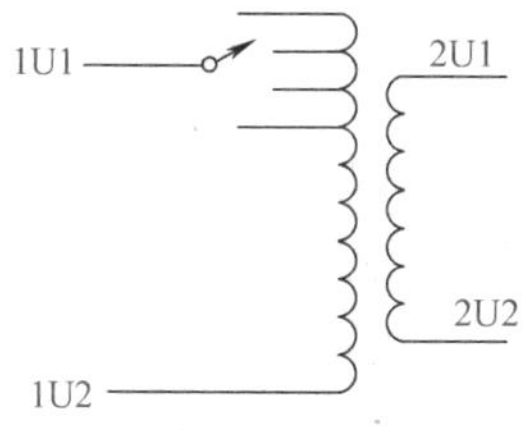 |
| 有载调压分接开关 |  静触头　辅助触头 | 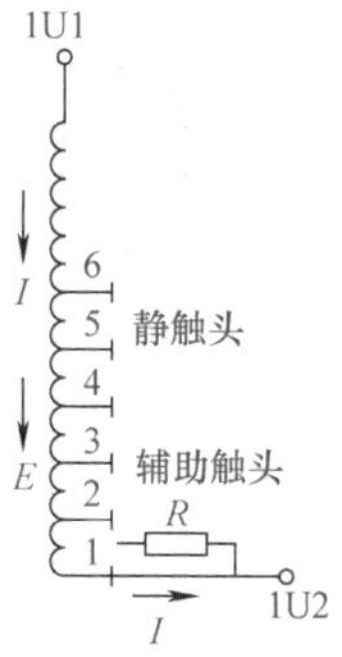 有载调压分接开关的动触头由主触头和辅助触头组成，有复合式和组合式两类，组合式调节范围可达±15%。每次调节主触头尚未脱开时，辅助触头已与下一档的静触头接触了，然后主触头才脱离原来的静触头，而且辅助触头上有限流阻抗，可以大大减少电弧，使供电不会间断，改善供电质量 |

### 6. 绝缘套管

绝缘套管穿过油箱盖，将油箱中变压器绕组的输入、输出线从箱内引到箱外与电网相接。绝缘套管由外部的瓷套和中间的导电杆组成，如图2-4所示，对它的要求主要是绝缘性能和密封性能要好。根据运行电压的不同，绝缘套管可分为充气式和充油式两种，后者为高电压用（60kV 用充油式）。当用于更高电压时（110kV 以上）还在充油式绝缘套管中包有多层绝缘层和铝箔层，使电场均匀分布，增强绝缘性能。根据运行环境的不同，又可将其分为户内式和户外式。

### 7. 测温装置

测温装置就是热保护装置，如图2-5所示。变压器的寿命取决于变压器的运行温度，因此油温和绕组的温度监测是很重要的。通常用三种温度计监测，箱盖上设置酒精温度计，其特点是计量精确但观察不便；变压器上装有信号温度计，便于观察；箱盖上装有电阻式温度计，是为了进行远距离监测。

### 三、铭牌

为了使变压器安全、经济运行，并保证一定使用寿命，制造厂按标准规定了变压器

图 2-4　绝缘套管

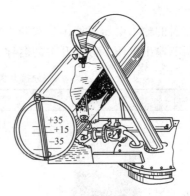

图 2-5　测温装置

的额定数据。有关额定数据标写在铭牌上。铭牌上的主要技术数据有型号、额定容量、额定电压、额定电流、额定频率等。

1. 型号和含义

型号表示变压器的结构特点、额定容量和高压侧的电压等级等。

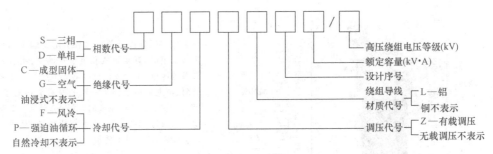

例如：SL9—800/10 为三相铝绕组油浸式电力变压器，设计序号为 9，额定容量为 800kV·A，高压绕组电压等级为 10kV。

2. 额定电压（$U_{1N}/U_{2N}$）

一次绕组的额定电压 $U_{1N}$ 是指变压器额定运行时，一次绕组所加的电压。二次绕组的额定电压 $U_{2N}$ 为变压器空载情况下，当一次侧加上额定电压时，二次侧的空载电压值。变压器额定电压的确定取决于绝缘材料的介电常数和允许温升。在三相变压器中，额定电压指的是线电压，单位是 V 或 kV。

3. 额定电流（$I_{1N}/I_{2N}$）

额定电流是变压器绕组允许长期连续通过的工作电流，是指在某环境温度、某种冷却条件下允许的满载电流值。当环境温度、冷却条件改变时，额定电流也应变化。如干式变压器加风扇散热后，电流可提高 50%。在三相变压器中，额定电流指的是线电流，单位是 A。

4. 额定容量（$S_N$）

变压器的额定容量是指变压器的视在功率，表示变压器在额定条件下的最大输出功率。其大小是由变压器的额定电压 $U_{2N}$ 与额定电流 $I_{2N}$ 所决定的，当然也受到环境温度、冷却条件的影响。容量的单位是 V·A 或 kV·A。

单相变压器的额定容量：$S_N = U_{2N}I_{2N}$

三相变压器的额定容量：$S_N = \sqrt{3}\, U_{2N} I_{2N}$

5. 额定频率（$f_N$）

我国规定额定频率为 50Hz。有些国家规定额定频率为 60Hz。

6. 温升（$T$）

温升是变压器在额定工作条件下，内部绕组允许的最高温度与环境的温度差，它取决于所用绝缘材料的等级。如油浸变压器中用的绝缘材料都是 A 级绝缘。国家规定线圈温升为 65℃，考虑最高环境温度为 40℃，则 65℃ +40℃ = 105℃，这就是变压器线圈的极限工作温度。

除额定值外，铭牌上还标有变压器的相数、联结组标号、接线图、短路电压百分值、变压器的运行及冷却方式等。为了考虑运输和吊心，还标有变压器的总重、油重和器身的质量等。

例 2-1 变压器参数的简单计算。

有一台三相油浸式（自冷）电力变压器，$S_N = 500$kV·A，Yd11 联结（高压为星形联结、低压为三角形联结），一次侧、二次侧额定电压 $U_{1N} = 10000$V、$U_{2N} = 400$V。求：$I_{1N}$、$I_{2N}$、$K$ 值。

解：（1）$I_{1N} = \dfrac{S_N}{\sqrt{3}\, U_{1N}} = \dfrac{500\times10^3}{\sqrt{3}\times10^4}\text{A} = 28.87\text{A}$

$$I_{2N} = \dfrac{S_N}{\sqrt{3}\, U_{2N}} = \dfrac{500\times10^3}{\sqrt{3}\times400}\text{A} = 721.71\text{A}$$

变压器的电压比为

$$K = \dfrac{U_{1\phi}}{U_{2\phi}} = \dfrac{10000/\sqrt{3}}{400} = 14.43$$

 **提示**

当求三相变压器的电压比 $K$ 时，如果一次侧、二次侧都是星形联结，或都是三角形联结时，可以和单相变压器中一样求解，即 $K = U_{1N}/U_{2N}$。如果一次侧、二次侧联结方式不一样，一个是星形联结，另一个是三角形联结，则应把星形联结的相电压与三角形联结的线电压相比较。

#### 四、电力变压器运行的检查内容

1. 运行前的检查

无论是新型变压器还是检修以后的变压器，在投入运行前都必须进行仔细检查。

（1）检查型号和规格 检查电力变压器型号和规格是否符合要求。

（2）检查各种保护装置 检查熔断器的规格型号是否符合要求；报警系统、继电保护系统是否完好，工作是否可靠；避雷装置是否完好；气体继电器是否完好，内部有无气体存在，如有气体存在应打开气阀盖，放掉气体，如图 2-6 所示。检查浮筒、活动挡板和水银开关动作位置是否正确。

（3）检查监视装置　检查各测量仪表的规格是否符合要求，是否完好；油温指示器、油位显示器是否完好，油位是否在与环境温度相应的油位线上。

（4）检查外观　检查箱体各个部分有无渗油现象；防爆膜是否完好；箱体是否可靠接地；各电压级的出线套管是否有裂缝、损伤，安装是否牢靠；导电排及电缆连接处是否牢固可靠。

（5）检查消防设备　检查消防设备的数量和种类是否符合规定要求。

（6）测量各电压级绕组对地的绝缘电阻　20～30kV 的变压器不低于 300MΩ，3～6kV 的变压器不低于 200MΩ，0.4kV 以下的变压器不低于 90MΩ。

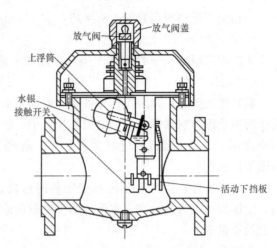

图 2-6　气体继电器原理图

2. 变压器投入运行中应进行的检查工作

为保证变压器安全运行，在变压器投入运行中要定期检查，以提高变电质量，及时发现故障并且及时消除。

（1）监视仪表　电压表、电流表、功率表等应每小时抄表一次；在过载运行时，应每半小时抄表一次；仪表不在控制室时每班至少抄表两次。温度计安装在配电盘上的，在记录电流数值时同时记录温度；温度计安装在变压器上的，应在巡视变压器时进行记录。

（2）现场检查　有值班人员的应每班检查一次，每天至少检查一次，每星期进行一次夜间检查。无固定人员值班的至少每两月检查一次，遇特殊情况或气候急剧变化时要进行及时检查。定期检查的内容有：

1）检查磁套管表面是否清洁，有无破损裂纹及放电痕迹，螺栓有无损坏及其他异常情况，如发现上述缺陷，应尽快停电检修。

2）检查箱壳有无渗油和漏油现象，严重的要及时处理。检查散热管温度是否均匀。

3）检查储油柜的油位高度是否正常，若发现油面过低应加油；油色是否正常，必要时进行油样化验。

4）检查油面温度计的温度与室温之差（温升）是否符合规定，对照负载情况，检查是否因变压器内部故障而导致过热。

5）观察防爆管上的防爆膜是否完好，有无冒烟现象。

6）观察导电排及电缆接头处有无发热变色现象，如贴有示温，应检查蜡片是否熔化，如有此种现象，应停电检查，找出原因并进行修复。

7）注意变压器有无异常声响，或响声是否比以前增大。

8）注意箱体接地是否良好。

9）变压器室内消防设备干燥剂是否吸潮变色，需要时进行烘干处理或调换。

10）定期进行油样化验。取油样可用如图 2-7 所示的溢流法。取样瓶应清洁，干燥不透光，先用软管与放油阀门接通，打开阀门，先放掉一部分油，以冲洗阀门及软管的内表面，然后再放些油冲洗取样瓶和软管外表面。清洗完毕后，将软管插入取样瓶底部，瓶内盛满油后，使油再溢出少许，在溢出过程中拉出软管，盖紧瓶盖，送交化验。

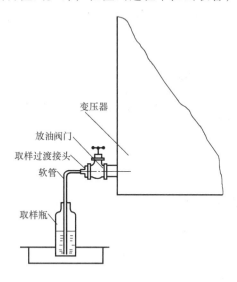

变压器
放油阀门
取样过渡接头
软管
取样瓶

图 2-7 溢流法

此外，进出变压器室时，应及时关门上锁，以防止小动物窜入而引起重大事故。

技能训练

一、训练内容
对运行中的变压器进行检查。

二、工具、仪器仪表及材料
电工工具一套，绝缘鞋和劳保用品，笔纸若干。

三、评分标准
评分标准见表 2-5。

表 2-5 评分标准

| 序号 | 主要内容 | 评分标准 | | 配分 | 扣分 | 得分 |
| --- | --- | --- | --- | --- | --- | --- |
| 1 | 检查记录 | 1. 记录不全,每缺一项扣10分<br>2. 记录错误,每一项扣5分<br>3. 计算不正确,每项扣10分<br>4. 抄袭他人的,每项扣10分 | | 90 分 | | |
| 2 | 安全与文明生产 | 1. 抚摸室内电气设备,扣5分<br>2. 拨动或玩弄室内电气设备,扣5分 | | 10 分 | | |
| 3 | 工时:3h | 不准超时 | 总分 | 100 分 | | |
| | | | 教师签字 | | | |

四、训练步骤

1）在教师或值班人员指导下进一步认识变配电设备和各类仪表的作用。

2）在教师或值班人员指导下检查运行中的变压器。

3）抄录电压表、电流表、功率表的读数。

4）记录油面温度和室内温度。

5）检查各密封处有无漏油现象。

6）检查高、低压瓷管是否清洁，有无破裂及放电痕迹。

7）检查导电排、电缆接头有无变色现象。有示温蜡片的，蜡片是否熔化。

8）检查防爆膜是否完好。

9）检查硅胶是否变色。

10）检查有无异常声响。

11）检查油箱接地是否完好。

12）检查消防设备是否完整良好。

五、检查记录表

将抄录下的有关数据填入检查记录表，见表2-6。

表2-6　检查记录表

| 铭牌数据 | 型号 | | | 容量 | | |
|---|---|---|---|---|---|---|
| | 电压 | | | 电流 | | |
| | 联结方式 | | | 温升 | | |
| 检查记录 | 高压侧 | 电压 | | 输入功率 | | |
| | | 电流 | | | | |
| | 低压侧 | 电压 | | 电流 | | |
| | | 功率表读数 | | 功率因数 | | |
| | 油面温度 | | 室温 | | 温升 | |
| | 绝缘瓷管 | 清洁 | | 无破裂 | 有放电痕迹 | |
| | | 不清洁 | | 有裂痕 | 无放电痕迹 | |
| | 防爆膜 | 完好 | | 导电排和电缆接头 | 无变色现象 | |
| | | 不完整 | | | 有变色现象 | |
| | 硅胶 | 变色 | | 有无异常声响 | 有无漏油 | |
| | | 未变色 | | | | |
| | 接地线 | 可靠 | | 消防设备品种数量 | | |
| | | 不可靠 | | | | |

六、注意事项

1）进入变压室前，要进行安全教育。

2）进入变压器室后，不可随意触碰或拨动室内所有设备。

3）要切实注意安全。

# 任务二  三相变压器首尾端的判别

1. 理解三相变压器联结组的概念。
2. 掌握三相变压器联结组的判别方法。
3. 掌握三相变压器极性与首尾端的判别方法。

**一、三相变压器磁路**

目前正弦交流电能几乎都是以三相交流系统进行传输和使用的，要将某一电压等级的三相交流电能转换为同频率的另一电压等级的三相交流电能，可用三相变压器来完成。三相变压器按磁路系统可分为三相组合式变压器和三相心式变压器。

三相组合式变压器是由三台单相变压器按一定连接方式组合而成的，其特点是各相磁路分别独立而互不相关，如图2-8所示。

三相心式变压器是三相共用一个铁心的变压器，其特点是各相磁路互相关联，如图2-9所示。它有三个铁心柱，

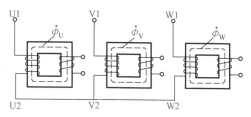

图2-8  三相组合式变压器的磁路系统

供三相磁通 $\dot{\Phi}_U$、$\dot{\Phi}_V$、$\dot{\Phi}_W$ 分别通过。在三相电压平衡时，磁路也是对称的，总磁通 $\dot{\Phi}_总 = \dot{\Phi}_U + \dot{\Phi}_V + \dot{\Phi}_W = 0$，所以就不需要另外的铁心来供 $\dot{\Phi}_总$ 通过，可以省去中间的铁心，类似于三相对称电路中省去中性线一样，这样就大量节省了铁心的材料（见图2-9b）。在实际的应用中，把三相铁心布置在同一平面上（见图2-9c）。由于中间铁心磁路短一些，造成三相磁路不平衡，使三相空载电流也略有不平衡，但形成空载电流 $\dot{i}_0$ 很小，影响不大。由于三相心式变压器体积小、经济性好，所以被广泛应用。但变压器铁心必须接地，以防感应电压或漏电。而且铁心只能有一点接地，以免形成闭合回路，产生环流。

**二、三相心式变压器绕组的联结方式**

如果将三个高压绕组或三个低压绕组连成三相绕组时，则有两种基本接法，即星形（Y）联结和三角形（D）联结。

39

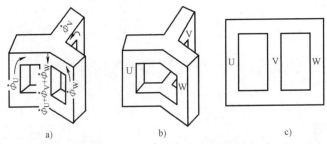

图 2-9 三相心式变压器的磁路系统

### 1. 星形联结

星形联结是将三个绕组的末端连在一起，接成中性点，再将三个绕组的首端引出箱外，其接线如图 2-10a 所示。如果中性点也引出箱外，则称为中性点引出箱外的星形联结，以符号"YN"表示。

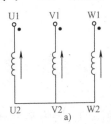
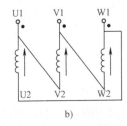
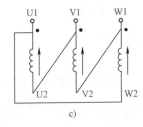

图 2-10 三相变压器绕组联结

a) 星形联结　b) 三角形正相序联结　c) 三角形反相序联结

### 2. 三角形联结

三角形联结是将三个绕组的各相首尾相接构成一个闭合回路，把三个连接点接到电源上去，如图 2-10b、c 所示。因为首尾连接的顺序不同，可分为正相序（见图 2-10b）和反相序（见图 2-10c）两种联结方式。

三相心式变压器绕组的联结方式、相量图及特点见表 2-7。

表 2-7　三相心式变压器绕组的联结方式、相量图及特点

| 联结方式 | 相量图 | 特　点 |
|---|---|---|
| （星形联结图） 星形联结 | $\dot{E}_U$, $\dot{E}_W$, $\dot{E}_V$ 相量图 | 星形联结的优点：<br>1）相电压是三角形联结的 $1/\sqrt{3}$，可节省绝缘材料，对高电压特别有利<br>2）有中性点可引出，适合于三相四线制，可提供两种电压<br>3）中性点附近电压低，有利于装分接开关<br>4）相电流大，导线粗，机械强度大，匝间电容大，能承受较高的电压冲击<br>星形联结的缺点：<br>1）没有中性线时，电流中没有三次谐波，这会使磁通中有三次谐波存在（因磁路的饱和造成），而这个磁通只能从空气和油箱中通过（指三相心式变压器），造成损耗增加。所以 1800kV·A 以上的变压器不能采用这种联结方式<br>2）中性点要直接接地，否则当三相负载不平衡时，中性点电位会严重偏移，对安全不利<br>3）当某相发生故障时，只好整机停用，而不像三角形联结时还有可能接成 V 形运行 |

（续）

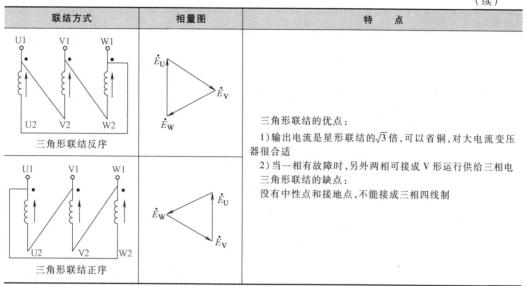

| 联结方式 | 相量图 | 特　点 |
|---|---|---|
| 三角形联结反序 | | 三角形联结的优点：<br>1) 输出电流是星形联结的$\sqrt{3}$倍，可以省铜，对大电流变压器很合适<br>2) 当一相有故障时，另外两相可接成V形运行供给三相电 |
| 三角形联结正序 | | 三角形联结的缺点：<br>没有中性点和接地点，不能接成三相四线制 |

　　不管是三角形联结还是星形联结，如果一侧有一相首尾接反了，磁通就不对称，就会出现空载电流$I_0$急剧增加的情况，造成严重事故，这是不允许的。

### 三、三相心式变压器绕组的联结组

　　变压器的一、二次绕组，根据不同的需要可以有三角形或星形两种联结，一次绕组三角形联结用D表示，星形联结用Y表示、有中性线时用YN表示；二次绕组分别用小写d、y和yn表示。一、二次绕组不同的联结方式，形成了不同的联结组标号（联结组别），也反映出不同的一次侧、二次侧的线电压之间的相位关系。为表示这种相位关系，国际上采用了时钟表示法的联结组标号予以区分：即把一次侧线电压相量作为长针，永远指向12点位置；相对应二次侧线电压相量为短针，它指几点钟，就是联结组的标号。

　　如Yd11表示高压边为星形联结，低压边为三角形联结，一次侧线电压落后二次侧线电压相位30°。虽然联结组别有许多，但为了便于制造和使用，国家标准规定了五种常用的联结组标号，见表2-8。

表2-8　三相心式变压器绕组的联结组标号、连接图及适用场合

| 联结组标号 | 连接图 | 适用场合 |
|---|---|---|
| Yyn0 | | 三相四线制供电，即同时有动力负载和照明负载的场合 |

（续）

| 联结组标号 | 连接图 | | 适用场合 |
|---|---|---|---|
| Yd11 | 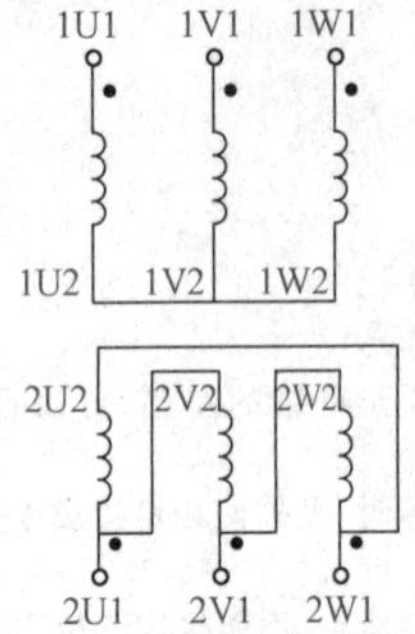 | 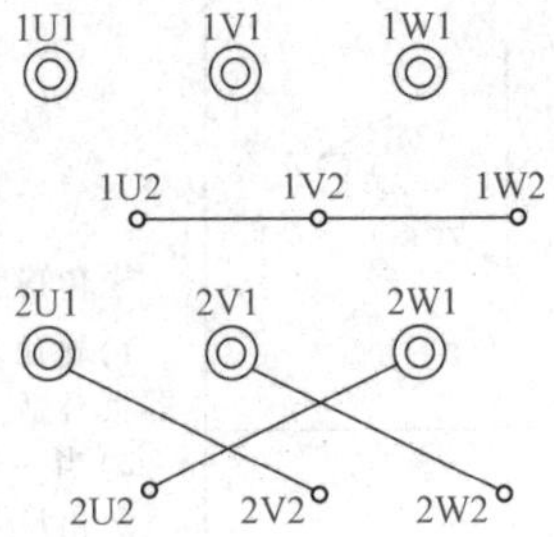 | 一次侧线电压在 35kV 以下，二次侧线电压高于 400V 的线路中 |
| YNd11 | 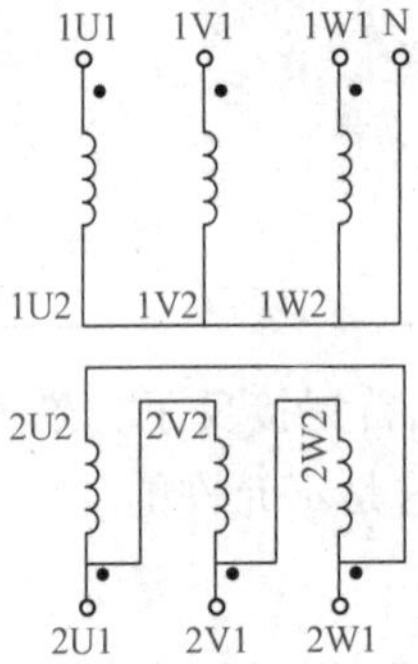 | 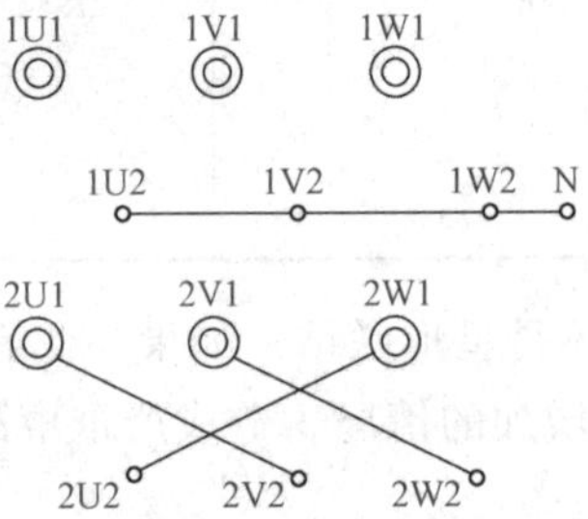 | 一次侧线电压在 110kV 以上，中性点需要直接接地或经阻抗接地的超高压电力系统 |
| YNy0 | 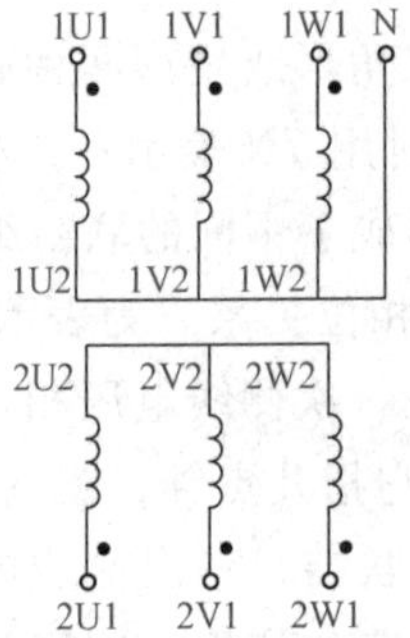 | 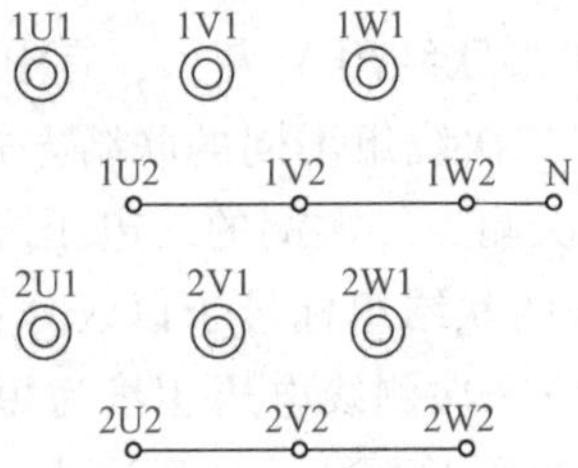 | 高压中性点需接地场合 |
| Yy0 | 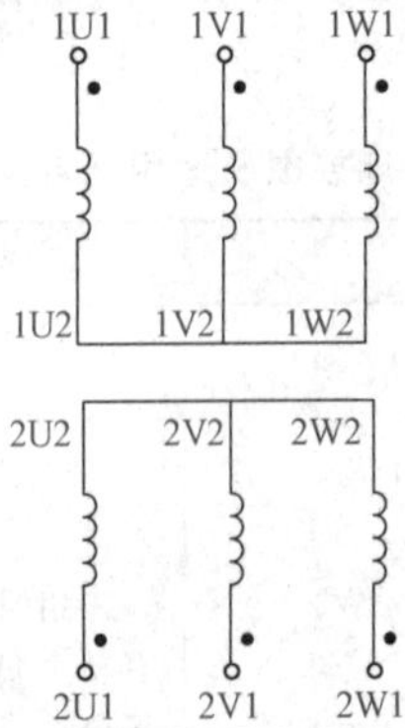 | 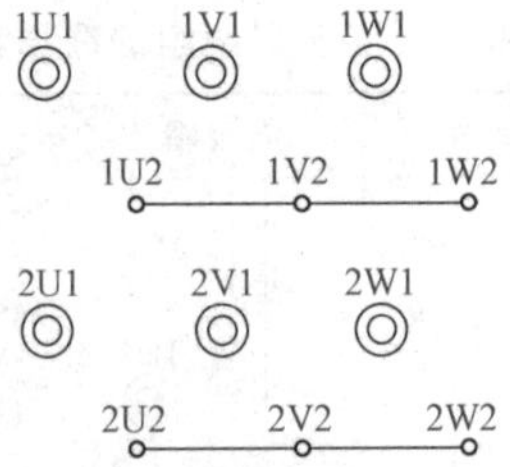 | 三相动力负载 |

## 四、三相变压器联结组的判别

由表 2-8 可知，三相变压器联结组可分成 Yy 和 Yd 两类接法，下面分别介绍它们的判别方法。

### 1. Yy 联结组

已知变压器的绕组连接图及各相一次侧、二次侧的同极性端，对于 Yy0 联结组的判别步骤、方法描述及图示见表 2-9。

表 2-9　Yy0 联结组的判别步骤、方法描述及图示

| 步　骤 | 方　法　描　述 | 图　示 |
|---|---|---|
| 标示各相电压方向 | 在接线图中标出每个相线电压的正方向，如一次侧和二次侧都指向各自的首端，即 1U、2U | 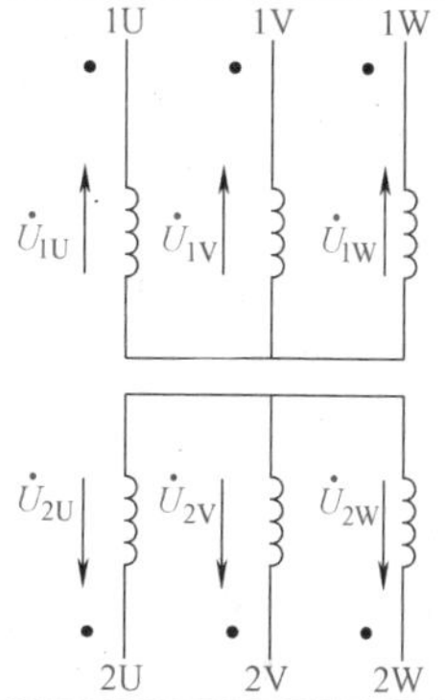 |
| 画一次绕组相电压及 UV 间线电压 $\dot{U}_{1U,1V}$ 相量图 | 画出一次绕组相电压相量图，$\dot{U}_{1U}$、$\dot{U}_{1V}$、$\dot{U}_{1W}$ 最好按右图中方位画，这样画出的线电压 $\dot{U}_{1U,1V}$（$\dot{U}_{1U,1V} = \dot{U}_{1U} - \dot{U}_{1V}$）正巧在钟表 12 点的位置，不用再移动了 | 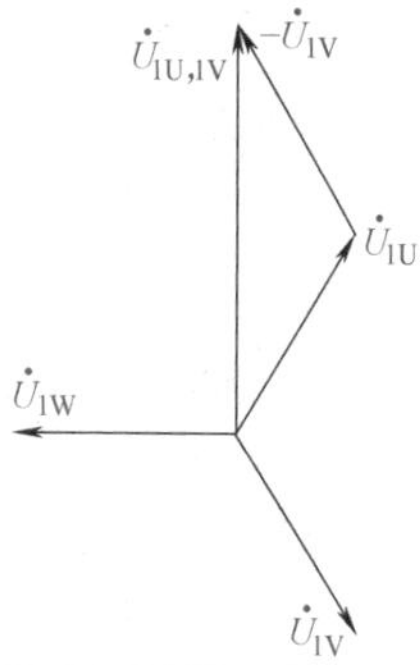 |
| 画二次绕组相电压及 UV 间线电压 $\dot{U}_{2U,2V}$ 相量图 | 画出二次绕组的线电压相量图，由接线图中的同名端可判断出 $\dot{U}_{2U}$、$\dot{U}_{2V}$、$\dot{U}_{2W}$ 和一次侧的电动势 $\dot{U}_{1U}$、$\dot{U}_{1V}$、$\dot{U}_{1W}$ 同相位（即同极性），所以它的相量图也和一次侧一样，画出 $\dot{U}_{2U,2V} = \dot{U}_{2U} - \dot{U}_{2V}$ | 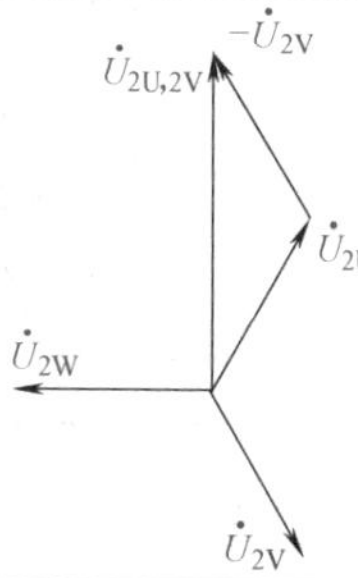 |
| $\dot{U}_{1U,1V}$ 与 $\dot{U}_{2U,2V}$ 相量的时钟表示 | 画出时钟的钟点，只要把一次侧的 $\dot{U}_{1U,1V}$ 作为长针放在"12"点，再把二次侧的 $\dot{U}_{2U,2V}$ 作为短针放上去即可，很明显二次侧是 12 点，也就是 0 点，所以该联结组是 Yy0 联结组 | 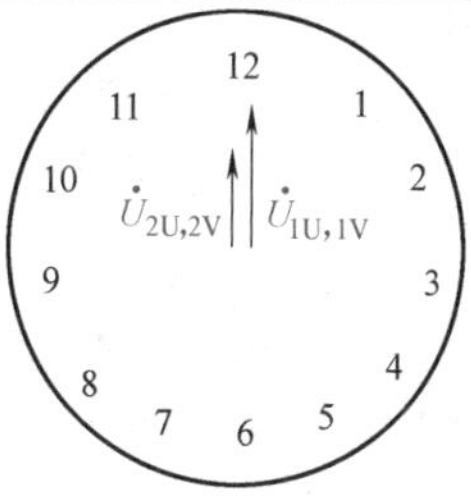 |

### 2. Yd 联结组

已知变压器的绕组连接图及各相一次侧、二次侧的同极性端，对于 Yd11 联结组的

判别步骤、方法描述及图示见表2-10。

表 2-10  Yd11 联结组的判别步骤、方法描述及图示

| 步　骤 | 方法描述 | 图　示 |
|---|---|---|
| 标示各相电压方向 | 在接线图中标出每个相线电压的正方向,如一次侧和二次侧都指向各自的首端,即1U、2U |  |
| 画一次绕组相电压及 UV 间线电压 $\dot{U}_{1U,1V}$ 相量图 | 画出一次绕组相电压相量图,$\dot{U}_{1U}$、$\dot{U}_{1V}$、$\dot{U}_{1W}$最好按右图方位画,这样画出的线电压 $\dot{U}_{1U,1V}$($\dot{U}_{1U,1V} = \dot{U}_{1U} - \dot{U}_{1V}$)正好在钟表12点的位置,不用再移动了 | |
| 画二次绕组相电压及 UV 间线电压 $\dot{U}_{2U,2V}$ 相量图 | 从接线图中找出二次侧线电压 $\dot{U}_{2U,2V}$ 与哪个相的线电压相等,由图中找到 $\dot{U}_{2U,2V} = -\dot{U}_{2V}$,即 $\dot{U}_{2U,2V}$ 的方向指向 11 点方向,所以可画出时钟图 | |
| $\dot{U}_{1U,1V}$ 与 $\dot{U}_{2U,2V}$ 相量的时钟表示 | 画出时钟的钟点,只要把一次侧的 $\dot{U}_{1U,1V}$ 作为长针放在 12 点,再把二次侧的 $\dot{U}_{2U,2V}$ 作为短针放上去即可,很明显二次侧是 11 点,所以该联结组是 Yd11 联结组 | |

**提示**

1) 这种联结组的判别比 Yy 联结组稍难一点,关键是找出二次侧线电压的相量,其大小等于二次绕组相电压的绝对值。

2) 不论是 Y、y 联结组还是 Yd 联结组,如果一次绕组的三相标记不变,把二次绕组的三相标记 u、v、w 改为 w、u、v(相序不变),则二次侧的各线电压相量也分别转过 120°,相当于转过 4 个钟点。若标记改为 v、w、u,则相当于转过 8 个钟点。因而对 Yy 联结组而言,可得 0、4、8、6、10、2 等 6 个偶数标号;对 Yd 联结组而言,可得 11、3、7、5、9、1 等 6 个奇数标号。

技能训练

**一、训练内容**

用直流法进行三相变压器首尾端的判别。

**二、工具、仪器仪表及材料**

1）电工工具1套（验电笔、一字和十字螺钉旋具、钢丝钳、尖嘴钳、斜口钳、剥线钳、电工刀等）。

2）三相变压器1台，刀开关和多档位转换开关各1只，1.5V干电池1节。

3）指针式万用表1只。

**三、评分标准**

评分标准见表2-11。

表2-11 评分标准

| 序号 | 项目内容 | 评分标准 | | 配分 | 扣分 | 得分 |
|---|---|---|---|---|---|---|
| 1 | 一、二次绕组的判定 | 一、二次绕组的判定,错一组扣10分 | | 10分 | | |
| 2 | 连接电路 | 连接电路（共两次连接），每错一次扣20分 | | 40分 | | |
| 3 | 选择量程 | 电压表量程选择错，扣10分 | | 10分 | | |
| 4 | 判定结果 | 判定结果错，扣30分 | | 30分 | | |
| 5 | 安全文明生产 | 每违反一次，扣5分 | | 10分 | | |
| 6 | 工时：60min | 不准超时 | 总分 | 100分 | | |
| | | | 教师签字 | | | |

**四、训练步骤**

**1. 分相设定标记**

首先用万用表电阻档测量12个出线端间通断情况及电阻大小，找出三相高压绕组。假定标记为1U1、1V1、1W1、1U2、1V2、1W2，如图2-11所示。高、低压绕组的电阻记录于表2-12。

表2-12 高、低压绕组的电阻

| 高压绕组的电阻/Ω | 低压绕组的电阻/Ω |
|---|---|
| | |

**2. 定出V相首尾并通过电路判别U相首尾**

将一个1.5V的干电池（用于小容量变压器）或2~6V的蓄电池（用于电力变压器）和刀开关SA接入三相变压器高压侧任一相中（1V1接干电池的"+"并定为首端，开关的一端接"−"极，1V2接开关的另一端并定为尾端）；W相悬空，然后将万用表拨至直流500mA档来测量U相电流的方向，并通过接通开关SA瞬间U相电流方向来判断其相间极性，如图2-12所示。

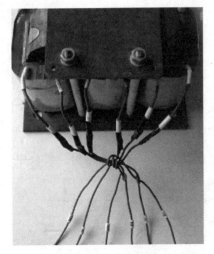

图 2-11　分相设定标记

图 2-12　定出 V 相首尾并通过电路判别 U 相首尾

**3. 判别 W 相首尾**

　　方法与上述相同，只是将上述的 U 相与 W 相调换操作。即将 U 相悬空，然后将指针式万用表拨至直流 5V 或 10V 档来测量 W 相电流的方向，并通过接通开关 SA 瞬间 W 相电流方向来判断其相间极性，如图 2-13 所示。

**4. 确认同名端**

　　1）如果在合上刀开关 SA 的瞬间，两表同时向正方向（右方）摆动时，则接在直流电流表"＋"端子上的线端是相尾 1U2 和 1W2，接在表"－"端子上的线端是相首 1U1 和 1W1，在合上刀开关 SA 的瞬间各相绕组的感应电动势方向如图 2-14 所示。

　　2）如果在合闸的瞬间，两表同时向反方向（左方）摆动时，则接在直流表的"＋"端子上的线端是相首 1U1 和 1W1，接在表"－"端子上的线端是相尾 1U2 和 1W2，如图 2-15 所示。

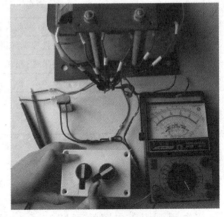

图 2-13　判别 W 相首尾

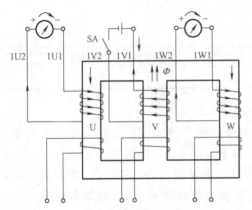

图 2-14　直流法测定三相变压器首尾（正摆）

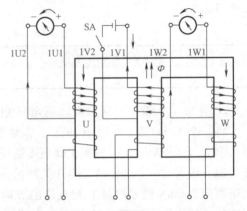

图 2-15　直流法测定三相变压器首尾（反摆）

5. 判别低压绕组的首尾

用同样的方法判别低压绕组的首尾。

# 任务三　三相变压器的并联运行与常见故障排除

1. 熟悉三相变压器并联运行的意义。
2. 掌握三相变压器并联运行的条件。
3. 掌握三相变压器常见故障的排除方法。

三相变压器的并联运行是指几台三相变压器的高压绕组及低压绕组分别连接到高压电源及低压电源母线上，共同向负载供电的运行方式，如图2-16所示。

## 一、三相变压器并联运行的意义

在变电站中，总的负载经常由两台或多台三相电力变压器并联供电，其意义如下：

1）变电站所供的负载一般来讲总是在若干年内不断发展、不断增加的，随着负载的不断增加，可以相应地增加变压器的台数，这样做可以减少建站、安装时的一次投资。

2）当变电站所供的负载有较大的昼夜或季节波动时，可以根据负载的变动情况，随时调整投入并联运行的变压器台数，以提高变压器的运行效率。

3）当某台变压器需要检修（或故障）时，可以切换下来，用备用变压器投入并联运行，以提高供电的可靠性。

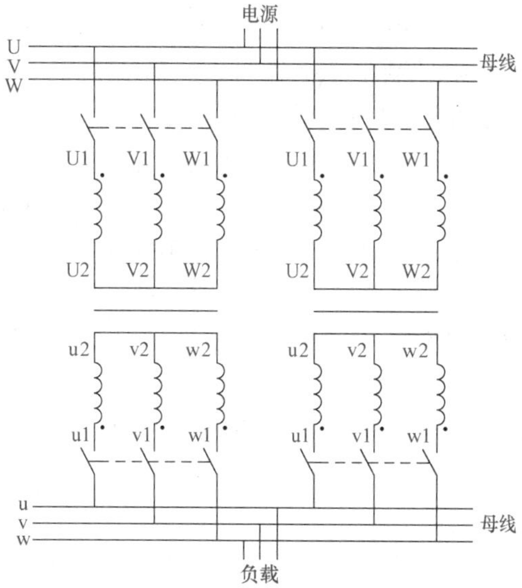

图 2-16　Yy0 联结三相变压器的并联运行

## 二、三相变压器并联运行的条件

1. 三相变压器并联运行的理想情况

1）空载时，并联的各变压器之间没有环流，以避免环流铜耗。

2）负载时，各变压器所承担的负载电流应按其容量的大小成正比例分配，防止其中某台过载或欠载，使并联组的容量得到充分利用。

3）负载后，各变压器所分担的电流应与总的负载电流同相位。这样在总的负载电流一定时，各电压所分担的电流小。如果各变压器的二次电流一定，则共同承担的负载电流为最大。

2. 变压器并联运行的条件

为了使变压器能正常地投入并联运行，各并联运行的变压器必须满足以下条件：一、二次绕组电压应相等，即电压比应相等；联结组标号必须相同；短路阻抗（即短路电压）应相等。

实际并联运行的变压器，其电比不可能绝对相等，其短路电压也不可能绝对相等，允许有极小的差别，但变压器的联结组标号则必须要相同。下面分别说明这些条件。

（1）电压比相等　设两台同容量的变压器 T1 和 T2 并联运行，如图 2-17a 所示，其电压比有微小的差别。其一次绕组接在同一电源电压 $U_1$ 下，二次绕组并联后，也应有相同的 $U_2$，但由于电压比不同，两个二次绕组之间的电动势有差别，设 $E_1 > E_2$，则电动势差值 $\Delta \dot{E} = \dot{E}_1 - \dot{E}_2$ 会在两个二次绕组之间形成环流 $I_c$，如图 2-17b 所示，这个电流称为平衡电流，其值与两台变压器的短路阻抗 $Z_{S1}$ 和 $Z_{S2}$ 有关，即 $I_C = \dfrac{\Delta E}{Z_{S1} + Z_{S2}}$。

变压器的短路阻抗不大，故在不大的 $\Delta E$ 下也会有很大的平衡电流。变压器空载运行时，平衡电流流过绕组，会增大空载损耗，平衡电流越大则损耗会更多。变压器负载时，二次侧电动势高的那一台电流增大，而另一台则减少，可能使前者超过额定电流而过载，后者则小于额定电流值。所以，标准 GB/T 17468—2008《电力变压器选用导则》中规定，并联运行的变压器，其电压比误差不允许超过 ±0.5%。

（2）联结组标号相等　如果两台变压器的电压比和短路阻抗均相等，但是联结组标号不同时并联运行，则其后果十分严重。因为联结组别不同时，两台变压器二次绕组电压的相位差就不同，它们线电压的相位差至少为 30°，因此会产生很大的电压差 $\Delta U_2$。图 2-18 为 Yy0 和 Yd11 两台变压器并联，二次绕组线电压之间的电压差为 $\Delta U_2$，其数值为

$$\Delta U_2 = 2U_{2N} \sin \frac{30°}{2} = 0.518U_{2N}$$

这样大的电压差将在两台并联变压器二次绕组中产生比额定电流大得多的空载环流，导致变压器损坏，故联结组标号不同的变压器绝对不允许并联运行。

（3）短路阻抗相等　设两台容量相同、电压比相等、联结组标号也相同的三相变压器并联运行，现在来分析它们的负载如何均衡分配。设负载为对称负载，则可取其一相来分析。

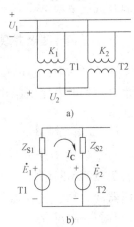

a)

b)

图 2-17　电压比不等时的并联运行

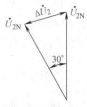

图 2-18　Yy0 和 Yd11 两台变压器并联运行的电压差

如这两台变压器的短路阻抗也相等，则流过两台变压器中的负载电流也相等，即负载均匀分布，这是理想情况。如果短路阻抗不等，设 $Z_{S1}I_1 > Z_{s2}I_2$，则由于两台变压器一次绕组接在同一电源上，电压比及联结组又相同，故二次绕组的感应电动势及输出电压均应相等，但由于 $Z_S$ 不等，参看图 2-17b，由欧姆定律可得 $Z_{S1}I_1 = Z_{s2}I_2$，其中 $I_1$ 为流过变压器 T1 绕组的电流（负载电流），$I_2$ 为流过变压器 T2 绕组的电流（负载电流）。由此公式可见，并联运行时，负载电流的分配与各台变压器的短路阻抗成反比，短路阻抗小的变压器输出的电流要大，短路阻抗大的输出电流较小，则其容量得不到充分利用。因此，国家标准规定：并联运行的变压器其短路电压比不应超过 10%。

 **提示**

变压器的并联运行还存在负载分配的问题。两台同容量的变压器并联，由于短路阻抗的差别很小，可以做到接近均匀地分配负载。当容量差别较大时，合理分配负载是困难的，特别是担心小容量的变压器过载，而使大容量的变压器得不到充分利用。为此，要求投入并联运行的各变压器中，最大容量与最小容量之比不宜超过 3∶1。

### 三、三相变压器常见故障的处理

变压器的常见故障很多，究其原因可分为两类。一是因为电网、负载的变化使变压器不能正常工作，如变压器过载运行、电网发生过电压现象、电源品质差等；二是变压器内部元件发生故障，降低了变压器的工作性能，使变压器不能正常工作。

1. 了解故障发生的情况

电力变压器发生故障的原因比较复杂，为了正确而快速地分析原因，在进行处理故障之前，应详细了解变压器在故障发生时的情况，主要包括以下方面：

1）变压器的运行状况、种类及过载状况。

2）变压器的温升及电压状况。

3）事故发生前的气候与环境，如气温、湿度及有无雷雨等。

4）查看变压器的运行记录、前次大修记录和质量评价等。

5）了解继电器保护动作的性质，如短路保护、起动保护、气体继电器等动作。

2. 变压器短时过载及处理原则

1）解除音响报警，汇报值班班长并做好记录。

2）及时调整运行方式，调整负载的分配，如有备用变压器，应立即投入。

3）如属正常过载，可根据正常过载的倍数确定允许运行时间，并加强监视油位、油温，不得超过允许值，若过载超过允许时间，则应立即减小负载。

4）如属事故过载，则过载的允许倍数和时间，应依制造厂的规定执行。若过载倍数及时间超过允许值，应按规定减小变压器的负载。

5）过载运行时间内，应对变压器及有关系统进行全面检查，若发现异常应汇报处理。

3. 短路及其他故障原因的分析及处理

三相变压器常见故障种类、现象、产生原因及处理方法见表2-13。

表2-13　三相变压器常见故障种类、现象、产生原因及处理

| 故障种类 | 现象 | 产生原因 | 处理方法 |
|---|---|---|---|
| 绕组匝间或层间短路 | 1. 变压器异常发热<br>2. 油温升高，油发出特殊的"嘶嘶"声<br>3. 电源侧电流增大或高压熔断器熔断<br>4. 气体继电器动作 | 1. 变压器运行年久，绕组绝缘老化<br>2. 绕组绝缘受潮<br>3. 绕组绕制不当，使绝缘局部受损<br>4. 油道内落入杂物，使油道堵塞，局部过热 | 1. 更换或修复所损坏的绕组、衬垫和绝缘层<br>2. 进行浸漆和干燥处理<br>3. 更换或修复绕组<br>4. 检查油道，排除杂物 |
| 绕组接地或相间短路 | 1. 高压熔断器熔断<br>2. 安全气道薄膜破裂、喷油<br>3. 气体继电器动作<br>4. 变压器油燃烧 | 1. 绕组主绝缘老化或有破损等严重缺陷<br>2. 变压器进水，绝缘油严重受潮<br>3. 油面过低，露出油面的引线绝缘距离不足而击穿<br>4. 过电压击穿绕组绝缘 | 1. 更换或修复绕组<br>2. 更换或处理变压器油<br>3. 检修渗漏油部位，注油至正常位置<br>4. 更换或修复绕组绝缘，并限制过电压的幅值 |
| 绕组变形与断线 | 1. 变压器发出异常声音<br>2. 断线相无电流指示 | 1. 制造装配不良，绕组未压紧<br>2. 短路电流的电磁力作用<br>3. 导线焊接不良<br>4. 雷击造成断线 | 1. 修复变形部位，必要时更换绕组<br>2. 拧紧压圈螺钉，紧固松脱的衬垫、撑条<br>3. 割除熔蚀面重焊新导线<br>4. 修补绝缘，并进行浸漆干燥处理 |
| 铁心片间绝缘损坏 | 1. 空载损耗变大<br>2. 铁心发热、油温升高、油色变深<br>3. 变压器发出异常声响 | 1. 硅钢片间绝缘老化<br>2. 受强烈振动，片间发生位移或摩擦，铁心紧固件松动<br>3. 铁心接地后发热烧坏片间绝缘 | 1. 对绝缘损坏的硅钢片重新刷绝缘漆<br>2. 紧固铁心夹件<br>3. 按铁心接地故障处理方法处理 |
| 铁心多点接地或接地不良 | 1. 高压熔断器熔断<br>2. 铁心发热、油温升高、油色变黑<br>3. 气体继电器动作 | 1. 铁心与穿心螺杆间的绝缘老化，引起，铁心多点接地<br>2. 铁心接地片断开<br>3. 铁心接地片松动 | 1. 更换穿心螺杆与铁心间的绝缘管和绝缘衬<br>2. 更换新接地片<br>3. 将接地片压紧 |
| 套管闪络 | 1. 高压熔断器熔断<br>2. 套管表面有放电痕迹 | 1. 套管表面积灰脏污<br>2. 套管有裂纹或破损<br>3. 套管密封不严，绝缘受损<br>4. 套管间掉入杂物 | 1. 清除套管表面的积灰和脏污<br>2. 更换套管<br>3. 更换封垫<br>4. 清除杂物 |
| 分接开关烧损 | 1. 高压熔断器熔断<br>2. 油温升高<br>3. 触头表面产生放电声<br>4. 变压器油发出"咕嘟"声 | 1. 动触头弹簧压力不够或过渡电阻损坏<br>2. 开关配备不良，造成接触不良<br>3. 绝缘板绝缘性能变劣<br>4. 变压器油位下降，使分接开关暴露在空气中<br>5. 分接开关位置错位 | 1. 更换或修复触头接触面，更换弹簧或过渡电阻<br>2. 按要求重新装配并进行调整<br>3. 更换绝缘板<br>4. 补注变压器油至正常油位<br>5. 纠正错误 |
| 变压器油变劣 | 油色变暗 | 1. 变压器故障引起放电造成变压器油分解<br>2. 变压器油长期受热氧化使油质变劣 | 1. 对变压器油进行过滤或换新油<br>2. 更换新油 |

 技能训练

**一、训练内容**

小型变压器的故障检修。

故障设置：小型变压器二次绕组引出线脱焊。

故障现象；变压器无输出电压。

**二、工具、仪器仪表及材料**

绝缘电阻表（自定）1 台，惠斯通电桥（QJ23 或自定）1 台，万用表（自定）1 块，电工通用工具 1 套，三相小型变压器（型号自定）1 台，故障排除所用的设备及材料（与变压器相配套）1 套，三相交流电源（220V 和 36V、5A）1 处，圆珠笔 1 支，演草纸（自定）2 张，绝缘鞋、工作服等 1 套。

**三、评分标准**

表 2-14　评分标准

| 序号 | 主要内容 | 评分标准 | 配分 | 扣分 | 得分 |
|---|---|---|---|---|---|
| 1 | 调查研究 | 排除故障前不进行调查研究,扣 10 分 | 10 分 | | |
| 2 | 故障分析 | 1. 故障分析思路不够清晰,扣 10 分<br>2. 不能标出最小的故障范围,每个故障点扣 10 分 | 30 分 | | |
| 3 | 故障排除 | 1. 不能找出故障点扣 15 分<br>2. 不能排除故障点扣 15 分<br>3. 排除故障方法不正确,扣 10 分<br>4. 对变压器进行观察和试验,不能判断其是否合格扣 20 分 | 60 分 | | |
| 4 | 安全文明生产 | 每违反安全与文明生产规定一次,扣 5 分 | 10 分 | | |
| 5 | 备注 | 1. 排除故障时产生新的故障后不能自行修复,每处扣 10 分;已经修复,每处扣 5 分<br>2. 损坏变压器从本项总分中扣 10~100 分 | | | |
| 6 | 工时:60min | 不准超时 | 总分 | 100 分 | |
| | | | 教师签字 | | |

**四、训练步骤**

1）调查研究，弄清出现故障时的现象，对检查进行变压器外观检查。

2）分析故障出现的原因，变压器的故障现象为无输出。可能原因有：电源线开路；一、二次绕组的引出线接头断路或脱焊；一、二次绕组开路。

3）确定故障范围。用万用表的电阻档测量绕组电阻，确定绕组是否开路。经测量，一次绕组的电阻较小，无开路的可能；而测量二次绕组的电阻值时，表针不动，说明二次绕组开路。

4）查找故障点。除去变压器的外部绝缘，发现引出线脱焊，重新焊接好引出线接

头，并套上绝缘。

5）恢复变压器的绝缘，测量变压器的绝缘电阻合格，测量变压器绕组的直流电阻合格。

6）通电调试。测量电源电压正常，接通电源，测量二次侧的输出电压为 36V，说明故障已排除。

**课后练习**

1. 为什么要进行高压输电？

2. 电力变压器按其功能可分为哪几种？

3. 一台三相变压器，额定容量 $S_N = 400\text{kV} \cdot \text{A}$，一次侧、二次侧额定电压为 $U_{N1}/U_{N2} = 10/0.4\text{kV}$，一次绕组采用星形联结，二次绕组采用三角形联结。试求：

（1）一次侧、二次侧的额定电流。

（2）在额定工作的情况下，一次侧、二次侧实际流过的电流。

（3）已知一次侧每相绕组的匝数是 150 匝，问二次侧每相绕组的匝数是多少？

4. 什么是变压器绕组的星形联结？它有哪些优缺点？

5. 二次侧为三角形联结的变压器，测得三角形的开口电压为 2 倍的二次侧相电压，请绘图说明是什么原因造成的。

6. 一台三相变压器一次绕组的每相匝数为 $N_1 = 2080$，二次绕组每相匝数为 $N_2 = 1280$，如果将一次绕组接在 10kV 的三相电源上，试分别求变压器 Yy0 及 Yd1 两种接法的二次侧线电压。

7. 变压器为什么要并联运行？并联运行的条件是什么？

8. 两台容量不同的变压器并联运行时，大容量的阻抗电压应该大一点好，一样好，还是小一点好？为什么？

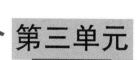

## 第三单元

# 特殊变压器及其维护

　　特殊变压器是指具有一定特殊用途的变压器，例如用于测量的互感器、具有调压作用的自耦变压器、具有安全作用的隔离变压器，以及用于电焊机的电杆变压器等。本单元主要介绍互感器及自耦变压器的结构原理及维护。

## 任务一　互感器的维护

1. 熟悉互感器的结构、种类和原理。
2. 掌握互感器的维护方法。

### 一、电流互感器

**1. 电流互感器的结构和工作原理**

　　电流互感器结构上与普通双绕组变压器相似，也有铁心和一、二次绕组，但它的一次绕组匝数很少，只有一匝到几匝，导线都很粗，串联在被测的电路中，有被测电流流过，被测电流的大小由用户负载决定，如图3-1所示。

　　电流互感器的二次绕组匝数较多，它与电流表或功率表的电流线圈串联成为闭合电路，由于这些线圈的阻抗都很小，所以二次侧近似于短路状态。由于二次侧近似于短路，所以互感器的一次电压也几乎为零。变压器的变流原理为 $\dfrac{I_1}{I_2}=\dfrac{N_2}{N_1}=K_I$，式中，$K_I$ 为电流互感器的额定电流比；$I_2$ 为二次侧所接电流表的读数，乘以 $K_I$，就是一次侧的被测大电流的数值。

　　电流互感器有干式、浇注绝缘式、油浸式等多种，如图3-2所示。

**电机变压器**

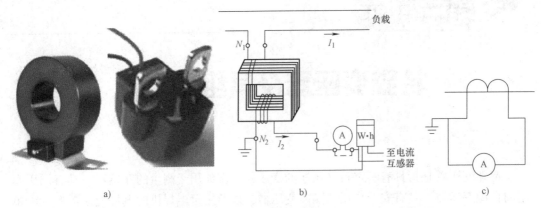

图 3-1　电流互感器

a）实物图　b）接线图　c）符号图

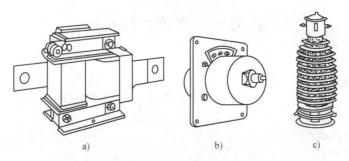

图 3-2　电流互感器的种类

a）干式 LQG—0.5 型　b）浇注绝缘式 LDZJ1—10 型　c）油浸式 LCWD2—110 型

电流互感器的型号格式为：

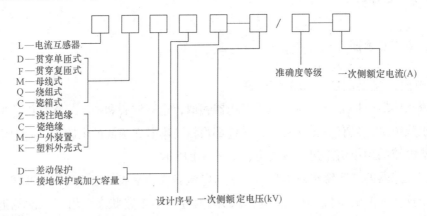

例如，LFC-10/0.5-300 表示为一次电压等级为 10kV 的贯穿复匝（即多匝）式瓷绝缘的电流互感器，一次电流额定值为 300A，准确度等级为 0.5 级。

2. 电流互感器的使用

1）电流互感器在运行中二次侧不得开路。否则，会在二次绕组中感应起很高的尖峰电动势 $E_2$，其峰值可达数千伏，可能造成绝缘击穿而损坏。另外，由于 $I_1 N_1$ 产生很高的磁通密度使铁心中的损耗也增大许多倍，带来铁心的过热，会使绝缘加速老化。因此，电流互感器的二次电路中，绝对不允许接熔丝；在运行中如果要拆下电流表，应先把二次绕组短接才行。

2）电流互感器的铁心和二次侧要同时可靠地接地，以免在高压绝缘击穿时危及仪表或人身的安全。

3）电流互感器的一、二次绕组有"+""-"或"·"标记（表示同名端），当二次绕组接功率表或电度表的电流线圈时，一定要注意极性。

4）电流互感器的负载大小影响测量的准确度，二次绕组的负载阻抗必须小于要求的阻抗值，并且所用电流互感器的准确度等级比所接仪表的准确度等级高两级，以保证测量的准确度。

3. 电流互感器的选用

1）选用电流互感器可根据测量准确度、电压、电流要求选择。例如：二次侧的额定电流为5A（或1A），故所接的电流表量程为5A（或1A）；一次侧的额定电流在5~25000A之间，根据需要选择，电流互感器的额定功率有5V·A、10V·A，15V·A，20V·A等；准确度等级有0.2、0.5、1.0、3和10五级，例如0.5级表示在额定电流时，误差最大不超过±0.5%，等级数字越大，误差越大；电压等级可分为0.5kV、10kV、15kV、35kV等，低电压测量均用0.5kV。

2）在选择电流互感器时，必须按它的一次侧额定电压、一次侧额定电流、二次侧额定负载阻抗及要求的准确度等级选取，对一次电流应尽量选择相符的，如没有相符的，可以稍大一些。

二、电压互感器

1. 电压互感器的结构和工作原理

电压互感器的原理和普通减压变压器是完全一样的，不同的是它的电压比更准确；电压互感器的一次侧接有高电压，而二次侧接有电压表或其他仪表（如功率表、电能表等）的电压线圈，如图3-3所示。

电压互感器
工作原理　　电压互感器结构

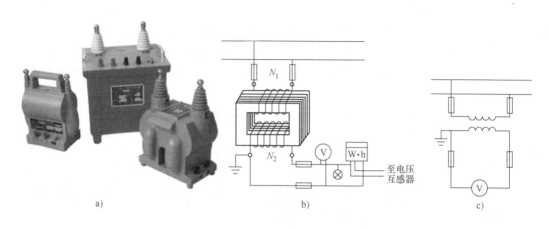

图 3-3　电压互感器

a）实物图　b）接线图　c）符号图

因为这些负载的阻抗都很大，电压互感器近似运行在二次侧开路的空载状态，则有

$$\frac{U_1}{U_2} = \frac{N_1}{N_2} = K$$

式中，$U_2$ 为二次侧的电压表上的读数，只要乘以电压比 $K$ 就是一次侧的高压电压值。

电压互感器的种类和电流互感器相似，也有干式、浇注绝缘式、油浸式等多种，如图 3-4 所示。

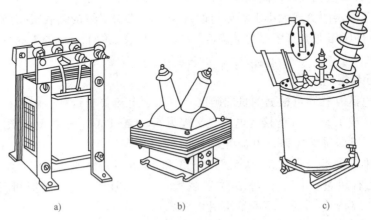

图 3-4  电压互感器的种类

a）干式 JDG—0.5 型  b）浇注绝缘式 JDZJ—10 型  c）油浸式 JDJJ—35 型

它的型号规定如下：

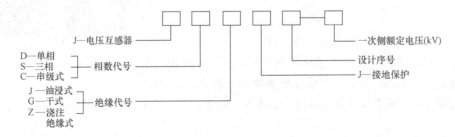

例如，JDG—0.5 型表示单相干式电压互感器，一次侧额定电压为 500V。

2. 电压互感器的使用

1）电压互感器运行中，二次侧不能短路，否则会烧坏绕组。为此，二次侧要装熔断器保护。

2）铁心和二次绕组的一端要可靠接地，以防绝缘破坏时，铁心和绕组带高压电。

3）二次绕组接功率表或电能表的电压线圈时，极性不能接错。三相电压互感器和三相变压器一样，要注意接法，接错会造成严重后果。

4）电压互感器的准确度与二次侧的负载大小有关，负载越大，即连接的仪表越多，二次电流就越大，误差也就越大。与电流互感器一样，为了保证所接仪表的测量准确度，电压互感器要比所接仪表准确度高两级。

3. 电压互感器的选择

电压互感器的选用与电流互感器的选用类同，一般电压互感器二次侧额定电压都规

定为100V，一次侧额定电压为电力系统规定的电压等级，这样做的优点是二次侧所接的仪表电压线圈额定值都为100V，可统一标准化。和电流互感器一样，电压互感器二次侧所接的仪表刻度实际上已经被放大为 $K$ 倍，可以直接读出一次侧的被测数值。

电压互感器的准确度，由电压比误差和相位误差来衡量，为了提高准确度，要减少空载电流，降低磁路饱和程度，使用高质冷轧硅钢片，准确度可分为 0.1、0.2、0.5、1.0、3.0 五级。选择电压互感器时，一要注意额定电压要符合所测电压值；二要注意二次侧负载电流总和不得超过二次侧额定电流，使它尽量接近"空载运行"状态。

**技能训练**

### 一、训练内容

剩余电流断路器的拆卸及电流互感器的认识

### 二、工具、仪器仪表及材料

1）工具电工工具1套（验电笔、一字和十字螺钉锤具、钢丝钳、尖嘴钳、斜口钳、剥线钳、电工刀等）。

2）剩余电流断路器1只。

3）万用表1块。

### 三、评分标准

评分标准见表3-1。

表 3-1 评分标准

| 序号 | 主要内容 | 评分标准 | | 配分 | 扣分 | 得分 |
|---|---|---|---|---|---|---|
| 1 | 拆装前的准备 | 拆装前未将所需工具、仪器及材料准备好，每件扣1分 | | 10分 | | |
| 2 | 熟悉剩余电流断路器 | 剩余电流断路器的接线柱和按钮识别错误，每处扣2分 | | 10分 | | |
| 3 | 拆卸外壳锁紧螺钉 | 1. 拆卸外壳方法和步骤不正确，每处扣5分<br>2. 螺钉放置不合适，扣2分 | | 20分 | | |
| 4 | 认识剩余电流断路器的互感器 | 1. 不能认知互感器的一次绕组和二次绕组，每处扣5分<br>2. 不能指出相线和中性线，每处扣5分 | | 20分 | | |
| 5 | 测量零序互感器二次绕组的直流电阻 | 测试二次绕组直流电阻方法和步骤错误，每处扣5分 | | 20分 | | |
| 6 | 安装外壳 | 安装外壳方法和步骤不正确，每处扣2.5分 | | 10分 | | |
| 7 | 安全文明生产 | 每违反安全文明生产规定一次扣5分 | | 10分 | | |
| 8 | 工时：120min | 不准超时 | 总分 | 100分 | | |
| | | | 教师签字 | | | |

### 四、训练步骤

训练步骤见表3-2。

**电机变压器**

表 3-2  剩余电流断路器的拆卸及电流互感器的认识

| 序号 | 拆装步骤 | 相关照片 | 步骤描述 |
|---|---|---|---|
| 1 | 准备一剩余电流断路器(俗称漏电开关、漏电断路器) | 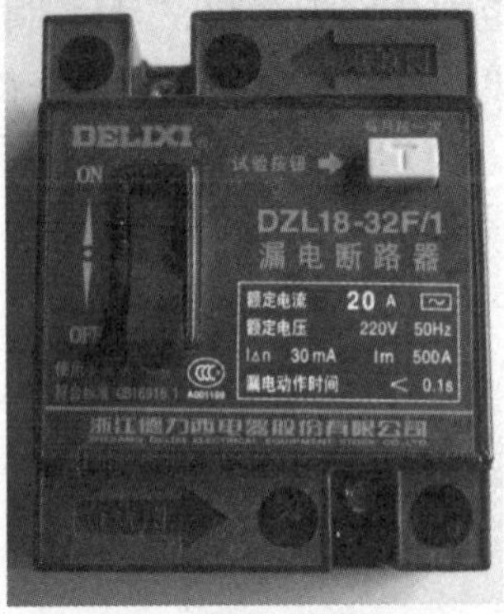 | 准备好一个剩余电流断路器,因为剩余电流断路器的剩余电流信号检测装置——零序互感器就是电流互感器。因此本训练是通过拆卸剩余电流断路器来认识其中的电流互感器 |
| 2 | 外壳拆卸 | 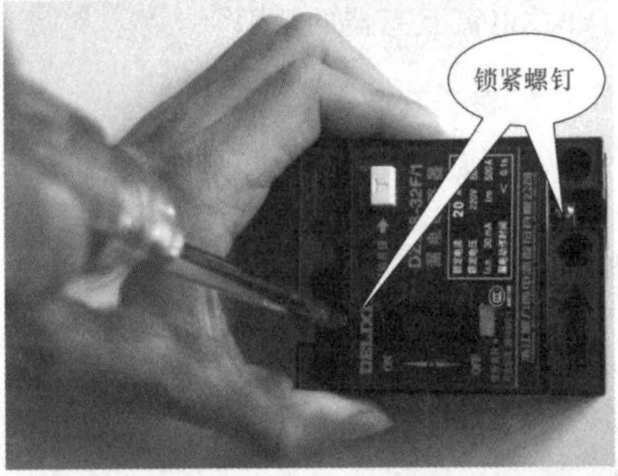 锁紧螺钉 | 松开剩余电流断路器外壳上的两粒锁紧螺钉 |
| 3 | 观察零序互感器在剩余电流断路器中的位置及安装方法 | 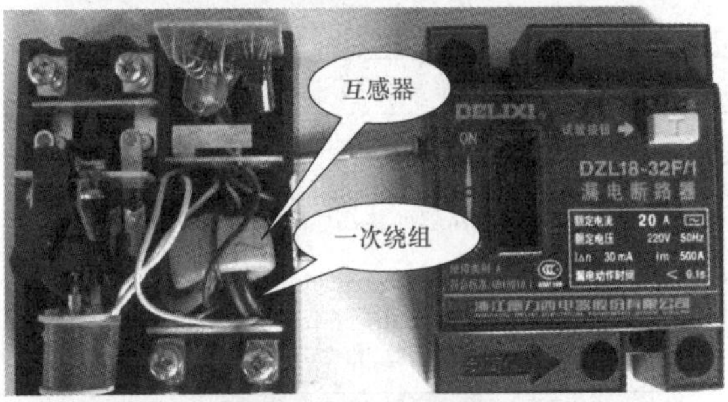 互感器　一次绕组 | 拆开外壳后不难找到里面的零序互感器(电流互感器)。可以清楚地看到其一次绕组是由两根并行缠绕一圈的中性线和相线构成的 |
| 4 | 测量零序互感器二次绕组的直流电阻 | 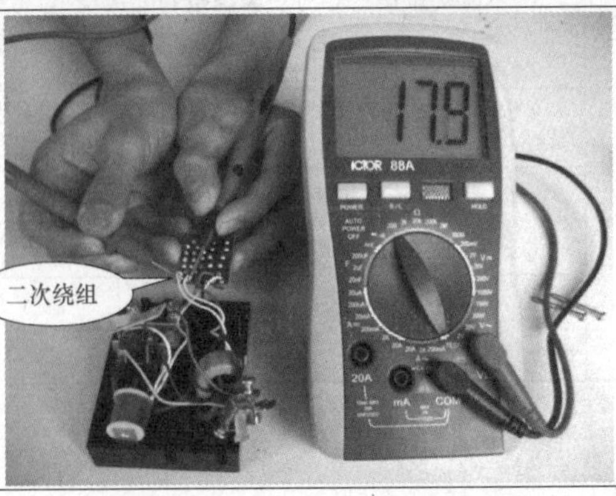 二次绕组 | 找到零序互感器的二次绕组的两个线端,用万用表的"200Ω"档测量其直流电阻,左图所供照片中测量结果是17.9Ω |
| 5 | 安装 | 安装的步骤与拆卸步骤相反,在此不再描述 | |

58

剩余电流断路器的工作原理是通过检测并行缠绕在零序互感器（电流互感器）上的两根中性线和相线电流的平衡度来识别被测线路是否漏电。在正常情况下中性线和相线的电流大小相等、方向相反，因此它们在零序互感器铁心上产生的合磁通为零，此时互感器二次侧输出电压为零，保护电路不工作；当线路发生漏电时，中性线和相线的电流大小不再相等，它们在零序互感器铁心上产生的合磁通不再为零，从而在其二次侧感应出一电动势——剩余电流信号，该信号经放大处理后驱动电磁脱扣装置切断电源而达到保护目的。

## 任务二　自耦变压器的维护

 学习目标

1. 熟悉自耦变压器的用途及特点。
2. 掌握自耦变压器的原理及使用方法。

 知识解读

### 一、自耦变压器的用途及特点

普通的变压器是通过一、二次绕组电磁耦合来传递能量，一、二次没有直接的电的联系，称为双绕组变压器。而自耦变压器的结构却有很大的不同，它的低压线圈就是高压线圈的一部分，一、二次侧有直接的电的联系。

实验室里常常用到自耦调压器。把自耦变压器的二次侧输出改成活动触头，可以接触绕组中任意位置，而使输出电压任意改变而实现调压的功能。自耦调压器按相数可分为单相自耦变压器和三相自耦变压器。自耦变压器类型、外形结构图、简易图及原理图见表3-3。

表3-3　自耦变压器类型、外形结构图、简易图及原理图

| 类型 | 外形结构图 | 简易图 | 原理图 |
|------|-----------|--------|--------|
| 单相自耦变压器 |  |  |  |

（续）

| 类型 | 外形结构图 | 简易图 | 原理图 |
|------|-----------|--------|--------|
| 三 相 自 耦 变 压 器 | 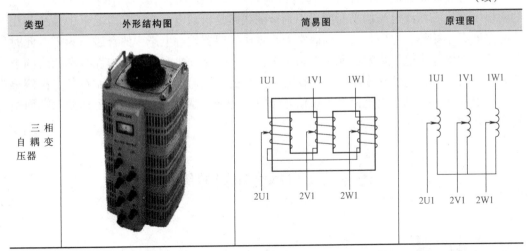 | | |

在电力系统中，用自耦变压器把 110kV、150kV、220kV 和 230kV 的高压电力系统连接成大规模的动力系统。大容量的异步电动机减压起动，也有采用自耦变压器降压，以减小起动电流。自耦变压器不仅用于降压，只要把输入、输出对调一下，就变成了升压变压器。自耦变压器得到广泛的应用。

 **提示**

上述把降压用的自耦变压器改接成升压用的自耦变压器的方法容易造成短路，发生危险。

### 二、自耦变压器的原理

#### 1. 电压比

前面讲的变压器的一次侧、二次侧都是分开绕制，虽然都装在一个铁心上，但相互是绝缘的，只有磁路上的耦合，却没有电路上的直接联系，能量是靠电磁感应传过去的，所以称为双绕组变压器。自耦变压器的结构却有很大不同，即一、二次共用一个绕组，原理如图 3-5 所示。一、二次绕组不但有磁的联系，还有电的联系，由电磁感应定律和变压器原理分析图 3-5 可知：

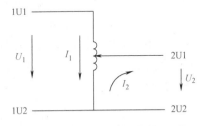

图 3-5 自耦变压器原理图

$$U_1 \approx E_1 = 4.44 f N_1 \Phi_{\mathrm{m}}$$

$$U_2 \approx E_2 = 4.44 f N_2 \Phi_{\mathrm{m}}$$

因此
$$\frac{U_1}{U_2} \approx \frac{E_1}{E_2} = \frac{N_1}{N_2} = K \geqslant 1$$

式中，$N_1$ 为一次侧 1U1 与 1U2 之间的匝数；$N_2$ 为二次侧 2U1 与 2U2 之间的匝数。

2. 绕组中公共部分的电流

从磁通势平衡方程式可知，因为输入电压 $U_1$ 不变，主磁通 $\Phi_\mathrm{m}$ 也不变，所以空载时的磁通势和负载时的磁通势是相等的，即有 $N_1\dot{I}_1+N_2\dot{I}_2=N_1\dot{I}_0$。因为空载电流 $I_0$ 很小，可忽略，则有

$$N_1I_1\approx N_2I_2$$

$$I_1=\frac{N_2}{N_1}I_2=\frac{1}{K}I_2$$

由式 $I_1=\dfrac{N_2}{N_1}I_2=\dfrac{1}{K}I_2$ 可见，一次电流 $I_1$ 与二次电流 $I_2$ 只是大小有些差别，相位是一样的。因此，可以算出绕组中公共部分的电流为

$$I=I_2-I_1=(K-1)I_1$$

当 $K$ 接近于 1 时，绕组中公共部分的电流 $I$ 就很小，因此共用的这部分绕组导线的截面积可以减小很多，减少了变压器的体积和质量，这是它的一大优点。如果 $K>2$，则 $I>I_1$ 就没有太大的优越性了。

3. 自耦变压器输出功率

自耦变压器输出的视在功率（不计损耗时）为

$$S_2=U_2I_2=U_2(I+I_1)=U_2I+U_2I_1=S_2'+S_2''$$

由图 3-5 可见，它传输的总容量 $S_2$ 中有 $S_2'=U_2I$ 是 1U1、1U2 绕组与 2U1、2U2 绕组之间电磁感应传递的能量，而 $S_2''=U_2I_1$ 是通过电路直接从一次侧传递过来的。这是自耦变压器能量传递方式上与一般变压器的区别所在，而且这两部分传递能量的比例，完全取决于电压比 $K$。因为，同样可导出

$$S_2''=\frac{1}{K}S_2$$

这说明靠电磁感应传递的能量占总能量的 $(1-1/K)$，而从电路直接输送的能量占 $1/K$。由此可见，当 $K=1$ 时，能量全部靠电路导线传过来；当 $K=2$ 时，$S_2'$ 和 $S_2'$ 各占一半，二次侧从绕组中间引出，$I=I_1$，绕组中公共部分的电流没有减少，省铜效果已不明显；当 $K=3$ 时，$S'=(2/3)S_2$，$S''=(1/3)S_2$，电路传输的能量少，而靠感应输送的能量多了，而且 $I=2I_1$，公共部分绕组电流增加了，导线也要加粗。由此可见，当电压比 $K>2$ 时，自耦变压器的优点就不明显了，所以自耦变压器通常工作在电压比 $K=1.2\sim2$ 之间。

三、自耦变压器的优缺点

1. 自耦变压器的优点

1）可改变输出电压。

2）用料省、效率高。自耦变压器的功率传输，除了因绕组间电磁感应原理而传递的功率之外，还有一部分是由电路相连直接传导的功率，后者是普通双绕组变压器所没有的。这样自耦变压器较普通双绕组变压器用料省、效率高。

2. 自耦变压器的缺点

1）因自耦变压器一、二次绕组是相通的，高压侧（电源）的电气故障会波及低压

侧，如高压绕组绝缘破坏，高电压可直接进入低压侧，这是很不安全的，所以低压侧应有防止过电压的保护措施。

2）自耦变压器的正确接法如图 3-6a 所示。如果在自耦变压器的输入端把相线和中性线接反，如图 3-6b 所示，虽然二次侧输出电压大小不变，仍可正常工作，但这时输出"中性线"已经为"高电位"，是非常危险的。

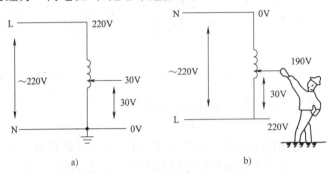

图 3-6 单相自耦变压器的接法

a）接线正确 b）接线错误

L—相线 N—中性线

 **提示**

自耦变压器不准作为安全隔离变压器用，而且使用时要求自耦变压器接线正确，外壳必须接地。接自耦变压器电源前，一定要把手柄转到零位。

 *技能训练*

**一、训练内容**

自耦变压器的拆卸、检测与维护。

**二、工具、仪器仪表及材料**

1）电工工具 1 套（验电笔、一字和十字螺钉旋具、钢丝钳、尖嘴钳、斜口钳、剥线钳、电工刀等），扳手 1 把。

2）三相自耦变压器 1 台。

3）万用表、绝缘电阻表各 1 只。

**三、评分标准**

评分标准见表 3-4。

表 3-4 评分标准

| 序号 | 项目内容 | 评分标准 | 配分 | 扣分 | 得分 |
|---|---|---|---|---|---|
| 1 | 拆装前的准备 | 拆装前未将所需工具、仪器及材料准备好,每件扣1分 | 5 分 | | |

（续）

| 序号 | 项目内容 | 评分标准 | 配分 | 扣分 | 得分 |
|---|---|---|---|---|---|
| 2 | 熟悉自耦变压器 | 自耦变压器外部旋钮和手柄识别错误，每个扣1分 | 5分 | | |
| 3 | 测试一次绕组直流电阻 | 测试一次绕组直流电阻方法和步骤错误，扣5分 | 5分 | | |
| 4 | 测试二次绕组直流电阻 | 测试二次绕组直流电阻方法和步骤错误，扣5分 | 5分 | | |
| 5 | 测量绕组与外壳间的绝缘电阻 | 测量绕组与外壳间的绝缘电阻方法和步骤不正确，每次扣5分 | 10分 | | |
| 6 | 拆卸外壳锁紧螺钉 | 1. 拆卸外壳锁紧安装方法和步骤不正确，每个扣1分<br>2. 螺钉放置不合适，扣2分 | 5分 | | |
| 7 | 拆卸调节旋钮和刻度盘 | 1. 拆卸调节旋钮方法和步骤不正确，扣5分<br>2. 拆卸调节刻度盘方法和步骤不正确，扣5分 | 10分 | | |
| 8 | 拆卸外壳 | 拆卸外壳方法和步骤不正确，每处扣2.5分 | 5分 | | |
| 9 | 安装外壳 | 安装外壳方法和步骤不正确，每处扣2.5分 | 5分 | | |
| 10 | 安装调节旋钮和刻度盘 | 1. 安装调节旋钮方法和步骤不正确，扣5分<br>2. 安装刻度盘方法和步骤不正确，扣5分 | 10分 | | |
| 11 | 外壳锁紧螺钉 | 外壳锁紧螺钉固定方法和步骤不正确每个，扣1分 | 5分 | | |
| 12 | 安装后的测试 | 1. 测试一次侧直流电阻方法和步骤不正确，扣5分<br>2. 测试二次侧直流电阻方法和步骤不正确，扣5分<br>3. 测试一次绕组与外壳间的绝缘电阻方法和步骤不正确，扣5分<br>4. 测试二次绕组与外壳间的绝缘电阻方法和步骤不正确，扣5分 | 20分 | | |
| 13 | 安全文明生产 | 每违反一次扣5分 | 10分 | | |
| 14 | 工时：120min | 不准超时 | 总分 | 100分 | |
| | | | 教师签字 | | |

## 四、训练步骤

### 1. 步骤

熟悉自耦变压器→测试一次绕组直流电阻→测试二次绕组直流电阻→测量绕组与外壳间的绝缘电阻→拆卸外壳锁紧螺钉→拆卸调节旋钮和刻度盘→拆卸外壳。

具体训练步骤、示意图和操作要点见表3-5。

表3-5 训练步骤、示意图和操作要点

| 训练步骤 | 示 意 图 | 操作要点 |
|---|---|---|
| 熟悉自耦变压器 | | 认真观察三相可调自耦变压器的外形结构和固定方式，以便拆卸。用抹布清洁变压器外壳，进行外围的维护工作 |

（续）

| 训练步骤 | 示 意 图 | 操作要点 |
|---|---|---|
| 测试一次绕组直流电阻 | 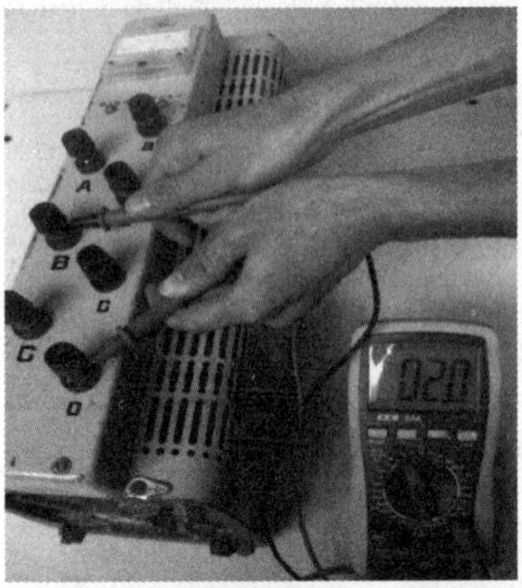 | 用万用表的"200Ω"档分别测量三相一次绕组的直流电阻（绕组已经接成星形，"0"端子为公共端），照片中测得 B 相绕组的直流电阻为 2Ω。其余两相绕组的测量方法相同<br>正常情况下三相一次绕组的直流电阻值基本上相等 |
| 测试二次绕组直流电阻 | 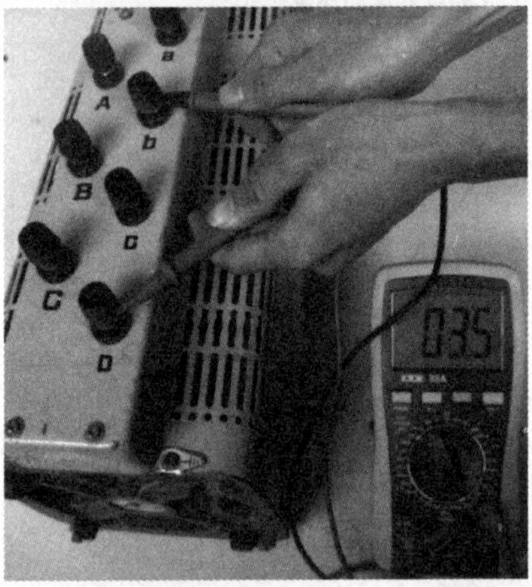 | 用万用表的"200Ω"档分别测量三相二次绕组的直流电阻，方法与上述一次绕组测量相同。照片中测得 b 相绕组的直流电阻为 3.5Ω，说明现二次绕组匝数比一次绕组大，处于升压状态。用同样方法测量其余两相绕组的直流电阻<br>正常情况下三相二次绕组的直流电阻值基本上相等 |
| 测量绕组与外壳间的绝缘电阻 | 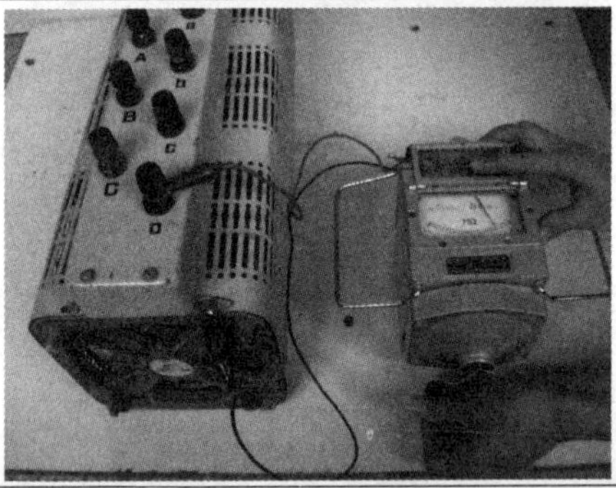 | 按绝缘电阻表的正确使用方法进行验表。验表正常后将绝缘电阻表的"L"端子与绕组的任意一端子相接，"E"端子与变压器的接地螺钉可靠接触，用正确方法摇动绝缘电阻表进行绝缘电阻测量<br>测得阻值应接近"∞"为好，如果小于 1MΩ 说明变压器有漏电现象，不能正常使用 |
| 拆卸外壳锁紧螺钉 | 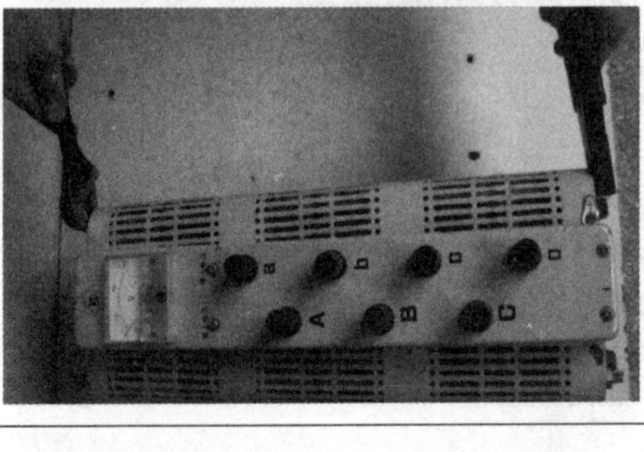 | 三相自耦变压器的外壳锁紧螺钉较长，按左图使用活扳手和断线钳进行拆卸 |

（续）

| 训练步骤 | 示　意　图 | 操作要点 |
|---|---|---|
| 拆卸调节旋钮和刻度盘 |  | 用螺钉旋具将调节旋钮侧孔的螺钉拧松，取下调节旋钮；将刻度盘的 4 个螺钉取下并将高度盘取下 |
| 拆卸外壳 | 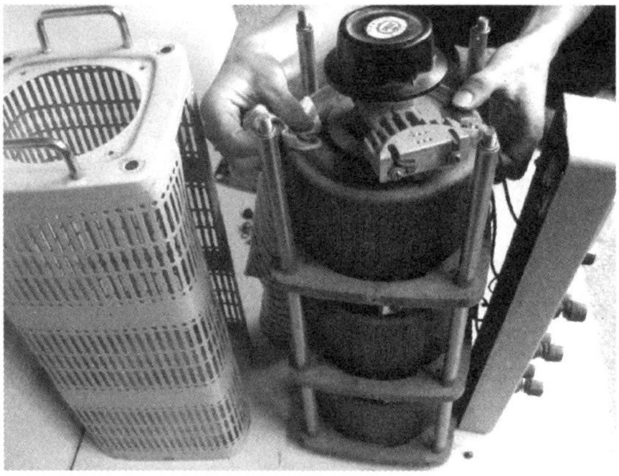 | 待外壳锁紧螺钉、调节旋钮和刻度盘取下后，将变压器的外壳取出来；认真观察变压器的内部结构，旋转调节旋钮观察触片与绕组的接触情况；用抹布小心翼翼地将绕组及其他装置上的尘埃抹去，进行内部维护 |

2. 测量结果

按上述操作进行拆装操作练习，并记录测量结果，回答相关问题。

1）记录试验数据，见表 3-6。

表 3-6　记录试验数据

| | 实测值 | 正常值 | 是否正常 |
|---|---|---|---|
| 一次绕组直流电阻 | | | |
| 二次绕组直流电阻 | | | |
| 绕组与外壳间绝缘电阻 | | | |

2）如果二次绕组直流电阻比一次侧直流电阻小，则该变压器为升压变压器还是减压变压器？

3）拆卸外壳后，观察自耦变压器的结构，哪边是一次绕组？哪边是二次绕组？

3. 自耦变压器的装配

安装过程与拆卸过程相反，参照拆卸过程，完成自耦变压器的安装，并进行简单的电气性能测试，自行设计表格，记录测试结果。

**操作提示**

1）对拆卸后的自耦变压器零部件要轻拿、轻放，注意保持清洁、干燥。

2）装配时不要碰伤自耦变压器的零部件。

3）进行电气性能测试时，要注意安全。

 **课后练习**

1. 自耦变压器为什么不能作安全变压器使用？使用中应该注意什么？

2. 一台自耦变压器的数据如下：一次电压 $U_1 = 220V$，二次电压 $U_2 = 200V$，二次负载的功率因数 $\cos\varphi_2 = 1$，负载电流 $I_2 = 40A$，求：

（1）自耦变压器各部分绕组的电流；

（2）电磁感应功率和直接传导功率。

3. 一台自耦变压器，一次电压 $U_1 = 220V$，一次侧匝数为 600 匝，如果要求二次侧输出电压 380V，求总匝数。如果二次侧接有 76Ω 的负载，求各部分绕组中的电流。

4. 电流互感器工作在什么状态？电流互感器为什么严禁二次侧开路？为什么二次侧和铁心要接地？

5. 电压互感器工作在什么状态？为什么电压互感器二次侧不能短路？

6. 电压互感器使用中应注意什么？

# 第四单元

# 三相异步电动机及其维修

电动机是一种将电能转换为机械能的动力设备，应用十分广泛。按所需电源的不同分为交流电动机和直流电动机。交流电动机按工作原理不同分为同步电动机和异步电动机。异步电动机应用最为广泛，因为它具有结构简单、价格低廉、坚固耐用、使用和维护方便等优点，但也有功率因数较低、调速困难等缺点。随着功率因数自动补偿、变频技术的发展和日益普及，异步电动机正在逐步取代直流电动机。

异步电动机又分为三相异步电动机和单相异步电动机。单相异步电动机功率小，多用于小型机械设备和家用电器；三相异步电动机功率较大，多用于工矿企业中。本单元主要讲述三相异步电动机的工作原理、结构、特性、使用和维修技术。

## 任务一　三相异步电动机的装配

1. 掌握三相异步电动机的结构。
2. 熟悉三相异步电动机的铭牌。
3. 掌握三相异步电动机的拆装技能。

三相异步
电动机的
工作原理

三相异步
电动机的
结构—动画

三相异步电动机的种类很多，但各类三相异步电动机的基本结构是相同的，它们都由定子和转子这两大基本部分组成，在定子和转子之间具有一定的气隙。此外，还有端盖、轴承、接线盒、吊环等其他附件，如图 4-1 所示。

### 一、定子

三相异步电动机定子是用来产生旋转磁场的，是将三相电能转化为磁能的环节。三相电动机的定子一般由机座、定子铁心和定子绕组等部分组成。

67

图 4-1　三相异步电动机的结构示意图

1. 定子铁心

定子铁心是电动机磁路的一部分，由 0.35~0.5mm 厚表面涂有绝缘漆的薄硅钢片叠压而成，由于硅钢片较薄，而且片与片之间是绝缘的，所以减少了由于交变磁通通过而引起的铁心涡流损耗。铁心内圆有均匀分布的槽口，用来嵌放定子绕组。定子铁心和定子冲片如图 4-2 所示。

2. 定子绕组

定子绕组如图 4-3 所示，三相电动机有三相绕组，通入三相对称电流时，就会产生旋转磁场。绕组由绝缘铜导线或绝缘铝导线绕制。中、小型三相电动机多采用圆漆包线，大、中型三相电动机的定子绕组则用较大截面的绝缘扁铜线或扁铝线绕制而成。

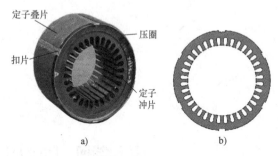

图 4-2　定子铁心和定子冲片

a) 定子铁心实物　b) 定子冲片

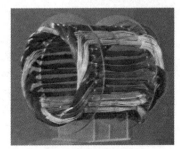

图 4-3　定子绕组

3. 机座

三相电动机的机座如图 4-4 所示。它由铸铁或铸钢浇铸成型（一般都铸有散热片），其主要作用是保护和固定三相电动机的定子绕组。

二、转子

三相异步电动机的转子是将旋转磁能转化为转子导体上电势能而最终转化为机械能的环节，主要由转子铁心、转子绕组与转轴组成。

1. 转子铁心

转子铁心和转子冲片如图 4-5 所示。转子铁心一方面作为电动机磁路的一部分，一方面用来安放转子绕组，用 0.5mm 厚的硅钢片叠压而成，套在转轴上。

图 4-4 三相电动机的机座

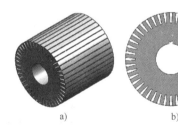

图 4-5 转子铁心和转子冲片
a）转子铁心 b）转子冲片

2. 转子绕组

（1）笼型转子绕组 笼型转子绕组结构如图 4-6 所示，转子上的铝条或铜条导体切割旋转磁场相互作用产生电磁转矩。笼型绕组是在转子铁心的每一个槽中插入一根铜条，在铜条两端各用一个铜环（称为端环）把导条连接起来，称为铜排转子。也可用铸铝的方法，把转子导条和端环风扇叶片用铝液一次浇注而成。100kW 以下异步电动机一般采用铸铝转子。

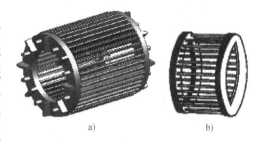

图 4-6 笼型转子绕组的结构
a）转子实物 b）铸铝转子绕组结构

（2）绕线转子绕组 绕线转子绕组结构如图 4-7 所示。与定子绕组一样也是一个三相绕组，一般接成星形，三相引出线分别接到转轴上的三个与转轴绝缘的集电环上，通过电刷装置与外电路相连。其作用有两方面：一方面，转子回路是通过集电环才能闭合，转子切割旋转磁场相互作用时使得绕组中产生电动势，在该闭合回路中形成电流，从而使转子产生电磁转矩；另一方面可在转子电路中串接电阻或电动势以改善电动机的运行性能。

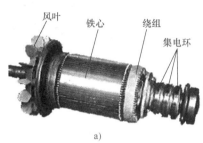

图 4-7 绕线转子绕组的结构
a）绕线转子绕组实物 b）电刷支架 c）集电环

3. 转轴

转轴如图 4-8 所示，由碳钢或合金钢制成，用于传递动力。

三、其他附件

1. 端盖

端盖除了起防护作用外，在端盖上还装有轴承，用于支撑转子轴，是用铸铁或铸钢浇注成形的。端盖如图 4-9 所示。

图 4-8　三相异步电动机的转轴

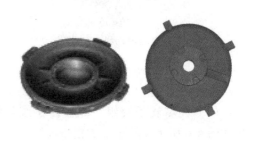

图 4-9　端盖

2. 轴承

轴承和轴承盖连接转动部分与不动部分，一般采用滚动轴承。滚动轴承和轴承盖如图 4-10a 所示。

3. 轴承盖

轴承盖用来固定转子，使转子不能做轴向移动，还有存放润滑油和保护轴承的作用。轴承盖采用铸铁或注钢浇注成形，如图 4-10b 所示。

4. 风扇

风扇用铝材或塑料制成，起冷却作用，如图 4-11 所示。

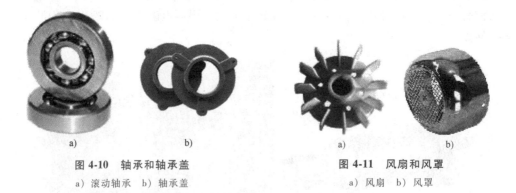

a)　　　　　　　b)　　　　　　　　a)　　　　　　　b)

图 4-10　轴承和轴承盖　　　　　图 4-11　风扇和风罩

a）滚动轴承　b）轴承盖　　　　　　a）风扇　b）风罩

5. 接线盒

接线盒用来保护和固定绕组的引出线端子，采用铸铁浇注，如图 4-12 所示。

6. 吊环

吊环用铸钢制造，安装在机座的上端用来起吊、搬抬三相电动机。吊环孔还可以用来测量温度。吊环外形如图 4-13 所示。

图 4-12 接线盒

图 4-13 吊环

**四、电动机铭牌**

铭牌上注明这台三相电动机的主要技术数据，是选择、安装、使用和修理（包括重绕组）三相电动机的重要依据，如某一台电动机的铭牌如图 4-14 所示。

| 三相异步电动机 | | | |
|---|---|---|---|
| 型号 Y100L-2 | 编号 | | |
| 2.2 kW | 380 V | 6.4 A | 接法 Y |
| 2870 r/min | LW 79 dB (A) | | B 级绝缘 |
| 防护等级 IP44 | 50 Hz | 工作制 S1 | kg |
| 标准编号 ZBK22007-88 | 2001 年 月 日 | | |

图 4-14　Y100L—2 型三相异步电动机铭牌

1. 型号

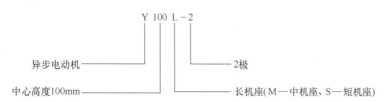

三相异步电动机铭牌字母含义如下：

Y—异步电动机；IP44—封闭式；IP23—防护式；W—户外；F—化工防腐用；Z—冶金起重；Q—高起动转轮；D—多速；B—防爆；R—绕线式；CT—电磁调速；X—高效率；H—高转差率。

注：其他型号的含义可查电工手册。

2. 额定功率

额定功率是指在满载运行时三相电动机轴上所输出的额定机械功率，用 $P_N$ 表示，以千瓦（kW）或瓦（W）为单位。

3. 额定电压

额定电压是指接到电动机绕组上的线电压，用 $U_N$ 表示。三相电动机要求所接的电源电压值的变动一般不应超过额定电压的±5%。电压过高，电动机容易烧毁；电压过低，电动机难以起动，即使起动后电动机也可能带不动负载，容易烧坏。

4. 额定电流

额定电流是指三相电动机在额定电源电压下，输出额定功率时，流入定子绕组的线电流，用 $I_N$ 表示，以安（A）为单位。若超过额定电流过载运行，三相电动机就会过热乃至烧毁。

5. 额定频率

额定频率是指电动机所接的交流电源每秒钟内周期变化的次数，用 $f_N$ 表示。我国规定标准电源频率（工频）为 50Hz。

6. 额定转速

额定转速表示三相电动机在额定工作情况下运行时每分钟的转速，用 $n_N$ 表示，一般略小于对应的同步转速 $n_1$。如 $n_1 = 1500r/min$，则 $n_N = 1440r/min$。

7. 绝缘等级

绝缘等级是指三相电动机所采用的绝缘材料的耐热能力，它表明三相电动机允许的最高工作温度。绝缘等级可分为 A、E、B、F、H 五个等级，见表4-1。

表 4-1　绝缘等级

| 绝缘等级 | A | E | B | F | H |
|---|---|---|---|---|---|
| 极限工作温度/℃ | 105 | 120 | 130 | 155 | 180 |

8. 定子绕组联结方式

三相电动机定子绕组的联结方式有星形（Y）和三角形（△）两种。定子绕组只能按规定方法连接，不能任意改变联结方式，否则会损坏三相电动机。

9. 防护等级

防护等级表示三相电动机外壳的防护等级，其中 IP 是防护等级标志符号，其后面的两位数字分别表示电动机防固体和防水能力。数字越大，防护能力越强，如 IP44 中第一位数字"4"表示电机能防止直径或厚度大于 1mm 的固体进入电动机内壳，第二位数字"4"表示能承受任何方向的溅水。

10. 工作制

工作制是指三相电动机的运转状态，即允许连续使用的时间，分为连续、短时、周期断续三种。

（1）连续（S1）　连续工作状态是指电动机带额定负载运行时，运行时间很长，电动机的温升可以达到稳态温升的工作方式。

（2）短时（S2）　短时工作状态是指电动机带额定负载运行时，运行时间很短，电动机的温升达不到稳态温升，而停机时间很长，使电动机的温升可以降到零的工作方式。

（3）周期断续（S3）　周期断续工作状态是指电动机带额定负载运行时，运行时间很短，电动机的温升达不到稳态温升，而停止时间很短，电动机的温升降不到零、工作周期小于 10min 的工作方式。

五、三相异步电动机的种类及用途

1. 根据防护形式分类

三相异步电动机根据结构形式分为开启式、防护式、封闭式和防爆式四种，其结构外形、特点及适用场合见表 4-2。

表 4-2　三相异步电动机根据防护形式分类

| 结构外形 | 特　点 | 适用场合 |
|---|---|---|
| 开启式 | 开启式电动机的定子两侧与端盖上都有很大的通风口，其散热条件好，价格便宜，但灰尘、水滴、铁屑等杂物容易从通风口进入电动机内部 | 适用于清洁、干燥的工作环境 |
| 防护式 | 防护式电动机在机座下面有通风口，散热较好，可防止水滴、铁屑等杂物从与垂直方向成小于 45°角的方向落入电动机内部，但不能防止潮气和灰尘的侵入 | 适用于比较干燥、少尘、无腐蚀性和爆炸性气体的工作环境 |
| 封闭式 | 封闭式电动机的机座和端盖上均无通风孔，是完全封闭的。这种电动机仅靠机座表面散热，散热条件不好 | 封闭式电动机多用于灰尘多、潮湿、易受风雨、有腐蚀性气体、易引起火灾等各种较恶劣的工作环境。密封式电动机能防止外部的气体或液体进入其内部，因此适用于在液体中工作的生产机械，如潜水泵 |
| 防爆式 | 防爆式电动机是在封闭式结构的基础上制成隔爆形式，机壳有足够的强度 | 适用于有易燃、易爆气体工作环境，如煤矿井下、油库、煤气站等 |

2. 根据转子形式分类

三相异步电动机根据转子形式分为笼型电动机和绕线转子电动机,其结构外形、特点及适用场合见表4-3。

表 4-3　三相异步电动机根据转子形式分类

| 结构外形 | | 特点 | 适用场合 |
|---|---|---|---|
| 笼型电动机 | 普通笼型 | 机械特性硬、起动转矩不大、调速时需要调速设备 | 调速性能要求不高的各种机床、水泵、通风机(与变频器配合使用可方便地实现电动机的无级调速) |
| | 高起动转矩笼型(多速) | 起动转矩大、有多档转速(2~4速) | 带冲击性负载的机械,如剪床、压力机、锻压机;静止负载或惯性负载较大的机械,如压缩机、粉碎机、小型起重机;要求有级调速的机床、电梯、冷却塔等 |
| 绕线转子电动机 | | 机械特性硬(转子串电阻后变软)、起动转矩大、调速方法多、调速性能和起动性能好 | 要求有一定的调速范围、调速性能较好的机械,如桥式起重机;起动、制动频繁且对起动、制动转矩要求高的生产机械,如起重机、矿井提升机、压缩机、不可逆轧钢机 |

 技能训练

三相异步电
动机装配

一、训练内容

三相异步电动机的装配。

二、工具、仪器仪表及材料

1)电工工具1套(验电笔、一字和十字螺钉旋具、钢丝钳、尖嘴钳、斜口钳、剥线钳、电工刀等)。

2)MF30万用表或MF47万用表、T301—A型钳形电流表、500V绝缘电阻表;转速表各1只。

3)三相异步电动机1台:

① 按实际情况将电动机安装在现场,电动机轴带联轴器。

② 三相异步电动机的铭牌技术数据:型号为Y112M-4、功率为4kW、额定电压为

380V、额定电流为 8.8A、定子绕组为三角形联结、额定转速为 1440r/min。

4）拆装、接线、调试的专用工具。

5）配助手 1 名。

6）其他如汽油、刷子、干布、绝缘黑色胶布、演草纸、圆珠笔、劳保用品等，按需而定。

### 三、评分标准

评分标准见表 4-4。

表 4-4　评分标准

| 序号 | 主要内容 | 评分标准 | 配分 | 扣分 | 得分 |
|---|---|---|---|---|---|
| 1 | 拆装前的准备 | 1. 考核前未将所需工具、仪器及材料准备好，每件扣 2 分<br>2. 拆除电动机电源电缆头及电动机外壳保护接地工艺不正确，电缆头没有保安措施，扣 5 分<br>3. 拉联轴器方法不正确，扣 5 分 | 10 分 | | |
| 2 | 拆卸 | 1. 拆卸方法和步骤不正确，每次扣 5 分<br>2. 碰伤绕组，扣 10 分<br>3. 损坏零部件，每次扣 5 分<br>4. 装配标记不清楚，每处扣 5 分（扣完为止） | 30 分 | | |
| 3 | 装配 | 1. 装配步骤方法错误，每次扣 5 分<br>2. 碰伤绕组扣 10 分<br>3. 损伤零部件，每次扣 5 分<br>4. 轴承清洗不干净、加润滑油不适量，每只扣 5 分<br>5. 紧固螺钉未拧紧，每只扣 3 分<br>6. 装配后转动不灵活，扣 5 分（扣完为止） | 30 分 | | |
| 4 | 接线 | 1. 接线不正确，扣 5 分<br>2. 不熟练，扣 2 分<br>3. 电动机外壳接地不良，扣 3 分 | 10 分 | | |
| 5 | 电气测量 | 1. 测量电动机绝缘电阻不合格，扣 5 分<br>2. 不会测量电动机的电流、转速各，扣 5 分 | 10 分 | | |
| 6 | 安全文明生产 | 每违反安全与文明生产一次扣 5 分 | 10 分 | | |
| 7 | 工时：180min | 不准超时 | 总分 | 100 分 | |
| | | 教师签字 | | | |

### 四、训练步骤

（1）拆卸前准备

1）准备好拆卸场地，摆放好各种拆卸、安装、接线与调试使用的工具，断开电源，拆卸电动机与电源线的连接线，并对电源线头做好绝缘处理。

2）做好记录或标记。

① 在带轮或联轴器的轴伸出端做好定位标记（见图 4-15），测量并记录联轴器或带轮与轴台间的距离。

图 4-15 做好定位标记

异步三相电动机的
拆装—动画

② 在电动机机座与端盖的接缝处做好标记（见图 4-16）。

③ 在电动机的出轴方向及引出线在机座上的出口方向做好标记。

（2）拆卸带轮或联轴器 装上拉具的丝杠顶端要对准电动机轴端的中心，使其受力均匀，转动丝杠，把带轮或联轴器慢慢拉出，如图 4-17 所示。如拉不出，不要硬卸，可在定位螺钉内注入煤油，过一段时间再拉。

图 4-16 给电动机做标记

图 4-17 拆卸带轮

 **操作提示**

注意此过程中不能用手锤直接敲出带轮或联轴器，否则会使带轮或联轴器碎裂、转轴变形或端盖受损等。

（3）拆卸键楔 用合适的工具将固定带轮（或联轴器）的键楔拆下，如图 4-18 所示。

图 4-18 拆卸键楔

（4）拆卸风罩和风叶　首先，把外风罩螺钉松脱，取下风罩，如图 4-19 所示。然后把转轴尾部风叶上的定位螺栓或卡簧松脱、取下，用金属棒或手锤在风叶四周均匀地轻敲，风叶就可松脱下来，如图 4-20 所示。

图 4-19　拆卸风罩

图 4-20　拆卸风叶

 **操作提示**

1）拆卸风叶上的定位卡簧，要用专用的卡簧钳，如图 4-20 所示。

2）小型异步电动机的风叶一般不用卸下，可随转子一起抽出。但如果后端盖内的轴承需要加油或更换时，就必须拆卸。对于采用塑料风叶的电动机，可用热水使塑料风叶膨胀后再拆卸。

（5）拆卸端盖螺钉

1）选择合适的扳手，逐步松开前端盖紧固对角螺栓，用纯铜棒均匀敲打端盖有脐的部分。如图 4-21 所示。

2）在后端盖与机座之间打好记号后，拆卸后端盖螺钉，如图 4-22 所示。

图 4-21　拆卸前端盖螺钉

图 4-22　拆卸后端盖螺钉

 **操作提示**

注意拆卸时，要防止端盖破碎或碰伤绕组。

（6）拆卸后端盖　用木槌敲打轴伸出端，使后端盖脱离机座，如图 4-23 所示。当后端盖稍与机座脱开，即可把后端盖连同转子一起抬出机座，如图 4-24 所示。

图 4-23　木槌敲打轴伸出端

图 4-24　抽出端子

### 操作提示

1）不能用手锤直接敲打电动机的任何部位，只能在垫好木块后用纯铜棒敲击或直接用木槌敲打。

2）抽出转子或安装转子时动作要慢，一边送一边接，不可划伤定子绕组。

3）对于质量较大的电动机，要用钢丝绳套住转子两端轴颈抽出转子，且要在钢丝绳与轴颈间衬一层纸板或棉纱头；当转子的重心已移出定子时，在定子与转子间隙塞入纸板垫衬，并在转子移出的轴端垫以支架或木块；然后将钢丝绳改吊住转子，慢慢将转子抽出。注意不要将钢丝绳吊在铁心风道里，同时在钢丝绳和转子间垫衬纸板。

（7）拆卸前端盖　用硬杂木条从后端伸入，顶住前端盖的内部敲打，松动后，用双手轻轻地将前端盖取下，如图 4-25 所示。

a)

b)

图 4-25　拆卸前端盖

a）松动前端盖　b）取下前端盖

（8）取下后端盖　用木槌均匀敲打后端盖四周，即可取下后端盖，如图 4-26 所示。

（9）拆卸轴承　根据轴承的规格和型号，选择适当的拉具。拉具的脚爪应紧扣轴承内圈，拉具的丝杠顶点要对准转子的中心，缓慢匀速地扳动丝杠，将轴承慢慢拉出，如图 4-27 所示。

图 4-26　取下后端盖

图 4-27　拆卸轴承

（10）清洗和装配轴承

1）清洗轴承，检查轴承质量，如图 4-28 所示；如果质量不好，按规格型号更换。反之清洗后继续使用，如图 4-29 所示。

图 4-28　检查轴承质量

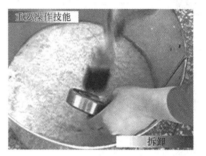

图 4-29　清洗轴承

2）按标注在轴承孔腔内加入润滑脂，用敲打法将轴承再装入轴上，如图 4-30 所示。

图 4-30　安装轴承

 **操作提示**

1）如果不需要更换轴承，可将轴承用汽油洗干净，用清洁的布擦干。如果需要更换轴承，应将其放置在 70~80℃ 的变压器油中加热 5min 左右，待油溶化后，再用汽油洗干净，用清洁的布擦干。

（11）在转子上安装后端盖　用木槌均匀敲打后端盖四周，即可装上，如图 4-31 所示。

（12）安装转子　安装转子时要用手托住转子慢慢移入，如图 4-32 所示。

图 4-31　在转子上安装后端盖

图 4-32　安装转子

**操作提示**

抽出转子或安装转子时动作要慢，一边送一边接，不可划伤定子绕组。

（13）安装后端盖　用木槌小心敲打后端盖三个耳朵，使螺钉孔对准标记，并用螺栓固定后端盖，如图 4-33 所示。

图 4-33　安装后端盖

**操作提示**

固定后端盖时，旋上后端盖螺栓，但不要拧紧，以便固定前端盖后调整。

（14）安装前端盖 用木槌均匀敲打前端盖四周，调整至对准标记（调整的方法同安装后端盖），并用螺栓固定前端盖，如图 4-34 所示。

图 4-34 安装前端盖

**操作提示**

电动机装配后，要检查转子转动是否灵活，有无卡阻现象，然后紧固好前后端盖螺栓。

（15）安装风扇 用木槌敲打风扇，用卡簧钳安装卡簧，如图 4-35 所示。

a)                                          b)

图 4-35 安装风扇
a) 用木槌敲打风扇 b) 用卡簧钳安装卡簧

（16）安装风扇罩 风扇罩的安装如图 4-36 所示。将风罩上的螺钉孔与机座上的螺母对准并将螺钉拧紧即可。

（17）安装键楔 键楔的安装如图 4-37 所示，轻轻地用木槌敲打键楔进入键槽。

（18）安装联轴器（带轮） 将联轴器（带轮）的键楔对准键槽并用木槌敲击进行安装，如图 4-38 所示。

（19）接线与测试

1）将电动机定子绕组的 6 个线头拆开，用绝缘电阻表测量电动机定子绕组各相及相与地之间的电阻。

2）根据电动机的铭牌技术数据（如电压、电流和接线方式等）进行接线。注意，为了安全，一定要将电动机的接地线接好、接牢。

3）测量交流电动机的空载电流：空载时，测量三相空载电流是否平衡，如图 4-39 所示。同时观察电动机是否有杂声、振动及其他较大噪声，如果有应立即停车，进行检修。

图 4-36　安装风扇罩

图 4-37　键楔的安装

图 4-38　安装联轴器（带轮）

4）用转速表测量电动机转速，如图 4-40 所示，并与电动机的额定转速进行比较。

图 4-39　测量交流电动机的空载电流

图 4-40　测量电动机的转速

# 任务二　三相异步电动机的安装

### 学习目标

1. 掌握三相异步电动机的工作原理。
2. 掌握三相异步电动机的安装方法。

知识解读

**一、三相异步电动机的旋转磁场**

图 4-41 所示为异步电动机旋转原理示意图，在一个可旋转的 U 形磁铁中间，放置一只可以自由转动的笼型短路线圈，也称为笼型转子。当转动马蹄形磁铁时，笼型转子就会跟着一起旋转。这是因为当磁铁转动时，其磁感线（磁通）切割笼型转子的导体，在导体中因电磁感应而产生感应电动势，由于笼型转子本身是短路的，在电动势作用下导体中就有电流流过。该电流又和旋转磁场相互作用，产生转动力矩，驱动笼型转子随着磁场的转向而旋转起来，这就是异步电动机的简单工作原理，如图 4-42 所示。

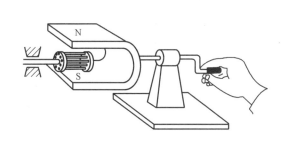

图 4-41 异步电动机旋转原理示意图        图 4-42 异步电动机的简单工作原理

1. 定子旋转磁场的产生

实际使用的异步电动机其旋转磁场不可能靠转动永久磁铁来产生，因为电动机的职能是将电能转换成机械能。下面先分析旋转磁场产生的条件，再分析三相异步电动机的工作原理。

图 4-43a 所示为三相异步电动机定子绕组结构示意图。在定子铁心上冲有均匀分布的铁心槽，在定子空间各相差 120°电角度的铁心槽中布置有三相绕组 U1U2、V1V2、W1W2，三相绕组接成星形联结，如图 4-3b 所示。现向定子三相绕组中分别通入三相交流电 $i_U$、$i_V$、$i_W$，各相电流将在定子绕组中分别产生相应的磁场，如图 4-43c 所示。

1) 在 $\omega t = 0$ 的瞬间，$i_U = 0$，故 U1U2 绕组中无电流；$i_V$ 为负，假定电流从绕组末端 V2 流入，从首端 V1 流出；$i_W$ 为正，则电流从绕组首端 W1 流入，从末端 W2 流出。绕组中电流产生的合成磁场如图 4-43c 位置①所示。

2) 在 $\omega t = \dfrac{\pi}{2}$ 的瞬间，$i_U$ 为正，电流从首端 U1 流入、末端 U2 流出；$i_V$ 为负，电流仍从末端 V2 流入，首端 V1 流出；$i_W$ 为负，电流从末端 W2 流入、首端 W1 流出。绕组中电流产生的合成磁场如图 4-43c 位置②所示，可见合成磁场顺时针转过了 90°。

3) 继续按上法分析，在 $\omega t = \pi$、$\dfrac{3\pi}{2}$、$2\pi$ 的不同瞬间三相交流电在三相定子绕组中产生的合成磁场，可得到如图 4-43c 中位置③、④、⑤所示的变化，观察这些图中合成

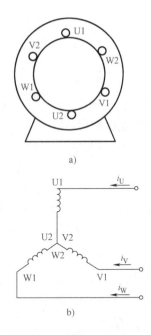

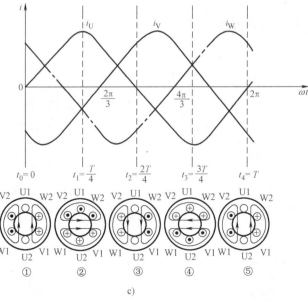

**图 4-43　两极定子绕组的旋转磁场**

a）定子绕组位置示意图　b）三相绕组星形联结　c）三相交流电产生的旋转磁场

磁场的分布规律可见：合成磁场的方向按顺时针方向旋转，并旋转了一周。

 **提示**

> 　　在三相异步电动机定子铁心中布置结构完全相同、在空间各相差 120°电角度的三相定子绕组，分别向三相定子绕组通入三相交流电，则在定子、转子与空气隙中产生一个沿定子内圆旋转的磁场，该磁场称为旋转磁场。

2. 旋转磁场的速度

当定子绕组连接形成的是两对磁极时，如图 4-44 所示，运用相同的方法可以分析出此时电流变化一个周期，磁场只转动了半圈，即转速减慢了一半。

由此类推，当旋转磁场具有 $p$ 对磁极时（即磁极数为 $2p$），交流电每变化一个周期，其旋转磁场就在空间转动 $1/p$ 转。因此，三相电动机定子旋转磁场每分钟的转速 $n_1$、定子电流频率 $f$ 及磁极对数 $p$ 之间的关系是

$$n_1 = \frac{60f}{p} \tag{4-1}$$

式中，$n_1$ 称为同步转速。

我国交流电源的频率等于 50Hz，当三相异步电动机旋转磁场的磁极对数等于 1 时，$n_1 = 3000 \text{r/min}$，同步转速最高，其常见的同步转速见表 4-5。

表 4-5　常见的同步转速

| 磁极对数 $p$ | 1 | 2 | 3 | 4 | 5 |
|---|---|---|---|---|---|
| 旋转磁场转速 $n_1$/(r/min) | 3000 | 1500 | 1000 | 750 | 600 |

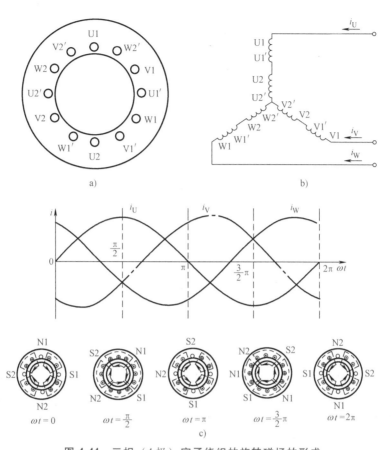

图 4-44　三相（4 极）定子绕组的旋转磁场的形成

a）绕组位置示意图　b）绕组星形联结　c）三相交流电产生的旋转磁场

### 3. 旋转磁场的方向

由图 4-44c 可以看出，三相交流电的变化次序（相序）为 U 相达到最大值→V 相达到最大值→W 相达到最大值。将 U 相交流电接 U 相绕组，V 相交流电接 V 相绕组，W 相交流电接 W 相绕组，则产生的旋转磁场的旋转方向为 U 相→V 相→W 相（顺时针旋转），即与三相交流电源变化的相序一致。如果任意调换电动机两相绕组所接交流电源的相序，即 U 相交流电仍接 U 相绕组，V 相交流电接 W 相绕组，W 相交流电接 V 相绕组，可以对照图 4-44c 绘出 $\omega t =$ 0、$\omega t = \dfrac{\pi}{2}$ 瞬间的合成磁场如图 4-45 所示。由图可见，此时合成磁场的旋转方向已变为逆时针旋转，即与图 4-44c 的旋转方向相反。由此可以得出结论：旋转磁场的旋转方向取决于通入定子绕组中的三相交流电源

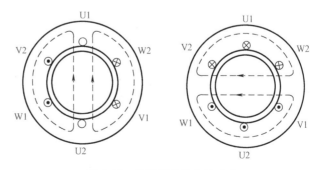

图 4-45　旋转磁场转向的改变

85

的相序，且与三相交流电源的相序 U→V→W 的方向一致。

只要任意调换电动机两相绕组所接交流电源的相序，旋转磁场即反转。这个结论很重要，因为后面将要分析到三相异步电动机的旋转方向与旋转磁场的转向一致。

 **提示**

> 要改变电动机的转向，只要改变旋转磁场的转向即可。

### 二、三相异步电动机的旋转原理

#### 1. 转子转动原理

图 4-46 所示为一台三相笼型异步电动机的工作原理。转子上的 6 个小圆圈表示自成闭合回路的转子导体。当向三相定子绕组中通入三相交流电后，由前面分析可知，将在定子、转子及其空气隙内产生一个同步转速为 $n_1$，在空间按顺时针方向旋转的磁场。

该旋转的磁场将切割转子导体，在转子导体中产生感应电动势，由于转子导体自成闭合回路，因此该电动势将在转子导体中形成电流，其电流方向可用右手定则判定。在使用右手定则时必须注意，右手定则的磁场是静止的，导体在做切割磁力线的运动，而这里正好相反。为此，可以相对地把磁场看成不动，而导体以与旋转磁场相反的方向（逆时针）去切割磁力线，从而可以判定出在该瞬间转子导体中的电流方向如图 4-46 所示，即电流从转子上半部的导体中流出，流入转子下半部导体中。有电流流过的转子导体将在旋

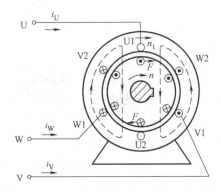

**图 4-46  三相笼型异步电动机的工作原理**

转磁场中受电磁力 $F$ 的作用，其方向可用左手定则判定，如图 4-46 中箭头所示，该电磁力 $F$ 在转子轴上形成电磁转矩，使异步电动机以转速 $n$ 旋转。

 **提示**

> 三相异步电动机的旋转原理：在定子三相绕组中通入三相交流电时，在电动机气隙中即形成旋转磁场；转子绕组在旋转磁场的作用下产生感应电流；载有电流的转子导体受电磁力的作用，产生电磁转矩使转子旋转。

#### 2. 转差率

旋转磁场转速 $n_1$ 与转子转速 $n$ 之差与转速 $n_1$ 之比称为异步电动机的转差率 $s$，即

$$s = \frac{n_1 - n}{n_1} \tag{4-2}$$

电动机额定运行（$n = n_N$）时的电动机在额定状态下运行时的转差率称为额定转差率 $s_N$，$s_N$ 一般在 $0.01 \sim 0.07$ 之间。

根据转差率的大小，可判别三相异步电动机的运行状态。例如，当 $s = 1$ 时表示电

动机正处于通电瞬间；当 $s > 0.1$ 时表示电动机正处于起动过程或过载状态中；当 $s$ 很接近 0 时表示电动机正处于空载或轻载状态中；当 $s < 0$ 时表示电动机正处于再生制动状态（在后续章节讨论）。还可以通过额定转差率 $s_N$ 的大小计算出电动机的额定转速 $n$。

**例 4-1** 某台三相异步电动机的额定转速 $n_N = 720\text{r/min}$，试求该电动机的磁极对数和额定转差率；另一台 4 极三相异步电动机的额定转差率 $s_N = 0.05$，试求该电动机的额定转速。

**解：**（1）在电源频率为工频交流电时，根据三相异步电动机额定转速要小于同步转速、且相差不大的关系，由三相异步电动机的额定转速 $n_N = 720\text{r/min}$，可以得到电动机的同步转速 $n_1 = 750\text{r/min}$，则该电动机的磁极对数为

$$p = \frac{60f}{n_1} = \frac{60 \times 50}{750} = 4$$

额定转差率为

$$s_N = \frac{n_1 - n}{n_1} = \frac{750 - 720}{750} = 0.04$$

（2）三相异步电动机的磁极数为 4 极（$p = 2$），则电动机的同步转速为

$$n_1 = \frac{60f}{p} = \frac{60 \times 50}{2}\text{r/min} = 1500\text{r/min}$$

由额定转差率 $s_N = 0.05$ 得额定转速为

$$n_N = n_1(1-s) = 1500\text{r/min} \times (1-0.05) = 1425\text{r/min}$$

**一、训练内容**

三相异步电动机的安装、接线与一般试验。

**二、工具、仪器仪表及材料**

1）电工工具 1 套（验电笔、一字和十字螺钉旋具、钢丝钳、尖嘴钳、斜口钳、剥线钳、电工刀等）。

2）MF30 万用表或 MF47 万用表、T301—A 型钳形电流表、500V 绝缘电阻表、转速表各 1 只。

3）三相异步电动机 1 台，电动机的铭牌数据：型号为 Y132M—4、功率 7.5kW、额定电压为 380V、额定电流为 15.4A、定子绕组三角形联结、额定转速为 1460r/min。

4）安装、接线及试验用的专用工具。

5）材料：

① 配电板 1 块（100mm×200mm×20mm）。

② 依据电动机容量，动力线采用 BVR16mm² （红色）多股软塑料铜线；接地线采用 BVR10mm²（黄绿色）多股软塑料铜线，其数量按需而定。

③ 断路器，型号为 DZ10-250/330，1 只。

④ 无缝钢管型号和规格自定，长度自定（注：安装前无缝钢管根据现场情况已弯曲好）。

⑤ 其他绝缘黑色胶布、演草纸、圆珠笔、螺钉、垫圈、劳保用品等，按需而定。

三、评分标准

评分标准见表 4-6。

表 4-6　评分标准

| 序号 | 主要内容 | 评分标准 | 配分 | 扣分 | 得分 |
|---|---|---|---|---|---|
| 1 | 安装前的准备 | 1. 设备有灰尘、有污垢，扣 5 分<br>2. 工具及仪器准备不齐全，扣 5 分 | 10 分 | | |
| 2 | 安装 | 1. 安装不牢固有松动现象，每处扣 5 分<br>2. 不符合机械传动的有关要求，每处扣 5 分 | 30 分 | | |
| 3 | 接线 | 1. 接线不正确、不熟练，扣 5 分<br>2. 电缆头金属保护层及电动机外壳接地不好，扣 10 分 | 15 分 | | |
| 4 | 电气测量 | 1. 电动机绝缘电阻不合格，扣 5 分<br>2. 不会测量电动机的电流、振动、转速及温度等，各扣 5 分 | 20 分 | | |
| 5 | 试车 | 1. 空载试验方法不正确，扣 10 分<br>2. 根据试验结果不会判定电动机是否合格，扣 10 分 | 15 分 | | |
| 6 | 安全文明生产 | 每违反安全与文明生产规定一次，扣 5 分 | 10 分 | | |
| 7 | 工时：120min | 不准超时 | 总分 | 100 分 | |
| | | | 教师签字 | | |

四、训练步骤

（1）安装前的准备

1）准备好安装场地并摆放好各种所需工具。

2）确定好电动机的安装地点，一般电动机的安装地点选择在干燥、通风好、无腐蚀性气体侵害的地方。

3）制作电动机的底座、座墩和地脚螺钉。

📢 **操作提示**

电动机的座墩有两种形式：一种是直接安装座墩；另一种是槽轨安装座墩。座墩高度一般应高出地面 150mm，具体高度要按电动机的规格、传动方式和安装条件等确定。座墩的长与宽大约等于电动机机座底座尺寸+150mm。座墩如图 4-47a 所示。

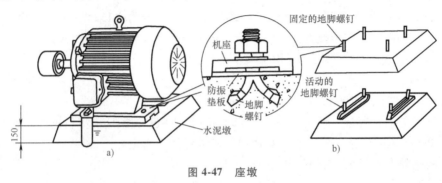

图 4-47　座墩

a）座墩外形　b）地脚螺钉

**操作提示**

　　地脚螺钉用六角螺栓制作，首先用钢锯在六角螺栓上锯一条 25~40mm 的缝，再用钢凿把它分成人字形，依据电动机机座尺寸，埋入水泥墩里面，如图 4-47b 所示。

（2）安装电动机

1）电动机与座墩的安装。

①将电动机与座墩之间衬垫一层质地坚硬的木板或硬橡胶的防振物。

②用起重设备将电动机吊到底座上，如图 4-48 所示。

2）用水平仪校正水平。

①电动机的水平校正，一般用水平仪放在转轴上，对电动机纵向、横向进行检查，并用 0.5~5mm 厚的钢片垫在机座下，来调整电动机的水平，如图 4-49 所示。

图 4-48　吊电动机到底座　　　　　图 4-49　电动机的水平校正

②在 4 个紧固螺栓上套上弹簧垫圈，按对角线交错依次逐步拧紧螺母。

 **操作提示**

　　1）水平尺中的水珠往某方向偏，则表明某方向偏高，需在偏低方向的机座下垫 0.5~5mm 的钢片，直至水平正好为止。发现水平尺中的水珠处于正中位置时，说明水平正好。

　　2）小型电动机的槽轨法：如果在使用过程中需要调整电动机位置，电动机功率较小时，可先在基座上预埋槽轨，槽轨的支脚深埋在基座下固定，电动机安装在槽轨上，如图 4-50 所示。这种安装方式，可以方便在安装时对电动机进行必要的校正或调整。

### 操作提示

图 4-50　小型电动机的槽轨法

（3）安装电动机的传动装置

1）带传动装置的安装与矫正。

### 安装要求

1）电动机机座与底座之间衬垫的防振物不可太厚，否则要影响两个带轮的间距。特别是 V 带轮，更是如此。

2）两个带轮的直径大小必须配套。

3）两个带轮要装在一条直线上，两轴要装得平行。

4）塔形 V 带轮必须装得一正一反，否则不能进行调速。

5）平带的接头必须正确，带扣的正反面不应接错。

平带装上带轮时，应按照图 4-51 的方法进行安装。

宽度中心线的调整方法如图 4-52 所示。

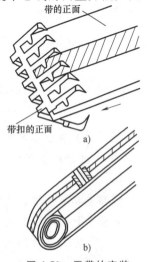

图 4-51　平带的安装

a）带扣必须正面安装　b）带的正面应装在外面

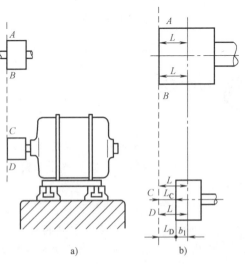

图 4-52　带轮宽度中心线的调整

a）没校正　b）已校正

**操作提示**

　　如两个带轮宽度相等，可按图 4-52a 所示的方法，用一根弦线拉紧并紧靠两个带轮的端面，弦线如均匀接触 $A$、$B$、$C$、$D$ 四点，则已将带轮调整好。

　　如两个带轮宽度不相等，可先用划针画出它们的中心线，然后，拉直一根弦线，一端紧靠带轮 $A$、$B$ 两点轮缘上，如图 4-52b 中虚线所示，再在 $C$ 和 $D$ 点用钢直尺测量出 $L_C$ 和 $L_D$，应使 $L_C + b_1 = L_D + b_1$。

2）联轴器传动装置的安装与矫正。

① 将弹性联轴器安装在转动机械的轴上，如图 4-53 所示。

② 将联轴器安装到电动机的转轴上，如图 4-54 所示。

图 4-53　在转动机械的轴上安装弹性联轴器

图 4-54　在电动机轴上安装联轴器

③ 安装防振圈，减小运行时的振动，如图 4-55 所示。

④ 联轴。把电动机移近连接处，如图 4-56 所示。

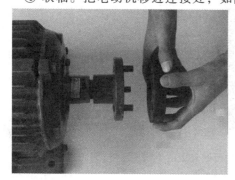

图 4-55　安装防振圈

图 4-56　把电动机移近连接处

 **操作提示**

　　在安装时，先把两片联轴器分别装在电动机和机械的轴上，不同的联轴器可以采用不同的装配方法。对于低速和小型联轴器的装配，可采用动力压入法，这种方法通常用木槌敲打，通过垫放的木块或其他软材料作为缓冲件，依靠木槌的冲击力，把联轴器敲入。

⑤ 电动机预固定如图 4-57 所示。当两轴相对处于一条直线上时，先初步拧紧电动机的机座地脚螺栓，但不要拧得太紧，待传动中心线校正后正式拧紧。

⑥ 校正联轴器传动的中心线时，首先把将钢板尺置于两个半片联轴器的上侧面，查看联轴器转动时是否有高低不一致的现象，如图 4-58 所示。钢板尺在两个联轴器上要靠得很紧密，观察不到尺与联轴器的外圆有缝隙。然后用手转动电动机侧的半联轴器，每转动 90°用尺量一次，若量 4 次结果均相同，说明两侧轴线已经重合，中心线已经校准。校正后锁紧螺栓。

图 4-57　电动机预固定

图 4-58　校正联轴器传动的中心线

（4）接线　根据电动机的铭牌进行接线，星形联结的电动机接线盒上的出线如图 4-59所示，将接线盒中三相绕组尾端 U2、V2、W2 接线端短接，再将首端 U1、V1、W1 分别接三相电源的 L1、L2、L3 即构成星形联结。

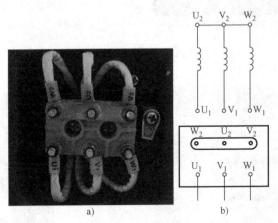
图 4-59　星形联结的电动机接线盒上的出线
a）实物连接图　b）连接原理图

定子绕组的三角形联结如图 4-60 所示。

将接线盒中三相绕组的 U1 与 W2、V1 与 U2、W1 与 V2 接线端短接，再将 U1、V1、W1 首端分别接三相电源的 L1、L2、L3 即构成三角形联结。这时每相绕组的电压等于线电压。

为了安全，一定要将电动机的接地线接好、接牢。将电源线的接地线接在电动机外壳接线柱上，如图 4-61 所示。

（5）测量与试车

1）测量空载电流。当交流电动机空载时，用钳形表测量三相空载电流是否平衡，如图 4-62 所示。同时观察电动机是否有杂声、振动及其他较大的噪声，如果有应立即停车，进行检查。

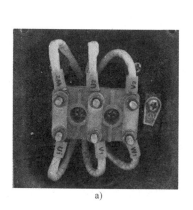 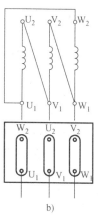

a)

b)

**图 4-60　定子绕组的三角形联结**

a）实物连接图　b）连接原理图

**图 4-61　接地线连接**

**图 4-62　测量交流电动机的空载电流**

2）测量电动机转速。用转速表测量电动机的转速并与电动机的额定转速进行比较。

 **提示**

1. 人力搬运小型电动机时，不允许用绳子套在电动机的带盘或转轴上来抬电动机。

2. 校正电动机的水平时，不能用木板或竹片来垫，以免拧紧螺钉或电动机运行时压裂变形，影响安装的准确性。

3. 对齿轮传动装置的安装和校正时，所装齿轮要与电动机配套，齿轮安装后，电动机的轴应与被动轮的轴平行，可用塞尺测量两齿轮啮合的间隙，如间隙均匀，说明两轴已平行。

4. 用转速表测量电动机的转速时一定要注意安全。

**知识拓展**

**一、安装电动机的控制保护装置**

1. 电动机对控制保护装置的要求

1）每台电动机必须配备一套能单独进行操作的控制开关和单独进行短路及过载保护的保护电器。

2）使用的开关设备应结构完整、功能齐全，有可靠的接通和分断电动机工作电流及切断故障电流的能力。

3）开关及保护装置的标牌应参数清晰，分断标志明显，安全可靠。

4）开关设备的选用应符合要求。

 **操作提示**

电动机的操作开关及熔断器的安装

1）电动机的操作开关必须安装在操作时能监视到电动机的起动和被拖动机械的运转情况的位置上，通常是安装在电动机的右侧。

2）依据电动机容量的大小，选择适当的操作开关（低压断路器、刀开关、负荷开关等）垂直安装在配电板上。低压断路器倾斜度不大于5°。

3）小型电动机在不频繁操作、不换向、不变速时，只用一个开关。

4）开关需频繁操作或需进行换向和变速操作的则需装两个开关，前一级开关用来控制电源，称为控制开关，常用的有低压断路器、负荷开关和转换开关。

5）凡无明显分断点的开关，必须装两个开关，即前一级装一个有明显分断点的开关，如刀开关、转换开关等作为控制开关。凡容易产生误动作的开关，如手柄倒顺开关、按钮等，也必须在前一级加装控制开关，以防开关误动作而造成事故。

6）熔断器安装时，熔断器必须与开关装在同一控制板上或同一控制箱内。凡作为保护用的熔断器，必须装在控制开关的后级和操作开关（包括起动开关）的前级。三相回路分别串联安装的熔丝的规格和型号应相同，并应在三根相线上。

7）用低压断路器作为控制开关时，应在低压断路器的前一级加装一道熔断器作为双重保护。当热脱扣器失灵时，能由熔断器起保护作用，同时兼作隔离开关之用，以便维修时切断电源。

8）采用倒顺开关和电磁起动器操作时，前级用分断点明显的组合开关作为控制开关（一般机床的电气控制常用这种形式），必须在两极开关之间安装熔断器。

2. 电压表和电流表的安装

对于大中型或要求较高的电动机，为了便于监视，电压表和电流表的安装方法如图4-63所示。电压表通常只安装一个，通过换相开关进行换相测量，量程为400V；要求较高时应在各相都串接一个电流表；一般要求时可在第二相串接一个电流表，其量程应大于额定电流的2~3倍，以保证起动电流通过。

当电动机额定电流大于50A时，通常采用电流互感器测量，电流互感器的规格也应大于电动机额定电流的 2 倍。接线方法如图 4-64 所示。

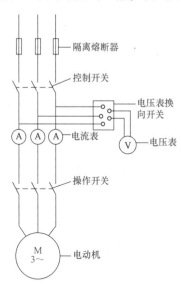

图 4-63　电压表和电流表的接线方法

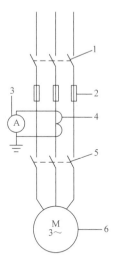

图 4-64　电流互感器和电流表的接线方法

3. 导线的敷设

（1）导线的选择　电动机连接线的截面应满足载流量的需求，铜芯线最小截面积不得小于 $1mm^2$，铝芯线最小截面积不得小于 $2.5mm^2$。

（2）导线的敷设形式及要求　从电动机到低压断路器之间导线的敷设，常采用以下两种形式：一种是地下管敷设，另一种是明管敷设。目前一般用地下管敷设。采用地下管敷设时，应使连接电动机一端的管口离地距离不小于 100mm，并应使它尽量接近电动机的接线盒。另一端尽量接近电动机的操作开关，最好用软管伸入接线盒。

# 任务三　三相异步电动机的维护

1. 理解三相异步电动机功率的转换过程。
2. 掌握三相异步电动机的功率平衡方程式、转矩平衡方程式以及电磁转矩的表达式。

## 一、三相异步电动机的功率

1. 功率转换过程

我们知道，三相异步电动机是一种能量转换装置，将输入到定子绕组上的电功率通过电磁感应关系转换为转轴上的机械功率输出，在能量的传递过程中将产生一些损耗，其功率传递的变化过程如图 4-65 所示。

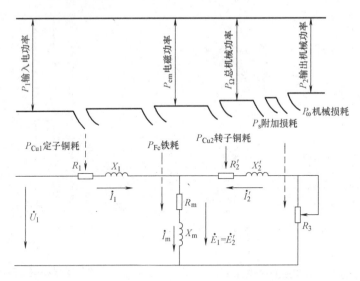

图 4-65　功率传递的变化过程

2. 功率平衡方程式

当电动机正常运行时，转子电流或电动势的频率取决于转子与旋转磁场的相对转速 $(n_1-n)$，转子频率 $f_2 = \dfrac{n_1-n}{60}p = sf_1$，仅为 $1 \sim 3\mathrm{Hz}$，使得转子的铁损很小，所以定子的铁损为整个电动机的铁损 $P_{\mathrm{Fe}}$，从而得出三相异步电动机的功率平衡方程式。

$$P_1 = P_{\mathrm{cm}} + P_{\mathrm{Cu1}} + P_{\mathrm{Fe}} \tag{4-3}$$

$$P_{\mathrm{cm}} = P_{\Omega} + P_{\mathrm{Cu2}} \tag{4-4}$$

$$P_{\Omega} = P_2 + P_{\omega} + P_s \tag{4-5}$$

式中的参数可以通过以下公式得到

$$P_1 = 3U_1 I_1 \cos\varphi_1 \tag{4-6}$$

$$P_{\mathrm{Cu1}} = 3I_1^2 R_1 \tag{4-7}$$

$$P_{\mathrm{Fe}} \approx P_{\mathrm{Fe1}} = 3I_{\mathrm{m}}^2 R_{\mathrm{m}} \tag{4-8}$$

$$P_{\mathrm{Cu2}} = sP_{\mathrm{em}} \tag{4-9}$$

$$P_{\Omega} = (1-s)P_{\mathrm{em}} \tag{4-10}$$

式中，$U_1$ 为相电压；$I_1$ 为相电流；$R_1$ 为相定子绕组电阻；$R_{\mathrm{m}}$ 为励磁电阻；$I_{\mathrm{m}}$ 为励磁电流。

 提示

　　电动机的转速越低，转差率越大，转子上的铜耗量就越大，输出的机械功率就越低，电动机的效率就越低，所以正常运行时电动机转速越高越好。

### 二、转矩平衡方程式

电动机稳定运行时，作用在电动机转子上的转矩有三个：使电动机旋转的电磁转矩 $T$、由电动机的机械损耗和附加损耗所引起的空载制动转矩 $T_0$、负载反作用转矩 $T_2$，因此得出转矩平衡方程式为

$$T = T_2 + T_0 \tag{4-11}$$

该方程式还可以由 $P_\Omega = P_2 + P_\omega + P_s = P_2 + P_0$ 两边除以转子的机械角速度 $\omega$ 得到，同样

$$T = \frac{P_\Omega}{\omega} = \frac{(1-s)p}{\omega} = \frac{p}{\omega/(1-s)} = \frac{p}{\omega_1} \tag{4-12}$$

式中，$\omega_1$ 为同步角速度，$\omega_1 = \dfrac{2\pi f_1}{p}$。

$$T_2 = \frac{P_2}{\omega} = \frac{P_2}{\dfrac{2n\pi}{60}} = \frac{60}{2\pi} \cdot \frac{P_2}{n} = 9550 \frac{P_2}{n} \tag{4-13}$$

式中，$T_2$ 为电动机的输出转矩，单位为 N·m；$P_2$ 为电动机的输出功率，单位为 kW；$n$ 为电动机的转速，单位为 r/min。

当 $P_2 = P_N$，$n = n_N$ 时，有

$$T_N = 9550 \frac{P_N}{n_N} \tag{4-14}$$

**例 4-2**　有 Y160M—4 及 Y160L—8 型三相异步电动机各 1 台，额定功率都是 11kW，前者的额定转速为 1460r/min，后者的额定转速为 730r/min，试分别求它们的额定输出转矩。

**解：**（1）Y160M—4 型三相异步电动机

$$T_2 = 9550 \frac{P_2}{n} = 9550 \times \frac{11}{1460} \text{N·m} = 71.95 \text{N·m}$$

（2）Y160L—8 型三相异步电动机

$$T_2 = 9550 \frac{P_2}{n} = 9550 \times \frac{11}{730} \text{N·m} = 143.9 \text{N·m}$$

由此可见，对于输出功率相同的异步电动机，若极数多，则转速就低，输出转矩就大；极数少，则转速高，输出转矩就小，在选用电动机时必须了解这个概念。

### 三、电磁转矩

1. 物理表达式

我们知道，感应电动机的旋转磁场与转子中的感应电流相互作用所产生的转矩称为电磁转矩。在电磁转矩的作用下，电动机带动负载运动而做功。电磁转矩的大小与旋转磁场的磁通 $\Phi_m$ 和转子电流 $I_2$ 的乘积成正比，还与转子电路的功率因数 $\cos\varphi_2$ 和电动机的结构系数 $C_T$ 有关，电磁转矩的物理表达式可表示为

$$T = C_T \Phi_m I_2 \cos\varphi_2 \tag{4-15}$$

2. 参数表达式

（1）旋转磁场对定子绕组的作用　由于旋转磁场旋转，而定子不动，相当于定子绕组切割旋转磁场，产生的感应电动势的频率与电源频率相同，其感应电动势的大小为

$$E_1 = 4.44k_1N_1f_1\Phi_m \tag{4-16}$$

式中，$E_1$ 为定子绕组感应电动势有效值，单位为 V；$k_1$ 为定子绕组的绕组系数，$k_1 < 1$；$N_1$ 为定子每相绕组的匝数；$f_1$ 为定子绕组感应电动势频率，单位为 Hz；$\Phi_m$ 为旋转磁场每极磁通最大值，单位为 Wb。

由于定子绕组本身的阻抗压降比电源电压小得多，即可以近似认为电源电压 $U_1$ 与感应电动势 $E_1$ 近似相等，即

$$U_1 \approx E_1 = 4.44k_1N_1f_1\Phi_m \tag{4-17}$$

由式（4-16）可知，当外加电源电压 $U_1$ 不变时，定子绕组的主磁通 $\Phi_m$ 也基本不变。

（2）旋转磁场对转子绕组的作用

1）转子绕组感应电动势及电流的频率。转子以转速 $n$ 旋转后，转子导体切割定子旋转磁场的相对转速为 $(n_1 - n)$，因此在转子中感应出电动势及电流的频率 $f_2$ 为

$$f_2 = \frac{p(n_1-n)}{60} = \frac{p(n_1-n)n_1}{60n_1} = sf_1 \tag{4-18}$$

即转子中的电动势及电流的频率与转差率 $s$ 成正比。转子不动时，即 $s=1$，则 $f_2 = f_1$。

当转子转速达到同步转速时，$s=0$，则 $f_2=0$，即转子中没有感应电动势及电流。

2）转子绕组感应电动势的大小。

$$E_2 = 4.44k_2N_2f_2\Phi_m = 4.44k_2N_2sf_1\Phi_m = sE_{20} \tag{4-19}$$

式中，$k_2$ 为转子绕组的绕组系数，$k_2 < 1$；$N_2$ 为转子每相绕组的匝数；$E_{20} = 4.44k_2N_2f_1\Phi_m$。

当转子不动时（$s=1$），转子内的感应电动势最大。随着转子转速的增加，转子中的感应电动势 $E_2$ 也不断下降。由于异步电动机正常运行时，$s$ 为 0.01 ~ 0.06，所以正常运行时转子中的感应电动势也只有起动瞬间的 1% ~ 6%。

3）转子的电抗和阻抗。异步电动机中的磁通绝大部分穿过空气隙与定子和转子绕组相交链，称为主磁通；另外，还有一小部分磁通仅与定子绕组相交链，称为定子漏磁通，而与转子绕组相交链的则称为转子漏磁通，漏磁通的变化也将在定子及转子绕组中产生漏磁感应电动势，而在电路中则表现为电抗压降。下面将讨论转子电路内的电抗和阻抗。

$$X_2 = 2\pi f_2 L_2 \tag{4-20}$$

式中，$X_2$ 为转子每相绕组的漏电抗，单位为 Ω；$L_2$ 为转子每相绕组的漏电感，单位为 H。

当转子不动（$s=1$）时，此时转子电路内的电抗用 $X_{20}$ 表示，则 $X_{20} = 2\pi f_1 L_2$，此时的电抗最大，而在正常运行时，$X_2 = sX_{20}$。

由此可得转子绕组的阻抗为

$$Z_2 = \sqrt{R_2^2 + X_2^2} = \sqrt{R_2^2 + (sX_{20})^2} \qquad (4\text{-}21)$$

式中，$Z_2$ 为转子每相绕组的阻抗，单位为 $\Omega$；$R_2$ 为转子每相绕组的阻抗，单位为 $\Omega$。

（3）转子电流和功率因数

1）转子每相绕组的电流 $I_2$ 为

$$I_2 = \frac{E_2}{Z_2} = \frac{sE_{20}}{\sqrt{R_2^2 + (sX_{20})^2}} \qquad (4\text{-}22)$$

2）转子电路的功率因数为

$$\cos\varphi_2 = \frac{R_2}{Z_2} = \frac{R_2}{\sqrt{R_2^2 + (sX_{20})^2}} \qquad (4\text{-}23)$$

当 $s=1$ 时，由于 $r_2 \ll X_{20}$，故功率因数很小；当 $s$ 下降时，功率因数很高。可见电动机在起动时，电流很大，达到额定电流的 $4 \sim 7$ 倍；但功率因数很小，所以转矩并不大。

（4）转矩的参数表达式

$$T = \frac{CsR_2U_1^2}{f_1[R_1^2 + (sX_{20})^2]} \qquad (4\text{-}24)$$

式中，$T$ 为电磁转矩，在近似分析与计算中可将其看作电动机的输出转矩，单位为 $N \cdot m$；$U_1$ 为电动机定子每相绕组上的电压，单位为 $V$；$s$ 为电动机的转差率；$R_2$ 为电动机转子绕组每相的电阻，单位为 $\Omega$；$X_{20}$ 为电动机静止不动时转子绕组每相的电阻值，单位为 $\Omega$；$C$ 为电动机的结构常数；$f_1$ 为交流电源的频率 $Hz$。

**四、三相异步电动机的工作特性**

异步电动机的工作特性是指在额定电压和额定频率下（即当 $U_1 = U_N$，$f_1 = f_N$ 时），电动机的转速 $n$（或转差率 $s$）、电磁转矩 $T$（或输出转矩 $T_2$）、定子电流 $I_1$、效率 $\eta$、功率因数 $\cos\varphi_1$ 与输出功率 $P_2$ 之间的关系曲线。工作特性可以通过电动机直接加负载试验得到，或者利用等效电路计算而得到。图 4-66 为三相异步电动机的工作特性曲线。

1. 转速特性 $n = f(P_2)$

因为 $n = (1-s)n_1$，电动机空载时，负载转矩小，转子转速 $n$ 接近同步转速 $n_1$，$s$ 很小。随着负载的增加，转速 $n$ 略有下降，$s$ 略微上升，这时转子感应电动势 $E_{2s}$ 增大，转子电流 $I_{2s}$ 增大，以产生更大的电磁转矩与负载转矩相平衡。因此，随着输出功率 $P_2$ 的增加，转速特性是一条稍微下降的曲线，$s = f(P_2)$ 曲线则是稍微上翘的。一般异步电动机额定负载时的转差率 $s_N =$

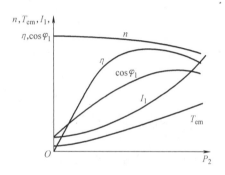

图 4-66　三相异步电动机的工作特性曲线

0.01~0.05，小数字对应于大容量电动机。

2. 转矩特性 $T_{em} = f(P_2)$

$T = T_2 + T_0 = \dfrac{P_2}{\Omega} + T_0$，随着 $P_2$ 增大，由于电动机转速 $n$ 和角速度 $\omega$ 变化很小，而空载转矩 $T_0$ 又近似不变，所以 $T_{em}$ 随 $P_2$ 的增大而增大，近似直线关系，如图 4-66 所示。

3. 定子电流特性 $I_1 = f(P_2)$

从式 $N_1 \dot{I}_1 + N_2 \dot{I}_2 = \dot{I}_0 N_1$ 得，定子电流 $\dot{I}_1 = \dot{I}_0 + (-\dot{I}_2')$。空载时，转子电流 $\dot{I}_2' \approx 0$，定子电流几乎全部是励磁电流 $\dot{I}_0$。随着负载的增大，转速下降，$\dot{I}_2$ 增大，相应 $\dot{I}_1$ 也增大，如图 4-66 所示。

4. 效率特性 $\eta = f(P_2)$

根据定义，异步电动机的效率为 $\eta = \dfrac{P_2}{P_1} = 1 - \dfrac{\sum P}{P_2 + \sum P}$，异步电动机的损耗也可分为不变损耗和可变损耗两部分。电动机从空载到满载运行时，由于主磁通和转速变化很小，铁耗 $P_{Fe}$ 和机械损耗 $P_m$ 近似不变，称为不变损耗。而定子、转子铜耗 $P_{Cu1}$、$P_{Cu2}$ 和附加损耗 $P_{ad}$ 是随负载而变的，称为可变损耗。空载时，$P_2 = 0$，随着 $P_2$ 增加，可变损耗增加较慢，上升很快，直到当可变损耗等于不变损耗时，效率最高。若负载继续增大，铜耗增加很快，效率反而下降。异步电动机的效率曲线与变压器的大致相同。对于中小型异步电动机，最高效率出现在 $0.75P_N$ 左右。一般电动机额定负载下的效率在 74%~94% 之间，容量越大的，额定效率 $\eta_N$ 越高。

5. 功率因数特性 $\cos\varphi_1 = f(P_2)$

异步电动机对电源来说，相当于一个感性阻抗，因此其功率因数总是滞后的，运行时必须从电网吸取感性无功功率，$\cos\varphi_1 < 1$。空载时，定子电流几乎全部是无功的磁化电流，因此 $\cos\varphi_1$ 很低，通常小于 0.2；随着负载增加，定子电流中的有功分量增加，功率因数提高，在接近额定负载时，功率因数最高。负载再增大，由于转速降低，转差率 $s$ 增大，转子功率因数角 $\varphi_2 = \arctan\dfrac{sX_2}{r_2}$ 变大，使 $\cos\varphi_2$ 和 $\cos\varphi_1$ 又开始减小。

 **提示**

由于异步电动机的效率和功率因数都在额定负载附近达到最大值，因此选用电动机时应使电动机容量与负载相匹配。如果选得过小，电动机运行时过载，其温升过高会影响电动机使用寿命甚至损坏电动机。但也不能选得太大，否则，不仅电动机价格较高，而且电动机长期在低负载下运行，其效率和功率因数都较低，不经济。

五、机械特性

机械特性是异步电动机的主要特性，它是指电动机的转速 $n_2$ 与电磁转矩 $T_{em}$ 之间的关系，即 $n_2 = f(T_{em})$。

1. 固有机械特性分析

固有机械特性是指异步电动机工作在额定电压和额定频率时的机械特性。将 $s$ 坐标替换成转速 $n_2$ 的坐标就成如图 4-67 所示的三相异步电动机的机械特性曲线。机械特性的曲线被 $T_m$ 分成两个性质不同的区域，即 $ab$ 段和 $bc$ 段。

当电动机起动时，只要起动转矩 $T_{st}$ 大于阻力转矩 $T_L$，电动机便转动起来。电磁转矩 $T$ 的变化沿曲线 $bc$ 段运行。随着转速的上升，$bc$ 段中的 $T$ 一直增大，所以转子一直被加速使电动机很快越过 $bc$ 段而进入 $ab$ 段，在 $ab$ 段随着转速上升，电磁转速下降。当转速上升某一定值时，电磁转矩 $T$ 与阻力转矩 $T_L$ 相等，此时，转速不再上升，电动机就稳定运行在 $ab$ 段，所以 $bc$ 段称为不稳定区，$ab$ 段称为稳定区。

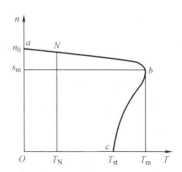

图 4-67 三相异步电动机的机械特性曲线

电动机一般都工作在稳定区域 $ab$ 段上，在这个区域里，负载转矩变化时，异步电动机的转速变化不大，电动机转速随转矩的增加而略有下降，这种机械特性称为硬特性。三相异步电动机的这种硬特性很适用于一般金属切削机床。

2. 人为机械特性分析

人为机械特性是指人为改变电动机参数或电源参数而得到的机械特性。

（1）降低电源电压时的机械特性 降低电源电压时的机械特性为一组通过同步点的曲线族，如图 4-68 所示。当电动机在某一负载运行时，若降低电压，将使电动机转速降低，转差率增大，转子电流将因此增大，从而引起定子电流的增大。

 **提示**

> 如果电压降低过多，致使最大转矩 $T_m$ 小于总的负载转矩时，会发生电动机堵转事故。

（2）转子电路中串接对称电阻时的人为机械特性 在绕线转子异步电动机的转子电路分别串联大小相等的电阻 $R_{pa}$，可得到一组通过同步点的曲线族，如图 4-69 所示。

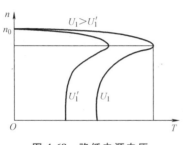

图 4-68 降低电源电压时的人为机械特性

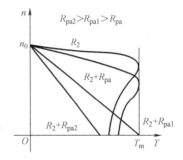

图 4-69 转子电路中串接对称电阻时的人为机械特性

在一定范围内增加绕线转子异步电动机的转子电阻，可以增大电动机的起动转矩 $T_{st}$，如果串接某一数值的电阻 $T_{st}=T_m$，若再增大转子电阻，起动转矩将开始减少。

六、运行性能

1. 运行状态

在机械特性曲线（见图 4-67）上，反映电动机工作性能的特殊工作点如下：

（1）理想空载点 $a$ 此时 $n=n_0$，$s=0$，$T=0$，转子电流 $I=I_0$。

（2）最大转矩点 $b$ 此时 $s=s_m$，$T=T_m$。如果负载转矩大于最大转矩，则电动机会因带不动负载而停转，即转子堵住。这时，电动机的电流立即增大好几倍，时间过长将会烧毁电动机。

由数学分析知道，最大转矩 $T_m$ 的大小只与电源电压 $U_1$ 有关，与转子总电阻 $R_2$ 的大小无关，而产生最大转矩时的转差率 $s_m$（称临界转差率）可通过数学运算求得。

$$s_m = \frac{R_2}{X_{20}} \tag{4-25}$$

式（4-25）说明，产生最大转矩时的临界转差率 $s_m$ 与电源电压 $U_1$ 无关，但与转子电路的总电阻 $R_2$ 成正比，故改变转子电路电阻 $R_2$ 的数值，即可改变产生最大转矩时的临界转差率（即临界转速），如果 $R_2=X_{20}$，$s_m=1$，即 $n=0$，即说明电动机在起动瞬间产生的转矩最大（换句话说也就是电动机的最大转矩产生在起动瞬间）。所以绕线转子异步电动机可以在转子回路中串入适当的电阻，从而在起动时获得最大的转矩。

（3）起动工作点 此时 $n=0$，$s=1$，$T=T_{st}$，只有当 $T_{st}$ 大于负载转矩时，电动机才能起动。此时起动电流可达额定电流的 4~7 倍。

（4）额定工作点 此时 $n=n_N$，$T=T_N$。电动机带动额定负载运行，额定转差率为 $s=0.015~0.05$，可见，由空载到满载运行，电动机的转速变化不大。

2. 起动转矩倍数

前面已经说过，电动机刚接入电网但尚未开始转动（$n=0$）的一瞬间，轴上产生的转矩叫起动转矩（或堵转转矩）。起动转矩必须大于电动机轴上所带的机械负载阻力矩，电动机才能起动。因此起动转矩 $T_{st}$ 是衡量电动机起动性能好坏的重要指标，通常用起动转矩倍数 $\lambda_{st}$ 表示，即

$$\lambda_{st} = \frac{T_{st}}{T_N} \tag{4-26}$$

式中，$T_N$ 为电动机的额定转矩。

目前国产 Y 系列及 Y2 系列三相异步电动机该值约为 2.0，因此 Y 系列及 Y2 系列电动机的起动性能较优越。

3. 过载能力 $\lambda$

电动机产生的最大转矩 $T_m$ 与额定转矩 $T_N$ 之比称为电动机的过载能力 $\lambda$，即

$$\lambda = \frac{T_{st}}{T_N} \tag{4-27}$$

一般情况下，三相异步电动机的 $\lambda$ 值在 1.8~2.2 之间，这表明电动机在短时间内

轴上所带负载只要不超过 $(1.8 \sim 2.2)T_N$，电动机仍能继续运行，因此 $\lambda$ 表明电动机具有的过载能力。

 **提示**

　　异步电动机的转矩 $T$ 与加在电动机上的电压 $U_1$ 的二次方成正比，因此电源电压的波动对电动机的运行影响很大。当电源电压降为额定电压的 90%（即 $0.9U_N$）时，电动机的转矩则降为额定值的 81%。因此当电源电压过低时，电动机就有可能拖不动负载而被迫停转，这一点在使用电动机时必须注意。

　　关于异步电动机机械特性的几个结论：

　　1）在稳定运行区内，负载变化时电动机转速变化很小，属于硬机械特性。

　　2）异步电动机有较大的过载能力。

　　3）电源电压发生变化时，电动机转矩变化较大，转速略有变化，电压过低容易损坏电动机。

　　4）加大转子电路的电阻可以增大电动机的起动转矩，也可用于调速，但机械特性变软。

　　5）除风机型负载（随着转速的下降，风机型负载转矩急剧减少，从而使电动机驱动转矩与风机型负载转矩达到新的平衡）外，一般负载不能在非稳定运行区工作。

　　6）电动机空载运行时，$P_2 = 0$，空载电流 $I_0$ 占额定电流的 20% ~ 35%，$\cos\varphi_N < 0.2$。

**例 4-3**　有一台三相笼型异步电动机，额定功率 $P_N = 40kW$，额定转速 $n_N = 1450r/min$。过载能力 $\lambda = 2.2$，试求额定转矩 $T_N$、最大转矩 $T_m$。

**解：**
$$T_N = 9550\frac{P_N}{n_N} = 9550 \times \frac{40}{1450}N \cdot m = 263.45N \cdot m$$

$$T_m = \lambda T_N = 2.2 \times 263.45N \cdot m = 579.59N \cdot m$$

**例 4-4**　已知 Y2—132S—4 三相异步电动机的额定功率 $P_N = 5.5kW$，额定转速 $n_N = 1440r/min$，$\lambda_{st} = 2.3$，试求：（1）在额定电压下起动时的起动转矩 $T_{st}$；（2）若电动机轴上所带负载的阻力矩 $T_L = 60N \cdot m$，当电网电压降为额定电压的 90% 时，该电动机能否起动？

**解：**（1）$T_N = 9550\frac{P_N}{n_N} = 9550 \times \frac{5.5}{1440}N \cdot m = 36.48N \cdot m$

$$T_{st} = 2.3T_N = 2.3 \times 36.48N \cdot m = 83.9N \cdot m$$

（2）$\dfrac{T'_{st}}{n_N} = \left(0.9\dfrac{U_1}{U_1}\right)^2 = 0.81$

$$T'_{st} = 0.81T_{st} = 0.81 \times 83.9N \cdot m = 68N \cdot m$$

由于 $T'_{st} > T_L$，所以当电网电压降为额定电压的 90% 时，电动机也可以起动。

技能训练

**一、训练内容**

三相异步电动机的维护。

1）判别绕组绝缘是否严重受潮或有严重缺陷。

2）检查绕组中是否有短路现象。

3）根据空载电流和空载损耗的大小，检查定子绕组的匝数及接线是否正确、铁心质量是否良好。

4）根据每相空载电流与三相空载电流平均值之间的偏差，判定气隙是否均匀、磁路是否对称等。

**二、工具、仪器仪表及材料**

手摇式绝缘电阻表、开尔文电桥、调压器、电流表、电压表和功率表。

**三、评分标准**

评分标准见表4-7。

表 4-7　评分标准

| 序号 | 主要内容 | 评分标准 | 配分 | 扣分 | 得分 |
|---|---|---|---|---|---|
| 1 | 测量绝缘电阻 | 1. 绕组对地绝缘电阻测试错误，每次扣10分<br>2. 绕组之间绝缘电阻测试错误，每次扣10分 | 40分 | | |
| 2 | 测绕组直流电阻 | 直流电阻测试错误，每次扣10分 | 30分 | | |
| 3 | 空载试验 | 1. 接线不正确、不熟练，扣5分<br>2. 不会测量电动机的电流及转速，各扣5分 | 20分 | | |
| 4 | 安全文明生产 | 每违反安全文明生产规定一次扣5分 | 10分 | | |
| 5 | 工时:60min | 不准超时 | 总分 | 100分 | |
| | | | 教师签字 | | |

**四、训练步骤**

1. 绝缘电阻的测定

（1）测定方法

1）绕组对机壳的绝缘电阻。将三相绕组的三个尾端（W2、U2、V2）用裸铜线连在一起。绝缘电阻表 L 端子接任一绕组头端；E 端子接电机外壳。以 120r/min 的转速摇动绝缘电阻表的摇把 1min 左右后，读取绝缘电阻表的读数，如图 4-70 所示。

2）绕组相与相之间的绝缘电阻。将三相尾端连线拆除。绝缘电阻表两端分别

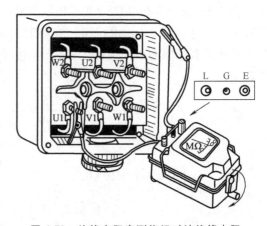

图 4-70　绝缘电阻表测绕组对地绝缘电阻

接 U1 和 V1、U1 和 W1、W1 和 V1,按 1) 中所述办法测量各相间的绝缘电阻。

3) 绕线转子绕组的绝缘电阻。绕线转子的三相绕组一般均在电动机内部封成星形,所以只需测量各相对机壳的绝缘电阻。测量时,应将电刷等全部装到位,绝缘电阻表 L 端应接在转子引出线端或刷架上,E 端接电动机外壳或转子轴,其余同 1)。

(2) 测量结果的判定 在国家标准和电机行业标准中,只规定了电动机处在热状态时的绝缘电阻最低限值,该限值简单地记为

$$R = \frac{U}{100 + P/100}$$

式中,$R$ 为绝缘电阻,单位为 MΩ;$U$ 为额定电压,单位为 V;$P$ 为额定功率,单位为 kW。

电机修理行业一般只测冷态时的绝缘电阻值。对于交流 1000V 以下的电动机,其绝缘电阻为 5MΩ。

(3) 注意事项

1) 应根据电动机的额定电压选择绝缘电阻表的电压等级(额定电压低于 500V 的电动机用 500V 绝缘电阻表测量,额定电压在 500~3000V 的电动机用 1000V 绝缘电阻表测量,额定电压大于 3000V 的电动机用 2500V 绝缘电阻表测量),并检查所用表及引线是否正常。

2) 测量时,未参与的绕组应与电动机外壳用导线连接在一起。

3) 测量完毕后,应用接地的导线接触绕组进行放电,然后再拆下仪表连线,否则在用手拆线时就可能遭受电击。这一点对大型或高压电动机尤为重要。

2. 直流电阻的测定

(1) 测定方法 测量绕组直流电阻按如图 4-71 所示进行接线。

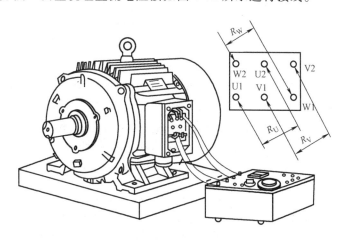

图 4-71 测量绕组直流电阻接线图

1) 安装好电池。外接电池时应注意"+""-"极。

2) 接好被测电阻 $R_X$。注意 4 条接线的位置应按如图 4-72 所示连接。

3) 将电源开关 11 拨向"通"的方向,接通电源。

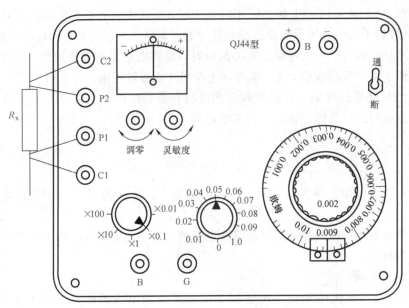

图 4-72　被测电阻接线图

4）调整调零旋钮 2，使检流计 3 的指针指在 0 位。一般测量时，将灵敏度旋钮 4 旋到较低的位置。

5）按估计的被测电阻值预选倍数 9 或数值 10。倍数与被测值的关系见表 4-8。

表 4-8　QJ44 型开尔文电桥倍率与测量范围对应表

| 被测电阻范围/Ω | 1～11 | 0.1～1.1 | 0.01～0.11 | 0.001～0.011 | 0.0001～0.0011 |
|---|---|---|---|---|---|
| 应选倍率(×) | 100 | 10 | 1 | 0.1 | 0.01 |

6）先按下按钮 B，再按下按钮 G。先调数值旋钮 10 粗略调定数值范围，再调大转盘 6，细调确定最终数值。使检流计指针指向零。

检流计指零后，先松开 G，再松开 B，测量结果为（10 号钮所指数+6 号盘所指数）×9 号钮所指倍数。

如图 4-72 所示，被测电阻 $R_X = (0.05+0.009) \times 0.1\Omega = 0.0059\Omega$

7）测量完毕，将电源开关 11 拨向"断"，断开电源。

（2）测量结果的判定　所测各相电阻值之间的误差与三相平均值之比不得大于 5%，即

$$\frac{R_{max} - R_{min}}{R_{av}} \leqslant 5\%$$

如果超过此值，说明有短路现象。

3. 空载试验

（1）试验方法

1）将电动机安装固定好，调节好水平，如图 4-73 所示。

2）安装好起动线路和控制保护装置。

3）接通电源，空载运行。三相异步电动机的空载试验是在三相定子绕组上加额定电压，让电动机在空载状态下运行，如图4-73和图4-74所示。

4）保持额定电压下运行0.5~1h。用电流表A测量空载电流，用两功率表法测量三相功率。

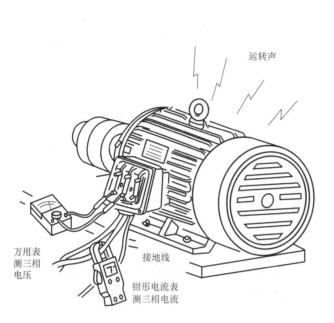

图 4-73　空载试验连接图

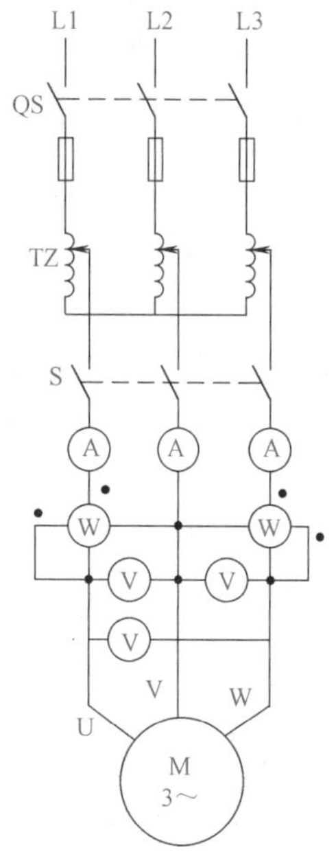

图 4-74　空载试验电路图

5）观察电动机的运行情况，监听有无异常声音，铁心是否过热，轴承的温升及运转是否正常、电动机是否存在振动和噪声等。如是绕线转子电动机，还应检查电刷有无火花和过热现象。

（2）测量结果的判定

1）任何一相的空载电流与三相空载电流的平均值的偏差不得大于平均值的10%，即

$$\frac{I-I_{av}}{I_{av}} \leqslant 10\%$$

超过10%，说明气隙不均匀、磁路不对称。

2）与该电动机原出厂的相应值对比，电动机的空载电流不应超出10%、空载损耗不应超出20%。否则，说明定子绕组的匝数及接线错误、铁心质量不好。

（3）注意事项

1）起动时，应注意安全。

2）空载时间不应太长，以免损坏电动机。

3）合理选择电流表、电压表、功率表量程。由于空载时电动机的功率因数较低，最好采用低功率因数功率表进行测量。

## 任务四　三相异步电动机的运行与维修

学习目标

1. 掌握三相异步电动机起动的原理及方法。
2. 掌握三相异步电动机反转的原理及方法。
3. 掌握三相异步电动机制动的原理及方法。
4. 掌握三相异步电动机调速的原理及方法。
5. 掌握三相异步电动机常见故障的处理方法。

知识解读

### 一、三相异步电动机的起动

起动是指三相异步电动机通电后转速从 0 开始逐渐加速到正常运转的过程。在生产过程中，电动机要经常起动与停止。因此对起动有如下要求：

1) 电动机应有足够大的起动转矩。
2) 在保证足够的起动转矩前提下，电动机的起动电流应尽量小。
3) 起动所需的控制设备应尽量简单，力求价格低廉，操作及维护方便。
4) 起动过程中的能量损耗应尽量小。

由前文的分析知道，异步电动机在起动瞬间，转子绕组中感应的电流很大，使定子绕组中流过的起动电流也很大，约为额定电流的 4~7 倍，大的起动电流带来的不良后果主要有：

1) 使供电线路电压下降，影响其他设备正常运行。
2) 使电动机本身发热严重，损耗加大，使用寿命降低甚至损坏。

1. 笼型电动机的起动

三相笼型异步电动机的起动方式有两种，即在额定电压下的直接起动和降低起动电压的减压起动，两种方式各有优缺点，可按具体情况正确选用。

（1）直接起动　所谓直接起动即是将电动机三相定子绕组直接接到额定电压的电网上来起动电动机，因此又称为全压起动。一台异步电动机能否采用直接起动应由电网的容量（变压器的容量）、电网允许干扰的程度及电动机的型式、起动次数等因素决定，通常认为只需满足下述三个条件中的一个即可：

1) 容量在 7.5kW 以下的三相异步电动机一般均可采用直接起动。
2) 当电动机起动时在电网上引起的电压降不超过 10% 时，就允许直接起动。
3) 由独立的动力变压器供电时，允许直接起动的电动机容量不超过变压器容量

的 20%。

直接起动的优点是所需设备简单，起动时间短，缺点是对电动机及电网有一定的冲击。在实际使用中的三相异步电动机，只要允许采用直接起动，则应优先考虑使用直接起动。

（2）减压起动　减压起动是指起动时降低加在电动机定子绕组上的电压，起动结束后加额定电压运行的起动方式。

减压起动虽然能起到降低电动机起动电流的目的，但由于电动机的转矩与电压的二次方成正比，因此减压起动时电动机的转矩减小较多，故减压起动一般适用于电动机空载或轻载起动。常用的减压起动有星-三角（丫-△）减压起动、串电阻（电抗）减压起动、自耦变压器减压起动及软起动器起动。

1）星-三角减压起动。起动时，先把定子三相绕组做星形联结，待电动机转速升高到一定值后再改接成三角形。因此这种减压起动方法只能用于正常运行时做三角形联结的电动机上。其原理电路如图 4-75 所示。起动时将丫-△转换开关 QS2 的手柄置于起动位，则电动机定子三相绕组的末端 U2、V2、W2 连成一个公共点，三相电源 L1、L2、L3 经开关 QS1 向电动机定子三相绕组的首端 U1、V1、W1 供电，电动机以星形联结起动。加在每相定子绕组上的电压为电源线电压 $U_1$ 的 $1/\sqrt{3}$，因此起动电流较小。待电动机起动即将结束时，再把开关 QS2 手柄转到运行位，电动机定子三相绕组接成三角形联结，这时加在电动机每相绕组上的电压即为线电压 $U_1$，电动机正常运行。

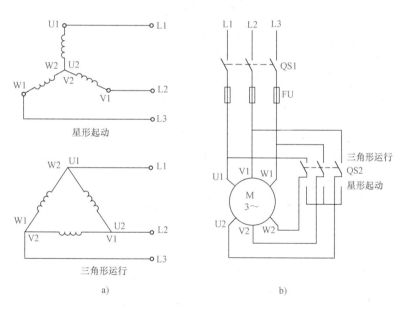

图 4-75　三相异步电动机星-三角减压起动

a）起动原理　b）起动电路

用星-三角减压起动时，起动电流为直接采用三角形联结时起动电流的 1/3，所以对降低起动电流很有效，但起动转矩也只有用三角形联结直接起动时的 1/3，即起动转矩降低很多，故只能用于轻载或空载起动的设备上。这种方法的最大优点是所需设备较少、价格低，因而得到了较为广泛的采用。由于此法只能用于正常运行时为三角形联结的电动机上，因此我国生产的 Y 系列、Y2 系列三相笼型异步电动机，凡功率在 4kW 及以上者，正常运行时都采用三角形联结。

2）自耦变压器减压起动。自耦变压器减压起动的最主要特点就是在相同的起动电流下，电动机的起动转矩相应较高，它利用自耦变压器来降低起动时加在定子三相绕组上的电压，如图 4-76 所示。起动时，先合上开关 QS，再将补偿器控制手柄（即开关 S）扳到起动位，这时经过自耦变压器降压后的交流电压加到电动机三相定子绕组上，电动机开始减压起动，待电动机转速升高到一定值后，再把 S 扳到运行位，电动机就在全压下正常运行。此时自耦变压器已从电网上被切除。

自耦变压器二次绕组有 2~3 组抽头，其电压可以分别为电源线电压 $U_1$ 的 80%、65% 或 80%、65%、50%。

在实际使用中，把自耦变压器、开关触头、操作手柄等组合在一起构成自耦补偿起动器。

这种起动方法的优点是可以按允许的起动电流和所需的起动转矩来选择自耦变压器的不同抽头实现减压起动，而且不论电动机定子绕组采用星形联结或三角形联结都可以使用。其

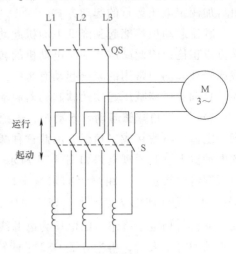

图 4-76　自耦变压器减压起动

缺点是设备体积大，投资较贵，不能频繁起动，主要用于带一定负载起动的设备上。

3）软起动器起动。软起动器起动又称为智能电动机控制器 SMC 起动。

软起动器实际上就是由微处理器来控制双向晶闸管交流调压装置。通过控制双向晶闸管的导通角来改变三相异步电动机起动时加在三相定子绕组上的电压，以控制电动机的起动特性，常用的控制模式是限流软起动控制模式，软起动时，SMC 的输出电压由零迅速增加，使输出电流（即电动机的起动电流）很快上升到电动机的额定电流 3~4 倍，然后保持输出电流基本不变，而电压则逐步上升，使电动机的转矩和电流与要求很好地匹配。最后使电动机加速到额定转速，起动完毕，接触器触头 KM 闭合，将晶闸管短接，电动机实现全压运行。其电路原理如图 4-77 所示。

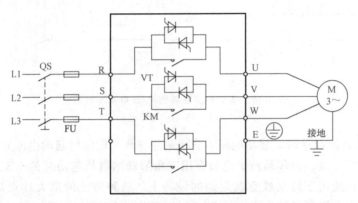

图 4-77　软起动器起动电路原理

### 串联电阻（电抗）减压起动

如图 4-78 所示，电动机起动时在定子绕组中串联电阻减压，起动结束后再用开关 S 将电阻短路，全压运行。

由于串联电阻起动时，在电阻上有能量损耗而使电阻发热，故一般常用铸铁电阻片。有时为了减小能量损耗，也可用电抗器代替。

串联电阻减压起动具有起动平稳、工作可靠、起动时功率因数高等优点，另外，改变所串入的电阻值即可改变起动时加在电动机上的电压，从而调整电动机的起动转矩，不像星-三角减压起动那样，只能获得一种降压值。但由于其所需设备比星-三角减压起动要多，投资相应较大，同时电阻上有功率损耗，不宜频繁起动，一般使用电抗器以减少电能的损耗，但电抗器体积较大，成本较高，本方法已经很少采用。

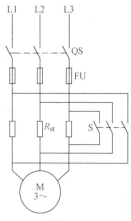

图 4-78　串联电阻减压起动

### 延边三角形减压起动

延边三角形减压起动是指电动机起动时，把定子绕组的一部分接成星形，另一部分接成三角形，使整个绕组接成延边三角形，待电动机起动后，再把定子绕组改接成三角形全压运行，如图 4-79 所示。

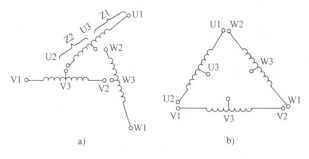

a)　　　　　　　　　　　　　　b)

图 4-79　延边三角形减压起动电动机定子绕组的联结方式
a）延边三角形联结　b）三角形联结

延边三角形减压起动是在丫-△减压起动的基础上加以改进而形成的一种起动方式，它把星形和三角形两种接法结合起来，使电动机每相定子绕组承受的电压小于三角形联结时的相电压，而大于星形联结时的相电压，并且每相绕组电压的大小可随电动机绕级抽头（U3、V3、W3）位置的改变而调节，从而克服了丫-△减压起动电压偏低、起动转矩偏小的缺点。

111

### 2. 绕线转子异步电动机的起动

前已叙述，绕线转子异步电动机与笼型异步电动机的主要区别是绕线转子异步电动机的转子采用三相对称绕组，且均采用星形联结。起动时通常在转子三相绕组中串联可变电阻起动，也有部分绕线转子异步电动机用频敏变阻器起动。

（1）转子串电阻起动　如图 4-80 所示，在绕线转子异步电动机的转子电路中串入电阻器，并通过接触器触头或凸轮控制器触头的开闭有级地切除电阻。该电路的工作原理是：起动时控制器的全部触头 S1~S3 均断开，合上电源开关 QS 后，绕线转子异步电动机开始起动，此时电阻器的全部电阻都串入转子电路内，如正确选取电阻值，使转子回路的总电阻 $R_2 = X_{20}$，则 $s = 1$，电动机对应的机械特性曲线如图 4-81 所示曲线 1，此时电动机的起动转矩 $T_1$ 接近最大转矩，电动机开始起动，随着转速的升高，转矩相应地下降，对应线段 $ab$；到达 $b$ 点对应的转速时，触头 S1 闭合，转子电阻减小，对应于曲线 2，由于在此瞬间电动机转速不能突变，故电动机产生的转矩由 $T_2$ 升为 $T_1$，然后电动机转矩及转速沿线段 $cd$ 变化；到 $d$ 点时，触头 S2 闭合，过渡到曲线 3，最后转子电阻全部切除，电动机稳定运行于曲线 4 的 $h$ 点，起动过程结束。电动机在整个起动过程中起动转矩较大，故该方式适合于重载起动，主要用于桥式起重机、卷扬机、龙门吊车等。其主要缺点是所需起动设备较多，起动级数较少，起动时有一部分能量消耗在起动电阻上，因而又出现了转子串联频敏变阻器起动。

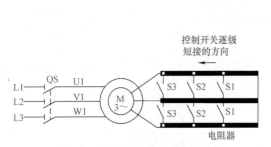

图 4-80　绕线转子电动机转子
串电阻起动电路

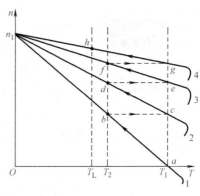

图 4-81　机械特性曲线

（2）转子串频敏变阻器起动　频敏变阻器的外形结构如图 4-82a 所示，它是一种有独特结构的无触头元件，其构造与三相电抗器相似，即由三个铁心柱和三个绕组组成，三个绕组接成星形联结，并通过集电环和电刷与绕线转子异步电动机的三相转子绕组相连，如图 4-82b 所示。

频敏变阻器的主要结构特点是铁心用 6~12mm 厚的钢板制成，并有一定的空气隙，当绕组中通过交流电后，在铁心中产生的涡流损耗及磁滞损耗都较大。由于铁心处于较饱和状态，其感抗相应较小；另外，由于绕组匝数不是很多，因此绕组的直流电阻也较小。

当绕线转子异步电动机刚开始起动时，电动机转速很低，故转子频率 $f_2$ 很大（接近 $f_1$），铁心中的损耗很大，即 $R_2$ 很大，因此限制了起动电流，增大了起动转矩。随着电

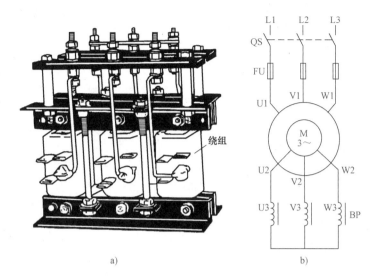

图 4-82　频敏变阻器的外形结构起动电路

a）外形结构　b）起动电路

动机转速的增加，转子电流频率下降（$f_2 = sf_1$），于是 $R_2$ 减小，使起动电流及转矩保持一定数值。故频敏变阻器实际上是利用转子频率 $f_2$ 的平滑变化来达到使转子回路总电阻平滑减小的目的。起动结束后，转子绕组短接，把频敏变阻器从电路中切除。

由于频敏变阻器的等效电阻和等效电抗都随转子电流频率而变化，反应非常灵敏，所以称为频敏变阻器。这种起动方法的主要优点是结构简单、成本较低、使用寿命长、维护方便，能使电动机平滑起动（无级起动），基本上可获得恒转矩的起动特性。其主要不足之处是由于有电感 $L$ 的存在，使功率因数降低，起动转矩并不是很大。因此，当绕线转子异步电动机在轻载起动时，采用频敏变阻器法起动的优点较明显，如重载起动时一般采用串联电阻起动。

二、反转

旋转磁场的转动方向即电动机的转动方向，它由通入三相定子绕组的电流的相序决定，只要对换电动机任意两相电源线，旋转磁场就会改变转动方向，电动机也随之反转。常用的方法有倒顺开关控制和接触器联锁控制，如图 4-83 所示。

三、制动

电动机断开电源以后，由于惯性作用不会马上停止转动，而是需要转动一段时间才会完全停下来，这对于某些要求迅速停车及准确定位的机械设备是不能满足要求的，所以要对电动机进行制动。所谓制动，就是给电动机一个与转动方向相反的转矩使它迅速停转（或限制其转速）。常见的制动方法分为机械制动和电力制动两大类。

1. 机械制动

机械制动是指利用机械装置使电动机断开电源后迅速停转的方法。机械制动除电磁抱闸制动外，还有电磁离合器制动。

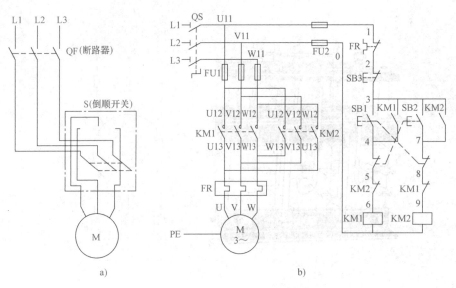

a)                              b)

图 4-83　电动机反转控制电路

a) 倒顺开关控制　　b) 接触器联锁控制

电磁抱闸制动器分为断电制动型和通电制动型两种。电磁抱闸制动器的结构和符号如图 4-84 所示。断电制动型的原理如下：当制动电磁铁的线圈得电时，制动器的闸瓦与闸轮分开，无制动作用；当线圈失电时，制动器的闸瓦紧紧抱住闸轮制动。通电制动型的原理如下：当制动电磁铁的线圈得电时，闸瓦紧紧抱住闸轮制动；当线圈失电时，制动器的闸瓦与闸轮分开，无制动作用。

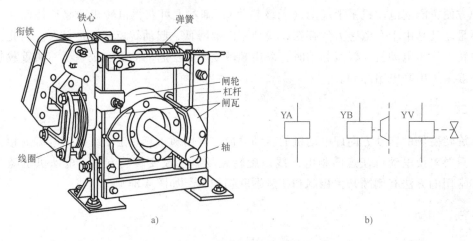

a)                              b)

图 4-84　电磁抱闸制动器的结构和符号

电磁抱闸制动器断电制动在起重机械上被广泛采用。其优点是能够准确定位，同时可防止电动机突然断电时重物自行坠落。当重物起吊到一定高度时，按下停止按钮，电动机和电磁抱闸制动器的线圈同时断电，闸瓦立即抱住闸轮，电动机立即制动停转，重物随之被准确定位。如果电动机在工作时，线路发生故障而突然断电时，电磁抱闸制动器同样会使电动机迅速制动停转，从而避免重物自行坠落。

114

**2. 电力制动**

所谓电力制动，是指使电动机在切断定子电源停转的过程中，产生一个和电动机实际旋转方向相反的电磁力矩（制动力矩），迫使电动机迅速制动停转的方法。电力制动常用的方法有反接制动、能耗制动、电容制动和再生发电制动等。

（1）反接制动　依靠改变电动机定子绕组的电源相序来产生制动力矩，迫使电动机迅速停转的方法称为反接制动。反接制动原理图如图 4-85 所示。当电动机正常运行时，电动机定子绕组的电源相序为 L1—L2—L3，电动机将沿旋转磁场方向以 $n < n_1$ 的速度正常运转。当电动机需要停转时，可推开开关 QS，使电动机先脱离电源（此时转子仍按原方向旋转），当将开关迅速向下拉合时，使电动机三相电源的相序发生改变，旋转磁场反转，此时转子将以 $n_1 + n$ 的相对速度沿原转动

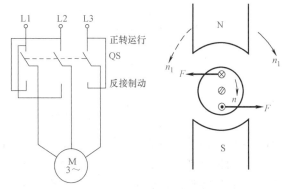

图 4-85　反接制动原理图

方向切割旋转磁场，在转子绕组中产生感应电流，其方向可由左手定则判断出来，可见此转矩方向与电动机的转动方向相反，使电动机受制动迅速停转。

反接制动的特点是停车迅速，设备简单；缺点是对电动机冲击大。反接制动一般只适用于小型电动机且不经常停车制动的场合。

**提示**

反接制动时应注意：当电动机转速接近零值时，应立即切断电动机的电源，否则电动机将反转。

**倒拉反接制动**

反接制动的另一种特殊情况是起重机下放重物，如图 4-86a 所示。重物 G 下放，电动机逆时针转动，而电动机的电磁力矩方向是顺时针，平衡重物下放力矩。这时线绕转子异步电动机的机械特性曲线如图 4-86b 所示。转子电路上串联较大的电阻，起动转矩 $T_{st}$ 的方向与重物下放力矩 $T_G$ 相反，且 $T_{st} < T_G$，迫使电动机反向旋转并加速，电动机的转差率 $s > 1$ 并增大，电磁力矩 $T$ 也增大至 $B$ 点时，$T = T_G$，电动机以稳定转速 $-n_2$ 运行。这种制动也称负载倒拉反接制动。

（2）能耗制动　当电动机切断交流电源后，立即在定子绕组中通入直流电，迫使电动机停转的方法称为能耗制动。其制动原理如图 4-87 所示。先断开电源开关 QS1，切断电动机的交流电源，这时转子仍沿原方向惯性运转；随后立即合上开关 QS2，并将 QS1 向下合闸，电动机 V、W 两相定子绕组通入直流电，使定子中产生一个恒定的静止

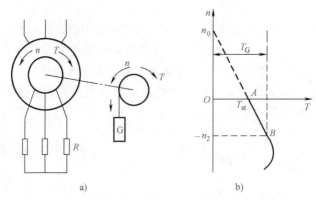

图 4-86　负载倒拉反接制动
a）起重机下放重物　b）机械特性曲线

磁场，这样做惯性运转的转子因切割磁力线而在转子绕组中产生感应电流，其方向可用右手定则判断出来，上面标"×"，下面标"·"。绕组中一旦产生了感应电流，又立即受到静止磁场的作用，产生电磁转矩，用左手定则判断，可知转矩的方向正好与电动机的转向相反，使电动机受制动迅速停转。由于这种制动方法是通过在定子绕组中通入直流电以消耗转子惯性运转的动能来进行制动的，所以称为能耗制动，又称动能制动。

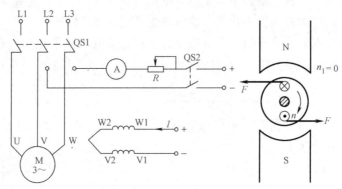

图 4-87　能耗制动原理图

能耗制动的优点是制动力较强，能耗小，制动较平稳，对电网和设备的冲击较小；但在低速时制动力矩较小，不易制动停车，需要直流电源。能耗制动常用于机床设备中。

（3）再生发电制动　当电动机所带负载是位能负载时（如起重机），由于外力的作用（如起重机在下放重物时），电动机的转速 $n$ 超过同步转速 $n_1$，电动机处于发电状态，定子电流方向反了，电动机转子导体的受力方向也反了，驱动力矩变为制动力矩，即电动机将机械能转化为电能，向电网反送电，这种制动方法称为再生发电制动，如图 4-88 所示。再生发电制动经济性较好，常用于起重机、电力

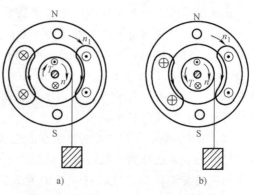

图 4-88　再生发电制动

机车和多速电动机中。

再生发电制动是一种比较经济的制动方法，制动时不需要改变线路即可从电动机运行状态自动转入发电制动状态，把机械能转换成电能，再回馈到电网，节能效果显著。其缺点是应用范围窄，仅当电动机转速大于同步转速时才能实现发电制动，所以常用于在位能负载作用下的起重机械和多速异步电动机由高速转为低速时的情况。

四、调速

为了满足实际应用的需要，异步电动机需要调速。所谓调速，是指人为地改变异步电动机的转速，即调速。从异步电动机转速公式 $n = n_1(1-s) = \dfrac{60f}{p}(1-s)$ 可知，三相异步电动机的调速控制是可通过控制公式中的 $p$、$f$、$s$ 任一参数来实现，即改变定子绕组磁极对数 $p$ 调速、改变转差率 $s$ 调速、改变供给电动机电源的频率 $f$ 调速。

1. 变极调速

变极调速是指改变三相异步电动机的定子绕组磁极对数 $p$ 使转速改变的方法。变极调速只用于笼型异步电动机且调速要求不高的场合。

变极调速的优点是所需设备简单；缺点是电动机绕组引出头多，调速只能有级调节，级数少。变极调速通常不单独使用，往往与机械调速配套使用，以达到相互补充、扩大调速范围的目的。

利用改变定子绕组极数的方法来调速的异步电动机称为多速电动机。双速异步电动机的调速方法有：

（1）△/丫丫变级调速　双速电动机定子绕组有共有 6 个出线端，通过改变 6 个出线端与电源的联结方式，就可得到两种不同的转速。双速异步电动机定子绕组的 △/丫丫 接线图如图 4-89 所示。低速时接成 △ 联结，磁极为 4 极，同步转速为 1500r/min；高速时接成丫丫联结，磁极为 2 极，同步转速为 3000r/min。可见双速异步电动机高速运转时是低速运转时的 2 倍。

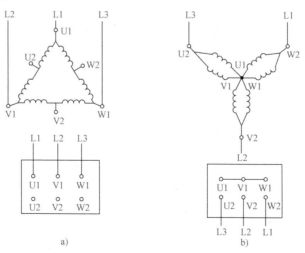

图 4-89　双速异步电动机定子绕组的 △/丫丫 接线图

a）低速-△联结（4 极）　b）高速-丫丫联结（2 极）

对于△/YY联结的双速电动机，其变极调速前后的输出功率基本不变，因此适用于负载功率基本恒定的恒功率调速，例如普通金属切削机床等机械。

（2）Y/YY变级调速　如图4-90所示，当U1、V1、W1连接到三相交流电源时，三相绕组为Y联结，$2p=4$；如果将U1、V1、W1连接在一起，将U2、V2、W2接到电源上，则三相绕组为YY联结，$2p=2$。对于Y/YY联结的双速电动机，其变极调速前后的输出转矩基本不变，因此适用于负载转矩基本恒定的恒转矩调速，例如起重机、运输带等机械。

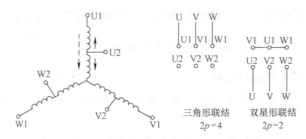

图 4-90　双速电动机定子绕组的Y/YY接线图

变极调速的优点是所需设备简单，其缺点是电动机绕组引出头较多，调速级数少，在机床上应用时，必须与齿轮箱配合，才能得到更多档次的转速。

 **提示**

为了避免转子绕组变极困难，绕线转子异步电动机不采用变极调速，即变极调速只用于笼型异步电动机中。

2. 改变转差率 $s$ 调速

由公式 $s=\dfrac{n_1-n}{n_1}$ 可知，改变转差率 $s$ 调速实际上是改变转子的转速 $n$，方法主要有改变定子绕组上的电压或改变绕线式转子电阻。

（1）变转子电阻调速　变转子电阻调速控制线路如图4-91所示。变阻调速是通过改变电动机转子电路的外接电阻实现的，因此只适用于绕线转子电动机的调速。

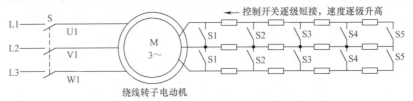

图 4-91　变转子电阻调速控制线路图

具体方法是：保持电源电压保持不变，电动机的最大转矩 $T_m$ 不变，改变转子电路的外接电阻，则产生最大转矩时的转速（或 $s_m$）也随之变化，画出的机械特性曲线如图4-92所示。对应一定的负载转矩，就有不同的转速 $n_1$、$n_2$、$n_3$。这种调速方法简单方便，但机械特性曲线较软，而且外接电阻越大，曲线越软，致使如果负载有较小的变化，便会引起很大的转速波动。

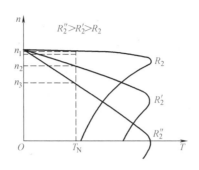

图 4-92　变转子电阻调速

　　另外在转子电路上的串接电阻要消耗功率，使电动机效率较低。变阻调速主要应用于起重、运输机械的调速。

 **提示**

> 　　变阻调速原理与转子串联电阻起动是一样的，但应该注意到起动用的转子外接串联电阻功率往往较小，不能用于调速；而调速用的外接串联电阻功率较大，可以用作起动。

　　（2）变电源电压调速　通过三相调压器为三相异步电动机的定子绕组提供电源电压。由于转矩与电压的二次方成正比；对于不同的定子电压，可以得到一组不同的机械特性曲线，如图 4-93 所示。对于恒转矩负载，可得到不同的额定转速 $n_1$、$n_2$、$n_3$，可见恒转矩负载的调速范围变化很小，实用价值不大。但风机类负载转矩与电压转速的二次方成正比，随着转速的上升，其负载转矩急剧增大，可得 $A$、$B$、$C$ 工作点，调速效果显著。

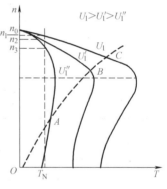

图 4-93　变电源电压调速

### 五、三相异步电动机的检修

#### 1. 三相异步电动机的检查

　　检查电动机时，一般应按先外后里、先机后电、先听后检的顺序。先检查电动机的外部是否有故障，后检查电动机内部；先检查机械方面，再检查电气方面；先听使用者介绍使用情况和故障情况，再动手检查。这样才能正确迅速地找出故障原因。

 **提示**

> 　　在对电动机外观、绝缘电阻、电动机外部接线等项目进行详细检查时，如未发现异常情况时，可对电动机做进一步的通电试验：将三相低电压（$30\% U_N$）通入电动机三相绕组并逐步升高，当发现声音不正常、有异味或转不动时，立即断

### 提示

电检查。如未发现问题，可测量三相电流是否平衡，电流大的一相可能是绕组短路；电流小的一相可能是多路并联绕组中的支路断路。若三相电流平衡，可使电动机继续运行 1~2h，随时用手检查铁心部位及轴承端盖，发现烫手，立即停车检查。如线圈过热，则是绕组短路；如铁心过热，则是绕组匝数不够，或铁心硅钢片间的绝缘损坏。以上检查均在电动机空载状态下进行。

通过上述检查，确认电动机内部有问题，就可按照异步电动机的拆卸步骤拆开电动机做进一步检查。电动机的检查方法见表 4-9。

表 4-9　电动机的检查方法

| 检查部位 | 检查方法和内容 |
| --- | --- |
| 绕组部分 | 查看绕组端部有无积尘和油垢，查看绕组绝缘、接线及引出线有无损伤或烧伤。若有烧伤，烧伤处的颜色会变成暗黑色或烧焦，有焦臭味。再查看导线是否烧断，和绕组的焊接处有无脱焊、虚焊现象 |
| 铁心部分 | 查看转子、定子表面有无擦伤的痕迹。若转子表面只有一处擦伤，这大都是由于转子弯曲或转子不平衡造成的；若转子表面一周全都有擦伤的痕迹，定子表面只有一处伤痕，这是由于定子、转子不同心造成的，造成不同心的原因是机座或端盖止口变形或轴承严重磨损使转子下落；若定子、转子表面均有局部擦伤痕迹，是由上述两种原因共同引起的 |
| 轴承部分 | 查看轴承的内、外套与轴颈和轴承室配合是否合适，同时也要检查轴承的磨损情况 |
| 其他部分 | 查看风扇叶是否损坏或变形，转子端环有无裂痕或断裂，再用短路测试器检查导条有无断裂 |

2. 定子绕组的故障排除

常见的定子绕组故障有绕组断路、绕组接地、绕组短路及绕组接错、嵌反等。

（1）绕组接地的检查与修理　电动机定子与铁心或机壳间因绝缘损坏而相碰，称为接地故障。造成这种故障的原因有受潮、雷击、过热、机械损伤、腐蚀、绝缘老化、铁心松动或有尖刺，以及绕组制造工艺不良等。绕组接地的具体检查见表 4-10。

表 4-10　绕组接地的具体检查

| 检查方法 | 检查内容 |
| --- | --- |
| 用绝缘电阻表检查 | 将绝缘电阻表的两个出线端分别与电动机的绕组和机壳相连，以 120r/min 的速度摇动绝缘电阻表手柄，若所测的绝缘电阻值在 0.5MΩ 以上，说明被测电动机绝缘良好；在 0.5MΩ 以下或接近零，说明电动机绕组已受潮，或绕组绝缘很差。如果被测绝缘电阻值为"0"，同时有的接地点还会发出放电声或微弱的放电现象，则表明绕组已接地；如时指针摇摆不定，说明绝缘已被击穿 |
| 用校验灯检查 | 拆开各绕组间的连接线，用 36V 白炽灯与 36V 电压串联，逐一检查各相绕组与机座的绝缘情况，若白炽灯发亮，说明该绕组接地；否则，说明绕组绝缘良好；白炽灯微亮，说明绕组已被击穿，如下图所示 |

（续）

| 检查方法 | 检查内容 |
| --- | --- |
| 用校验灯检查 | 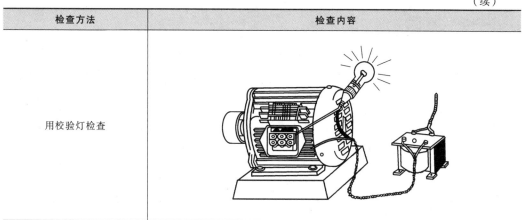 |

修理方法：如果接地点在槽口或槽底接口处，可用绝缘材料垫入线圈的接地处，再检查故障是否已经排除，如已排除则可在该处涂上绝缘漆，再进行烘干处理。如果故障在槽内，则需更换绕组或用穿绕修补法进行修复。

（2）绕组绝缘电阻很低的检修可将该绕组的表面擦抹及吹刷干净，然后放在烘箱内慢慢烘干，当烘到绝缘电阻达到上升到 $0.5M\Omega$ 以上时，再给绕组浇一层绝缘漆，并重新烘干，以防回潮。

（3）绕组断路的检查与修理 电动机定子绕组内部连接线、引出线等断开或接头处松脱所造成的故障称为绕组断路故障。这类故障多发生在绕组端部的槽口处，检查时可先检查各绕组的连接线处和引出头处有无烧损、焊点松脱和熔化现象。

1）绕组断路的检查。绕组断路的检查见表 4-11。

表 4-11 绕组断路的检查

| 检查方法 | 检查内容 |
| --- | --- |
| 用万用表检查 | 将万用表置于 $R×1$ 或 $R×10$ 档上，分别测量三相绕组的直流电阻值。对于单线绕制的定子绕组而言，则电阻值为无穷大或接近该值时，说明该相绕组断路。如无法判定断路点时，可将该绕组中间连接点处剖开绝缘，进行分段测试，如此逐段缩小故障范围，最后找出故障点<br><br>并联星形联结　　　　　并联三角形联结 |
| 用校验灯检查 | 使用时将白炽灯与干电池串联在一起，将校验灯一端与某相绕组的首端接上，另一端与此组的尾端接上，如果灯亮，表示此相绕组无断路；灯灭，则表示电路不通，有断路存在<br>采用校验灯检查时，对于三角形联结绕组应拆开一个端口，才能测出各相的断路，对于星形联结绕组可以直接测试。另外，两根以上并绕的绕组，如果只断开一根导线，用试灯法不易检查出断路，这时应采用电桥法测量每相绕组的直流电阻，如果有一相偏大，大于 2% 以上，可能这一相绕组的并联导线有断路 |

(续)

| 检查方法 | 检查内容 |
|---|---|
| 用校验灯检查 | 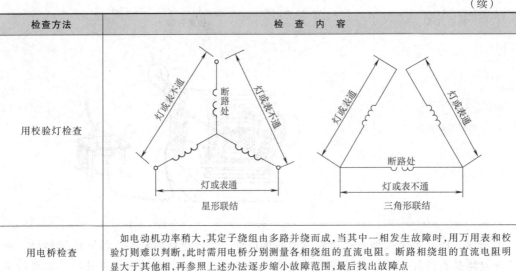 |
| 用电桥检查 | 如电动机功率稍大,其定子绕组由多路并绕而成,当其中一相发生故障时,用万用表和校验灯则难以判断,此时需用电桥分别测量各相绕组的直流电阻。断路相绕组的直流电阻明显大于其他相,再参照上述办法逐步缩小故障范围,最后找出故障点 |

2）修理。

① 局部补修。断路点在端部、接头处,可将其重新接好焊好,包好绝缘并刷漆即可。如果原导线不够长,可加一小段同线径导线绞接再焊。

② 更换绕组或穿绕修补。定子绕组发生故障后,若经检查发现仅个别线圈损坏需要更换,为了避免将其他线圈从槽内翻起而受损,可以用穿绕法修补。穿绕时先将绕组加热到 $80 \sim 100℃$,使绕组的绝缘软化,然后把损坏线圈的槽楔敲出,并把损坏线圈的两端剪断,将导线从槽内逐根抽出。原来的槽绝缘可以不动,另外用一层 6520 聚酯薄绝缘纸卷成圆筒,塞进槽内;然后用与原来的导线规格、型号相同的导线一根一根地在槽内来回穿绕,尽量接近原来的匝数;最后按原来的接线方式接线并焊接之后,进行浸漆干燥处理,如图 4-94 所示。

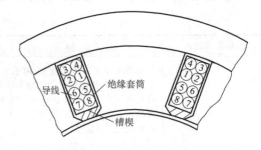

图 4-94　穿绕修补

（4）绕组短路的检查和修理　绕组短路的原因主要是电源电压过高、电动机拖动的负载过重,电动机使用过久或受潮受污造成定子绕组绝缘老化与损坏,从而产生绕组短路故障。定子绕组的短路故障按发生地点划分为绕组对地短路、绕组匝间短路和绕组相与相短路等三种。

1）绕组短路的检查。绕组短路的检查见表 4-12。

表 4-12　绕组短路的检查

| 检查方法 | 检查内容 |
|---|---|
| 直观检查 | 使电动机空载运行一段时间,然后拆开电动机端盖,抽出转子,用手触摸定子绕组。如果有一个或几个线圈过热,则这部分线圈可能有匝间或相间短路故障。也可用眼观察线圈外部绝缘有无变色和烧焦,或用鼻闻有无焦臭气味,如果有,该线圈可能短路 |

（续）

| 检查方法 | 检 查 内 容 |
|---|---|
| 用绝缘电阻表检查相间短路 | 拆开三相定子绕组接线盒中的连接片,分别测量任意两相绕组之间的绝缘电阻,若绝缘电阻值为零或很小,说明该两相绕组相间短路 |
| 用钳形表测三相绕组的空载电流检查匝间短路 | 空载电流明显偏大的一相有匝间短路故障 |
| 用直流电阻法测量匝间短路 | 用电桥分别测量各个绕组的直流电阻,电阻较小的一相可能有匝间短路 |
| 用短路测试器(短路侦察器)检查匝间短路 | 用测空载电流或直流电阻的方法来判断绕组是否有匝间短路,有时准确度不高,可能会出现误判断,而且也不容易判断到底哪个线圈有匝间短路。因此,在电动机检修中常用短路测试器来检查绕组的匝间短路故障 |

 **操作提示**

　　具体操作时,将开口变压器放在有短路线圈外的铁心槽上,在这个线圈的另一个槽口上放置薄钢片（或锯条片）。钢片因短路线圈中电流过大而产生振动,因此根据钢片振动大小和噪声可判断出短路线圈。单层和双层绕组匝间短路检查如图 4-95 和图 4-96 所示。

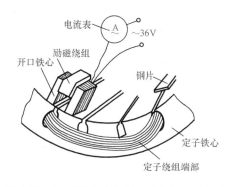

图 4-95　短路测试器检查单层绕组匝间短路

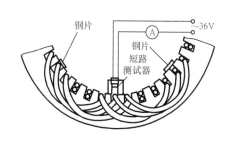

图 4-96　短路测试器检查双层绕组匝间短路

　　2）绕组短路的修理。一般事先不易发现绕组匝间短路故障,往往均是在绕组烧损后才知道,因此遇到这类故障往往需视故障情况,全部或部分更换绕组。

 **操作提示**

　　绕组相间短路故障如发现得早,未造成定子绕组烧损事故时,可以找出故障点,用竹楔插入两线圈的故障处（如插入有困难时可先将线圈加热）,把短路部分分开,再垫上绝缘材料,并加绝缘漆使绝缘恢复。如已造成绕组烧损时,则应更换部分或全部绕组。

3. 转子绕组故障的修理

（1）笼型转子故障的检查与排除　笼型转子的常见故障是断条,断条后的电动机一般能空载运行，但当加上负载后，电动机转速将降低，甚至停转。若用钳形电流表测量三相定子绕组电流时，电流表指针会往返摆动。

断条的检查方法通常有以下两种：

1）用短路测试器测试导条，如图 4-97 所示。

2）导条通电法：转子导条断裂故障一般较难修理，通常是更换转子。

（2）绕线转子故障的检修

1）绕线转子绕组断路、短路、接地等故障的检修与定子绕组故障检修相同。

2）集电环、电刷、举刷和短路装置的检修。检查集电环、电刷、举刷和短路装置接触是否良好，是否存在变阻器断路、引线接触不良等。

① 集电环的检修。如图 4-98 所示，铜环表面车光，铜环紧固，使接线杆与铜环接触良好。对铜环短路，可更换破损的套管或更换新的集电环。

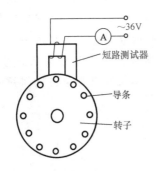

图 4-97　短路测试器测试断条

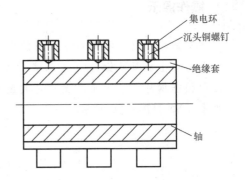

图 4-98　检查集电环、电刷、举刷和短路装置

② 电刷的检修。将电刷的压力调节适当，研磨电刷使之与集电环接触良好或更换同型号的电刷，如图 4-99 所示。

如电刷的引线断了，可采用锡焊、铆接或螺钉连接、铜粉塞填法接好，如图 4-100 所示。

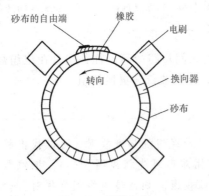

图 4-99　研磨电刷

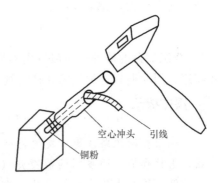

图 4-100　铜粉塞填法

③ 举刷和短路装置的检修。手柄未扳到位时，排除卡阻和更换新的键滑或触头；电刷举、落不到位时，排除机械卡阻故障。

 技能训练1

## 一、训练内容

定子绕组端部断路故障的检修训练。

## 二、工具、仪器仪表及材料（见表4-13）。

表 4-13 工具、仪器仪表及材料

| 序号 | 名称 | 型号与规格 | 单位 | 数量 |
|---|---|---|---|---|
| 1 | 交流异步电动机 | Y160M—4 | 台 | 1 |
| 2 | 故障检修专用工具 | 配套自定 | 套 | 1 |
| 3 | 助手 | 配初级工助手 | 人 | 1 |
| 4 | 起重设备 | 配套自定 | 台 | 1 |
| 5 | 故障排除专用材料、备件及测试仪表 | 配套自定 | 套 | 1 |
| 6 | 电气通用工具 | 验电笔、钢丝钳、螺钉旋具(一字和十字)、电工刀、尖嘴钳、活扳手、剥线钳 | 套 | 1 |
| 7 | 变压器 | 220V/36V | 台 | 1 |
| 8 | 低压校验灯 | 36V | 盏 | 1 |
| 9 | 万用表 | 自定 | 块 | 1 |
| 10 | 绝缘电阻表 | 自定 | 台 | 1 |
| 11 | 圆珠笔 | 自定 | 台 | 1 |
| 12 | 劳保用品 | 绝缘鞋、工作服等 | 套 | 1 |

## 三、评分标准

评分标准见表4-14。

表 4-14 评分标准

| 序号 | 主要内容 | 评分标准 | 配分 | 扣分 | 得分 |
|---|---|---|---|---|---|
| 1 | 调查研究 | 排除故障前不进行调查研究,扣10分 | 10分 | | |
| 2 | 故障分析 | 1. 故障分析思路不够清晰,扣15分<br>2. 确定最小的故障范围,每个故障点扣10分<br>3. 处理方法不正确,每处扣5分 | 30分 | | |
| 3 | 故障排除 | 1. 未找出故障点,扣15分<br>2. 不能排除故障,扣15分<br>3. 排除故障方法不正确,扣10分<br>4. 根据故障情况不会进行电气试验,扣10分 | 50分 | | |
| 4 | 安全文明生产 | 每违反安全与文明生产规定一次,扣5分 | 10分 | | |
| 5 | 备注 | 操作如有失误,要从总分中扣分<br>1. 排除故障时,产生新的故障后不能自行修复,每个故障从总分中扣10分;已经修复,每个故障从本项总分中扣5分<br>2. 损坏电动机,从总分中扣40~100分 | | | |
| 6 | 工时:60min | 不准超时 | 总分 | 100分 | |
| | | | 教师签字 | | |

**四、训练步骤**

1）拆开电动机，将出线盒内的接线片拆下（三角形联结）。

2）用万用表或校验灯检查断路的一相绕组。

3）逐步缩小断路故障范围，最后找出故障所在的线圈。

4）将定子绕组放在烘箱内加热，使线圈的绝缘软化，再设法找出故障点，断路故障一般均发生在线圈之间的连接线处或铁心槽口处。

5）视故障实际情况进行处理。如断路点发生在端部，则可将断路处恢复加焊后再进行绝缘处理；如断路点发生在槽口处或槽内，则一般可拆除故障线圈，用穿绕修补法进行修理或者重新绕制。

6）将绕组及电动机复原。

 **提示**

1）在找到故障点后，应观察故障现象，分析故障原因，然后再行修复。

2）进行锡焊时，应注意锡焊点处不得有毛刺等尖突部位，焊锡不能掉入绕组内。

 **技能训练2**

**一、训练内容**

定子绕组匝间短路故障的检修训练。按工艺规程检修 7.5kW 三相异步电动机，在三相异步电动机定子绕组上设隐蔽故障 1 处。

故障现象：电动机起动后过热。

故障设置：匝间短路。

**二、工具、仪器仪表及材料**

工具、仪器仪表及材料见表 4-13。

**三、评分标准**

评分标准见表 4-14。

**四、训练步骤**

1）询问故障现象为电动机起动后过热，分析故障原因可能是：

① 电源电压过大或三相电压相差过大，以致电流增大。

② 电动机过载。

③ 电源一相断路或定子绕组一相断路，造成电动机断相运行。

④ 定子绕组局部短路、相间短路、绕组通地。

⑤ 转子与定子相擦。

2）对上述分析原因进行逐一排查，经检查电源电压正常，负载正常；在停电情况下，用手转动转子，运转灵活；确定故障可能是定子绕组局部断路或短路。

3）按电动机拆卸步骤拆开电动机，在助手的帮助下，用起吊设备取出转子和端盖，拆开接线盒内的连接片和电源连接线。

4）用绝缘电阻表测量相间绝缘电阻，若某两相绝缘电阻为零，则该两相间短路。

5）将定子绕组烘焙加热至绝缘软化，拆开一相绕组各线圈的连接处，用淘汰法找出与另一相绕组短路的线圈。

6）将36V电源与白炽灯串联后，一端接故障线圈的一个端点，另一端接另一相绕组的一个端点，若灯亮则故障就在该处。

7）用画线板轻轻拨动故障线圈的前、后端部，当拨到某一点时，灯光闪动，该点就是相间短路点。

8）用复合青壳纸做相间绝缘材料垫在故障点处，恢复相间绝缘。

9）用校验灯和绝缘电阻表复检，校验灯完全熄灭，故障部位的绝缘电阻应大于 0.5MΩ。

10）将各接线点恢复并包扎整形。

11）在故障处刷涂或浇铸绝缘漆后烘干。

12）重新装配电动机。

13）对电动机进行修复后的有关试验，如直流电阻的测量、绝缘电阻的测量、转速试验，用钳形表检查三相电流和空载试验等，合格后校验。

① 绝缘电阻的测定。主要测定各绕组间及各绕组与地间冷态绝缘电阻。对于500V以下的电动机，绝缘电阻不应低于1MΩ。

② 直流电阻的测定。直流电阻的测定一般在常温下进行。绕组电阻可采用惠斯通电桥测量，所测各相电阻偏差与其平均值之比不得超过5%。

③ 耐压试验。电动机定子绕组相与相之间及每相与机壳之间经过绝缘处理后，应能承受一定的电压而不击穿称为耐压。对绕线转子电动机而言，还包含转子绕组相与相之间及相与地之间的耐压。耐压试验的目的是考核各相绕组之间及各相绕组对机壳之间的绝缘性能的好坏，以确保电动机的安全运行及操作人员的人身安全。

**🔧 操作提示**

> 耐压试验一般在单相工频耐压试验机上进行，试验电压种类为工频交流。对1kW以下电动机，试验电压有效值为 $500V+2U_N$；对额定电压为380V、功率在1~3kW 的试验电压值为1500V；额定功率在3kW以上的试验电压值为1760V。试验时，电动机处于静止状态。定子做耐压试验时，绕线转子电动机的转子绕组应接地。试验电压一般从零逐步升高到规定值，并保持1min，再逐步减小到零，以不发生击穿或闪弧为合格。试验时必须注意人身安全，试验结束，被测试件必须放电后才能接触。
>
> 试验中常见的击穿原因有：长期停用的电动机受潮，电动机绕组间接线时接错，长期过载运行、过电压运行，没经过烘干处理，绝缘老化损坏。

④ 空载试验。经上述检查合格的电动机，方可进行空载试验，空载运行时间为30min，主要为了确定空载电流和空载损耗。另外，还应测量三相电流是否平衡，其偏

差不应超过 10%。如空载电流过大，则可能是定转子之间的气隙超出允许值，或是装配质量差所致；如空载电流过小，则可能是绕组匝数过多，绕组连接有误等。空载试验时，应仔细观察电动机运行情况，监听有无异常声音，电动机是否过热，轴承的运转是否正常等。绕线转子电动机还应检查电刷有无火花及过热现象。

## 提示

1. 定子绕组是多路并联的，要拆开各并联支路。

2. 使用短路测试器时，应先将其铁心放在定子铁心上后再接通电源进行操作。

3. 用画线板拨动故障线圈的动作要轻，不要碰伤绕组，以防故障范围的扩大。

## 课后练习

1. 简述三相异步电动机的工作原理。

2. 三相电动机安装的步骤有哪些？

3. 如何安装电动机的传动装置？

4. 安装电动机的操作开关和熔断器时应注意哪些问题？

5. 电动机的电源线的敷设有哪些要求？

6. 电源频率 $f_1 = 50\text{Hz}$，额定转差率 $s = 0.04$，分别求 2 极、4 极、6 极三相异步电动机的同步转速。

7. 有一台三相异步电动机的磁极数为 4，额定转速为 1440r/min，接入频率为 $f_1 = 50\text{Hz}$ 电源上，求其同步转速 $n_1$、转差率 $s$。

8. 笼型异步电动机和绕线转子异步电动机在结构上有哪些相同点和不同点？

9. 如何拆卸带轮？

10. 如何拆卸风罩和风叶？

11. 如何拆卸轴承？

12. 简述三相异步电动机的功率转换过程。

13. 三相笼型异步电动机在起动时起动电流很大，但起动转矩并不大，这是什么原因？

14. Y-160M-2 型三相异步电动机额定功率是 11kW，额定转速 $n_N = 2930\text{r/min}$，试求其额定转矩。

15. 为什么三相异步电动机的额定转矩 $T_N$ 比最大转矩 $T_m$ 小得多？能否将额定转矩值取得接近于最大转矩值？

16. Y—90L—6 三相异步电动机额定功率 $P_N = 1.1\text{kW}$，额定转速 $n_N = 910\text{r/min}$，$\lambda_{st} = \dfrac{T_{st}}{T_N} = 2$，$\lambda = \dfrac{T_m}{T_N} = 2.2$，试求 $s$、$T_{st}$、$T_m$。

17. 某台三相异步电动机额定功率 $P_N = 2.8\text{kW}$，额定转速 $n_N = 1430\text{r/min}$，堵转转

矩倍数为 1.9，当电源电压降为额定值的 85%时，堵转转矩为多大？

18. 某台三相异步电动机 $T_N = 70.2N \cdot m$，堵转转矩倍数为 1.8，负载转矩 $T_L = T_N$，当电源电压降为额定电压的 80%时，电动机能否起动？

19. 三相异步电动机 $\curlyvee$-$\triangle$ 减压起动时的特点有哪些？适用于哪些场合？

20. 三相异步电动机自耦变压器减压起动时的特点有哪些？适用于哪些场合？

21. 简述三相绕线异步电动机串子串频敏变阻器减压起动的原理？

22. 一台 20kW 的三相异步电动机，其起动电流与额定电流之比为 6:5，变压器容量为 5690kV·A，试问能否全压起动？另有一台 75kW 的三相异步电动机，其起动电流与额定电流之比为 7:1，试问能否全压起动？

23. 简述三相异步电动机改变磁极对数调速的特点。

24. 简述绕线转子异步电动机转子串电阻调速的特点。

25. 为什么风机类负载用的笼型异步电动机可采用调电源电压调速？当电动机拖动恒转矩负载时能否用此法调速？为什么？

26. 比较三相异步电动机三种电气制动的特点及适用场合。

27. 负载倒拉反接制动与再生制动有什么联系与区别？

28. 造成绕组接地故障的原因有哪些？

29. 如何检查接地故障？

30. 如何检查绕组断路的故障？

31. 绕组短路故障产生的原因有哪些？如何检查绕组短路故障？

32. 分析接通电源后，电动机不能起动或有异响的原因。

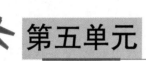

第五单元

# 单相异步电动机及其维修

　　单相异步电动机是利用单相电源供电的一种小容量交流电动机。它具有结构简单、运行可靠、维修方便等优点，特别是可以直接用 220V 交流电源供电，所以得到广泛应用。但单相异步电动机与同容量的三相异步电动机相比，体积较大，运行性能较差，效率较低，因此，一般只制成小型和微型系列，容量一般在 1kW 之内，主要用于驱动小型机床、离心机、压缩机、泵、风扇、洗衣机和冷冻机等。

## 任务一　单相异步电动机的装配

1. 熟悉单相异步电动机的结构。
2. 掌握单相异步电动机的工作原理。
3. 了解单相异步电动机的铭牌及分类。

一、单相异步电动机的结构

1. 普通单相异步电动机的结构

普通单相异步电动机的外形与内部结构如图 5-1 所示。

单相异步电动机的结构与一般小型三相笼型异步电动机相似。

　　（1）定子　定子由定子铁心、定子绕组和机座组成。

　　1）定子铁心：也是用硅钢片叠压而成的。

　　2）定子绕组：铁心槽内放置有两套绕组：一套是主绕组，也称工作绕组；另一套是副绕组，又称起动绕组，如图 5-2 所示。

单相异步电动机装配

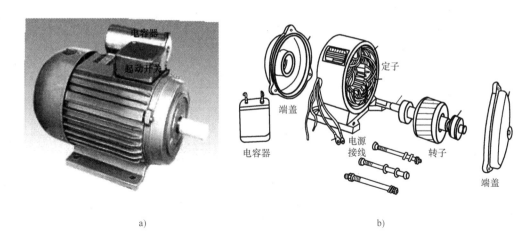

a)　　　　　　　　　　　　　　　　　　　b)

图 5-1　单相异步电动机的外形与内部结构

a）外形　b）内部结构

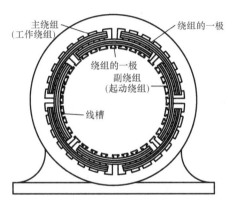

图 5-2　工作绕组和起动绕组的分布

 **提示**

> 　　为使单相异步电动机能自行旋转起来，将单相异步电动机的定子进行了特殊设计，在定子中加上一个起动绕组，起动绕组与工作绕组在空间上相差 90°。

3）机座：也是用铸铁或铝铸造而成，它能固定铁心和支持端盖。

（2）转子　单相异步电动机转子与三相异步电动机笼型转子相同，采用笼型结构。

（3）其他附件　包括端盖、轴承、轴承端盖和风扇等。

（4）起动元件　包括电容器或电阻器。

（5）起动开关

1）离心式起动开关。离心开关是较常用的起动开关，一般安装在电动机端盖边的转子上。当电动机转子静止或转速较低时，离心开关的触头在弹簧的压力下处于接通位置；当电动机转速达到一定值后，离心开关中的重球产生的离心力大于弹簧的弹力，则重球带动触头向右移动，触头断开。离心式起动开关结构如图 5-3 所示。

2）起动继电器。起动继电器主要用于专用电动机上，如冰箱压缩电动机等，有电

流起动型和电压起动型两种类型。电流
起动型继电器电动机起动电路图如图
5-4所示，继电器的线圈与工作绕组串
联，电动机起动时工作绕组电流大，继
电器动作，触头闭合，接通起动绕组。
随着转速上升，工作绕组电流减少，当
起动继电器的电磁引力小于继电器铁心
的重力及弹簧反作用力时，继电器复
位，触头断开，切断起动绕组。电压起
动型继电器电动机起动电路图如图 5-5
所示。

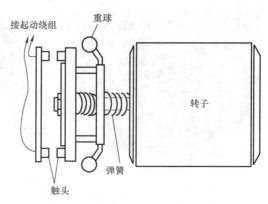

图 5-3　离心式起动开关结构图

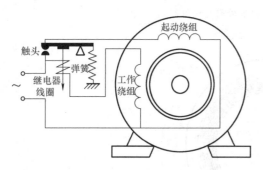

图 5-4　电流起动型继电器电动机起动电路图

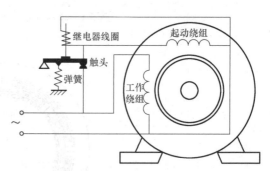

图 5-5　电压起动型继电器电动机起动电路图

3）PTC 元件。如图 5-6 所示，PTC 元件是一种正温度系数的热敏电阻，"通"至
"断"的过程即为低阻态向高阻态转变的过程。一般电冰箱、空调压缩机用的 PTC 元
件，体积只有"贰分"硬币大小。其优点是：无触头、无电弧，工作过程比较安全、
可靠，安装方便，价格便宜；缺点是不能连续起动，两次起动的间隔为 3~5min。低阻
态时电阻为几欧至几十欧，高阻态时电阻为几十千欧。

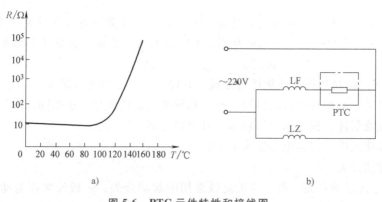

图 5-6　PTC 元件特性和接线图

a）PTC 元件特性　b）接线图

2. 单相罩极异步电动机结构

单相罩极电动机的转子一般为笼型转子，定子铁心有两种结构，分别是凸极式或隐

极式，一般采用凸极结构，如图 5-7 所示。其外形是一种方形或圆形的磁场框架，磁极突出，凸极中间开一个小槽，用短路铜环罩住 1/3 磁极面积。短路环起辅助绕组作用，而凸极磁极上集中绕制的工作绕组则起主绕组作用。

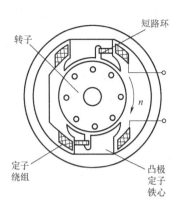

图 5-7　单相罩极电动机的凸极结构

### 二、单相异步电动机的原理

在第四单元中曾讲到，向三相绕组通入三相对称交流电，则在定子与转子的气隙中会产生旋转磁场。当电源一相断开时，电动机就变成了单相运行（也称为两相运行），气隙中产生的是脉动磁场。

单相异步电动机工作绕组通入单相交流电时，产生的也是一个脉动磁场，脉动磁场及其分解如图 5-8a 所示，脉动磁场的磁通大小随电流瞬时值的变化而变化，但磁场的轴线空间位置不变，因此磁场不会旋转，当然也不会产生起动转矩。但我们可以应用矢量分解的方法，把这个磁场分成两个大小相等（$B_1 = B_2$）、旋转方向相反的旋转磁场。从图 5-8b 中看出：在 $t_0$ 时刻，$B_1$、$B_2$ 正处在反向位置，矢量合成为零；在 $t_1$ 时刻，$B_1$ 顺时针旋转 45°，$B_2$ 逆时针旋转 45°，矢量合成为 $\sqrt{2}B_1$；在 $t_2$ 时刻，$B_1$、$B_2$ 又各转了 45°，相位一致，矢量合成为 $2B_1$，如此继续旋转下去，两个正、反向旋转的磁场就合成了时间上随正弦交流电变化的脉动磁场。

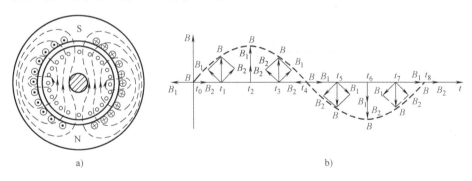

图 5-8　单相脉动磁场及其分解

a）单相脉动磁场　b）单相脉动磁场的分解

脉动磁场分解成两个大小相等（$B_1 = B_2$）、旋转方向相反的旋转磁场，这两个旋转磁场产生的转矩曲线如图 5-9 中的两条虚线所示。转矩曲线 $T_1$ 是顺时针旋转磁场产生的，转矩曲线 $T_2$ 是逆时针旋转磁场产生的。在 $n=0$ 处，两个转矩大小相等、方向相反，合转矩 $T=0$；在 $n \neq 0$ 处，两个转矩大小不相等、方向相反，但合转矩 $F \neq 0$。从图 5-9 中还可以看出，转矩曲线 $T_1$ 和 $T_2$ 是以原点对称的，它们的合转矩 $T$ 是用实线画的曲线，说明单相绕组产生的脉动磁场是没有起动力矩的，但起动

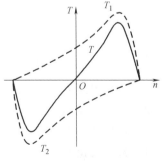

图 5-9　两个旋转磁场
产生的转矩曲线

后电动机就有转矩了，电动机正反向都可转，方向由所加外力方向决定。

 **提示**

脉动磁场分解成两个以相同转速、旋转方向相反的旋转磁场，当转子静止时，这两个旋转磁场在转子中产生两个大小相等、方向相反的转矩，使得合成转矩为零，所以电动机无法旋转。所以单相异步电动机的关键问题是解决起动问题。

### 三、铭牌及分类

**1. 铭牌**

单相异步电动机的铭牌如图 5-10 所示。

单相双值电容异步电动机

| 型 号 | YL90S2 | 出厂编号 | 340 |
|---|---|---|---|
| 额定转速 | 2800r/min | 额定功率 | 1500W |
| 额定电压 | 220V | 额定频率 | 50Hz |
| 额定电流 | 9.44A | 电 容 值 | 35μF/150V |
| 防护等级 | IP44 | 绝缘等级 | B级 |
| 接线方式 | | 出厂日期 | 1995年1月 |

××××电机厂制造

图 5-10　单相异步电动机铭牌

（1）型号　型号举例如下：

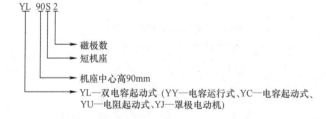

（2）额定值

1）额定电压 $U_N$（V）：指额定运行时，规定加在定子绕组上的电压。

2）额定电流 $I_N$（A）：指额定运行时，规定加在定子绕组上的电流。

3）额定功率 $P_N$（W）：指额定运行时，电动机的输出功率。

4）额定转速 $n_N$（r/min）：指额定运行时，电动机的转子转速。

5）额定频率 $f$（Hz）：指规定的电源频率。

2. 单相异步电动机的分类

**提示**

　　单相异步电动机根据获得起动转矩的方法不同，结构也存在较大差异，主要分为分相式异步电动机和罩极式异步电动机。

按起动和运行方式可分为五类（见表5-1）：

1）单相电容运行式异步电动机，常用于家用小功率设备中或各种家用电器，如电风扇、吸尘器等中。

2）单相电容起动式异步电动机，常用于小型空气压缩机、洗衣机、空调器等。

3）单相电阻起动式异步电动机，常用于电冰箱、空调器压缩机中。

4）单相双电容起动式异步电动机，这种电动机有较大的起动转矩，广泛用于小型机床设备。

5）单相罩极异步电动机，主要适用于小功率空载起动场合，如计算机散热风扇、仪表风扇、电唱机等。

表 5-1　单相异步电动机的分类

| 序号 | 分类 | 图　片 |
|------|------|--------|
| 1 | 单相电容运行式异步电动机 | 功率在300W以上　　　　功率在300W以下 |
| 2 | 单相电容起动式异步电动机 | |
| 3 | 单相双电容起动式异步电动机 | |

（续）

| 序号 | 分类 | 图　片 |
|---|---|---|
| 4 | 单相电阻起动式异步电动机 |   |
| 5 | 单相罩极异步电动机 |   |

## 四、单相异步电动机的用途

单相异步电动机的用途见表 5-2。

表 5-2　单相异步电动机的用途

| 图片 | 电动机图片 | 用　途 |
|---|---|---|
|  　吊扇 |  | 吊扇电动机 |
|  　转叶扇 |  | 转叶扇电动机 |

（续）

| 图　片 | 电动机图片 | 用　途 |
|---|---|---|
|  <br>空调器 |  | 空调器压缩机（内置电动机） |
|  <br>鼓风机 |  | 吸尘器 |
|  <br>洗衣机 |  | 洗衣机的电动机 |
|  <br>机床设备 |  | 机床用电动机 |

 技能训练

一、训练内容

单相异步电动机的拆装。

二、工具、仪器仪表及材料

1）电工工具1套（验电笔、一字和十字螺钉旋具、钢丝钳、尖嘴钳、斜口钳、剥线钳、电工刀等）。拆装、接线、调试的专用工具。

2）仪表　万用表1块、绝缘电阻表1台。

3）单相异步电动机1台。

三、评分标准

评分标准见表5-3。

表 5-3　评分标准

| 序号 | 主要内容 | 评分标准 | 配分 | 扣分 | 得分 |
|---|---|---|---|---|---|
| 1 | 拆装前的准备 | 1. 考核前未将所需工具、仪器仪表及材料准备好，缺少一件扣2分<br>2. 拆除电动机电源电缆头及电动机外壳保护接地工艺不正确，电缆头没有保护措施，扣5分<br>3. 拉联轴器的方法不正确，扣5分 | 10分 | | |
| 2 | 拆卸 | 1. 拆卸方法和步骤不正确，每次扣5分<br>2. 碰伤绕组，扣10分<br>3. 损坏零部件，每次扣5分<br>4. 装配标记不清楚，每处扣5分（扣完为止） | 30分 | | |
| 3 | 装配 | 1. 装配步骤方法错误，每次扣5分<br>2. 碰伤绕组，扣10分<br>3. 损伤零部件，每次扣5分<br>4. 轴承清洗不干净、加润滑油不适量，每只扣5分<br>5. 紧固螺钉未拧紧，每只扣3分<br>6. 装配后转动不灵活扣5分（扣完为止） | 30分 | | |
| 4 | 接线 | 1. 接线不正确，扣5分<br>2. 接线不熟练，扣2分<br>3. 电动机外壳接地不好，扣3分 | 10分 | | |
| 5 | 电气测量 | 1. 测量电动机绝缘电阻不合格，扣5分<br>2. 不会测量电动机的电流、转速，每项扣5分 | 10分 | | |
| 6 | 安全文明生产 | 每违反安全与文明生产规定一次扣5分 | 10分 | | |
| 7 | 工时：180min | 不准超时 | 总分　100分 | | |
| | | | 教师签字 | | |

四、训练步骤

（1）操作准备

1）必须断开电源，拆除电动机与外部电源的连接线。

2）检查拆卸电动机的专用工具是否齐全。

3）做好相应的标记和必要的数据记录。

在带轮或联轴器的轴伸端做好定位标记，测量并记录联轴器或带轮与轴台间的距离。在电动机机座与端盖的接缝处做好标记。

（2）单相双电容起动式异步电动机的拆卸步骤（见表5-4）

表5-4　单相双电容起动式异步电动机的拆卸步骤

| 序号 | 步骤 | 示意图 | 相关描述 |
|---|---|---|---|
| 1 | 拆卸带轮 | | 用拉具和扳手（或管钳）将带轮取下 |
| 2 | 取出键楔 | | 用一字螺钉旋具将键楔朝槽口方向撬起卸下 |
| 3 | 拆卸风扇防护罩 | | 待风扇防护罩的4枚螺钉取下后将防护罩取下 |
| 4 | 拆卸风扇 | | 在风扇套管上的螺钉松开取下后沿轴方向往外用力将风扇取下 |

（续）

| 序号 | 步骤 | 示意图 | 相关描述 |
|------|------|--------|----------|
| 5 | 拆卸后端盖与转子 |  | 用扳手将后端盖的 4 枚螺钉取下，然后用胶锤或木槌在前端盖处敲击转轴使后端盖松脱 |
| 6 | 取出后端盖与转子 |  | 待后端盖松脱后用双手握紧后端盖小心地将后端盖连同转子取出。在此过程中，要注意别碰着定子绕组以免损伤绕组线圈 |
| 7 | 分离后端盖与转子 | 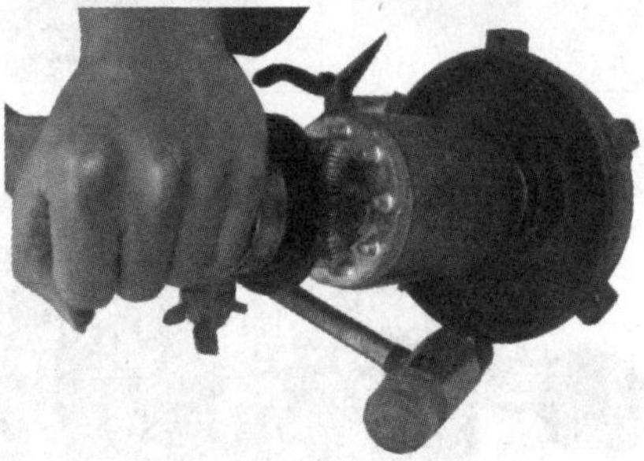 | 用胶锤均匀地敲击后端盖的周围使后端盖从后轴承上脱落下来 |
| 8 | 拆卸后的后端盖与转子 |  | 待后端盖和转子分离后，认真地观察它们的结构，特别是结合相关理论知识观察转子导体结构。同时留意在前端轴承与笼型转子间有个离心重锤机构，它是在转子速度达到一定后靠重锤的离心力作用推开常闭的起动开关将起动电容 $C_2$ 断开 |

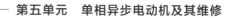

（续）

| 序号 | 步骤 | 示意图 | 相关描述 |
|------|------|--------|----------|
| 9 | 拆卸前端盖 |  | 待前端盖的 4 枚螺钉取下后将前端盖连同起动开关拆卸下来 |
| 10 | 研究起动开关的工作原理 |  | 起动开关与接线盒中V1V2 端子相连接，是常闭触头 |
| 11 | 测量工作绕组的直流电阻 | 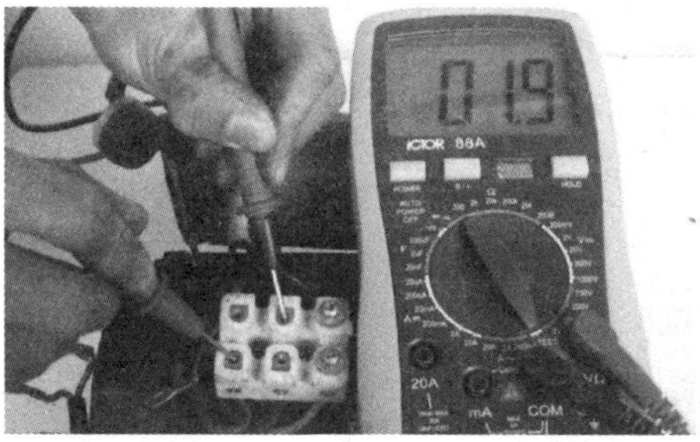 | 用万用表测量工作绕组的直流电阻（接线盒中U1 和 U2 端子），图中测得工作绕组的直流电阻为 1.9Ω |
| 12 | 测量起动绕组的直流电阻 | 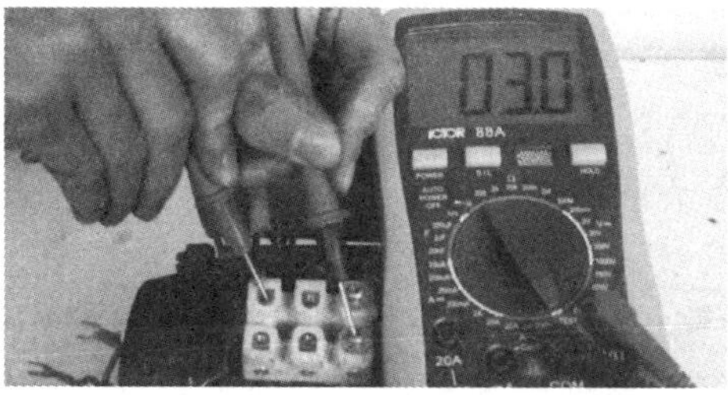 | 用万用表测量起动绕组的直流电阻（接线盒中Z1 和 Z2 端子），图中测得工作绕组的直流电阻为 3.0Ω |

（续）

| 序号 | 步骤 | 示意图 | 相关描述 |
|------|------|--------|----------|
| 13 | 测试起动开关 | | 用万用表测试起动开关（接线盒中 V1 和 V2 端子），经测试，起动开关是常闭触头 |
| 14 | 绘制原理图 | | 参照以上测量和铭牌上标识内容绘制出该电动机的电气原理图并进行工作原理分析，同时写出其工作原理 |

**提示**

单相电动机的拆卸工序要点

（1）首先拆开电动机的外部连接件，要随拆随标出工作、起动绕组引出线端头和起动绕组所串接的起动元件，如电容器，做好记录，然后，将电动机地脚螺栓松开。

（2）先将连接件上的销钉、紧固螺钉等拆下来，然后用专用工具将电动机的连接件（带轮、联轴器或齿轮等）松开。

（3）拆卸未装离心开关或其他起动元件端的端盖，松开端盖螺钉，可把带有离心开关的端盖连同离心开关和转子一起抽出来。抽出前，要将起动绕组和离心开关接线标清楚。在抽出转子时，要防止撞伤定子绕组。

（4）拆卸滚动轴承时，采用专用工具将轴承从转轴上拆下来。

（3）装配步骤　将各零部件清洗干净，并检查完好后，按与拆卸步骤相反的步骤进行装配。单相异步电动机的装配步骤见表5-5。

表 5-5　单相异步电动机的装配步骤

| 序号 | 步骤 | 示　意　图 | 相关描述 |
|---|---|---|---|
| 1 | 安装前端盖 | | 　　在安装前端盖时应注意：<br>　1) 要使前端盖对准机座的原位进行安装,切莫错位<br>　2) 端盖位置对准后用胶锤敲击端盖的周围使之紧密地镶进机座<br>　3) 别将端盖上的轴承弹片丢失 |
| 2 | 安装转子与后端盖 | | 　　先将后端盖套进转轴的后轴承,然后将后端盖连同转子水平地塞进机座 |
| 3 | 固定转子与后端盖 | | 　　待转子与后端盖基本对准原位后,一手在前端盖侧拖住转轴,另一手用胶锤敲击后端盖使之嵌入机座,然后用 4 枚螺钉固定后端盖 |
| 4 | 测试转轴灵活性 | | 　　待端盖安装好后用手旋转转轴看看转轴是否能灵活转动。如果转动不灵活,可能是端盖偏位或个别螺钉未拧紧,应重新将端盖螺钉稍微拧松后用胶锤敲击端盖使转轴转动灵活,然后将螺钉锁紧<br>　　注意:在锁紧 4 个螺钉时切勿一步锁紧,而是 4 个螺钉轮流多次用力,同时不停地测试转轴的灵活性 |

（续）

| 序号 | 步骤 | 示　意　图 | 相关描述 |
|------|------|-----------|----------|
| 5 | 测试绕组间及绕组对地绝缘电阻 | | 为了确保电动机重装后能安全正常使用，已经装配好的电动机要进行一次绝缘测试，主要是用绝缘电阻表测量工作绕组与起动绕组间及其各自与外壳间的绝缘电阻值，应大于 5MΩ 以上才可使用。如绝缘电阻较低，则应先将电动机进行烘干处理，然后再测绝缘电阻，合格后才可通电使用 |
| 6 | 电动机试运行 | | 待电动机机械性能与电气性能检查无问题后，要进行试运行测试。按正确的方法接好各端子及电源线后通电试运行，同时用钳形电流表测量运行电流。图中测得其空载电流为 4.88A，对照其额定电流 9.44A，可推测该电动机工作基本正常 |

## 操作提示

单相电动机的装配工序要点

单相电动机的装配与拆卸工序相反，装配前要将各零部件清洗干净，用压缩空气吹净电动机内部杂质，检查转子是否有脏物并清理干净。另外，要检查轴承是否清洗干净，并加入适量润滑剂。电动机的装配要点如下：

1）由于小功率电动机零部件小，结构刚性低，易变形，因此在装配操作受力不当时会使其失去原来精度，影响电动机装配质量，所以在装配时要合理使用工具，用力适当。

2）在装配过程中尽量少用修理工具修理，如刮、砂、锉等操作。因为这些工具会将屑末带入电动机内部，影响电动机零部件的原有精度。

3）转子要做动平衡试验，保证电动机运行寿命长、噪声低、振动小。

4）要注意电刷压力的调整，保证电刷与滑动体的磨合精度并使接触电阻要小。

5）要保证转子的同轴度和端盖安装的垂直度。

6）装配环境要清洁，以防轴承润滑剂中混入磨料性尘埃。有些高精度的产品，要求有一定温度和湿度的装配车间，以及有空调和净化措施（一般要求温度20℃左右，相对湿度小于75%）。

**思考题**

1. 什么叫脉动磁场？产生脉动磁场的条件有哪些？
2. 如何使单相异步电动机产生旋转磁场？
3. 气隙磁场为脉动磁场的单相异步电动机有无起动转矩产生？为什么？
4. 单相罩极异步电动机的工作原理是怎样的？
5. 归纳单相异步电动机的拆卸步骤。
6. 测试绕组间及绕组对地绝缘电阻的标准是如何规定的？

# 任务二　典型单相异步电动机的维护

**学习目标**

1. 掌握电容分相式单相异步电动机的原理及使用方法。
2. 掌握电阻分相式单相异步电动机的原理及使用方法。
3. 掌握罩极式单相异步电动机的原理及使用方法。

**知识解读**

一、电容分相式单相异步电动机

在电动机定子铁心上嵌放两套对称绕组：主绕组（工作绕组）LZ 和副绕组（起动绕组）LF。在起动绕组 LF 中串入电容器以后再与工作绕组并联接在单相交流电源上，经电容器分相后，产生两相相位相差 90°的交流电，如图 5-11a 所示。与三相电流产生旋转磁场一样，两相电流也能产生旋转磁场，如图 5-11b 所示。旋转磁场的转速为 $n_1 = 60f_1/p$。转子在旋转磁场中，感应出电流。感应电流与旋转磁场相互作用产生电磁力，电磁力作用在转子上将产生电磁转矩，并驱动转子沿旋转磁场方向异步转动。

**提示**

两个在时间上相差 90°的电流通入两个在空间上相差 90°的绕组，将会在空间上产生（两相）旋转磁场，在这个旋转磁场作用下，转子就能自行起动。

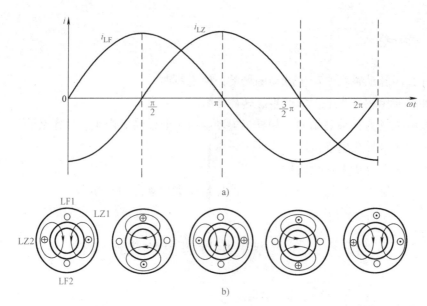

图 5-11  两相旋转磁场的形成

a）相位相差 90°的交流电    b）两机电流产生的旋转磁场

### 1. 单相电容运行式异步电动机

如图 5-12 所示，起动绕组与电容器串联后，再与工作绕组并联接在单相交流电源上。

 **提示**

> 单相电容运行式异步电动机工作时起动绕组也不断电，它实质上已成为一台两相异步电动机。

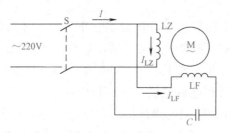

单相电容
运行式异步
电动机结构

图 5-12  单相电容运行式异步电动机电路图

这种电动机常用于各种电风扇、吸尘器等，台扇、吊扇电动机结构图如图 5-13 所示。

**提示**

> 任意改变工作绕组或起动绕组的首端、末端与电源的接线，或将电容器从一组绕组中改接到另一组绕组中（只适用于单相电容运行式异步电动机），即可改变旋转磁场的转向。

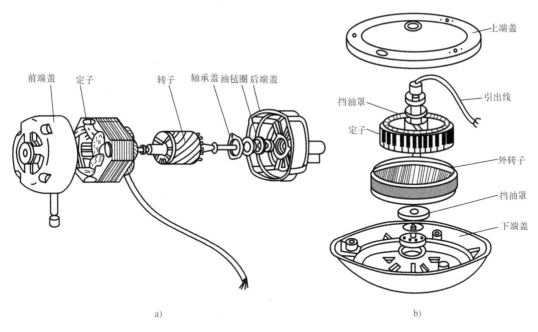

图 5-13　台扇、吊扇电动机结构图

a）台扇电动机　b）吊扇电动机

2. 单相电容起动式异步电动机

如图 5-14 所示，起动绕组与电容器、起动开关串联后，再与工作绕组并联接在单相交流电源上。电动机达到额定转速的 70%～80% 后，起动开关可将起动绕组从电路中断开，起到保护该绕组的作用。

 **提示**

正常运行时仅工作绕组参与工作，电容起动式异步电动机有较大的起动转矩，起动性能好。

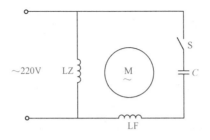

单相电容起式异步电动机组装动画

图 5-14　单相电容起动式异步电动机电路图

这种电动机常用于小型空气压缩机、洗衣机和空调器等。

3. 单相双电容起动式异步电动机

如图 5-15 所示，两只电容并联后与起动绕组串联，起动时两只电容都工作，转速达到 80% 额定转速时，$C_1$ 断开，$C_2$ 工作，使电动机有较高的效率和功率因数。

这种电动机有较大的起动转矩，广泛用于小型机床设备。

二、电阻分相式单相异步电动机

如果将图 5-14 中的电容 $C$ 换成电阻 $R$，就构成电阻分相式单相异步电动机，如图 5-16 所示。

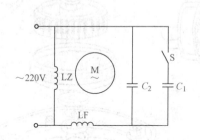

图 5-15　单相双电容
异步电动机电路图

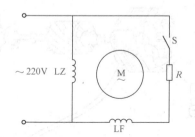

图 5-16　单相电阻起动式
异步电动机电路图

电阻分相式单相异步电动机的定子铁心上也嵌放着两套绕组，即主绕组（工作绕组）LZ 和副绕组（起动绕组）LF。在电动机运行过程中，工作绕组自始至终接在电路中，一般工作绕组占定子总槽数的 2/3，起动绕组占定子总槽数的 1/3。而起动绕组只在起动过程中接入电路，待电动机转速达到额定转速的 70%~80% 时，离心开关 S 将起动绕组从电源上断开，电动机即进入正常运行状态。为了增加起动时流过工作绕组和起动绕组之间电流的相位差（希望为 90° 电角度），通常可在起动绕组回路中串联电阻 $R$ 或增加起动绕组本身的电阻（起动绕组用细导线绕制）。由于起动绕组的导线较细，故流过起动绕组导线的电流密度相应地比工作绕组中的要大，因此，起动绕组只能短时工作，起动完毕必须立即从电源上切除，如超过较长时间仍未切断，就有可能烧损起动绕组，导致整台电动机损坏。

 **提示**

电阻分相式单相异步电动机工作绕组接近纯感性负载，起动绕组又串有电阻，接近纯阻性负载，结果使流入两套绕组的电流相位差小于而接近 90°。

单相电阻起动式异步电动机电路图如图 5-15 所示，起动绕组与电阻、起动开关串联后，再与工作绕组并联接在单相交流电源上。目前广泛采用 PTC 元件替代电阻和起动开关。

这种电动机在电冰箱、空调器压缩机中获得广泛的采用。

三、罩极式单相异步电动机

当给罩极式单相异步电动机励磁绕组内通入单相交流电时，在励磁绕组与短路铜环的共同作用下，磁极之间形成一个连续移动的磁场，好似旋转磁场一样，从而使笼型转子受力而旋转，如图 5-17 所示。

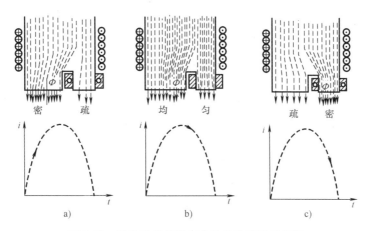

图 5-17　罩极式单相异步电动机中的磁场分布

罩极式单相异步电动机是单相异步电动机中结构最简单的一种，如图 5-18 所示，具有坚固可靠、成本低廉、运行时噪声微小以及干扰小等优点。它一般用于空载起动的小功率场合，如电风扇、仪器用电动机、电动模型及鼓风机等。

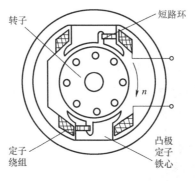

罩极式单相
异步电动机
结构—动画

图 5-18　罩极式单相异步电动机的凸极结构

 **提示**

罩极式单相异步电动机起动转矩较小，转向不能改变。

 **技能训练**

一、训练内容

单相吊扇的维护。

二、工具、仪器仪表及材料

吊风扇、万用表、绝缘电阻表和常用电工工具。

三、评分标准

评分标准见表 5-6。

表 5-6 评分标准

| 序号 | 项目内容 | 评 分 标 准 | 配分 | 扣分 | 得分 |
|---|---|---|---|---|---|
| 1 | 检查电源电压 | 不能测试电源电压或方法错误,扣 10 分 | 10 分 | | |
| 2 | 检查接线 | 检查接线方法错误,扣 10 分 | 10 分 | | |
| 3 | 检查开关、熔断器、起动、传动装置等 | 检查开关、熔断器、起动和传动装置等,每错 1 处扣 3 分 | 15 分 | | |
| 4 | 检查电容器 | 检查电容器方法错误,扣 5 分 | 5 分 | | |
| 5 | 检查定子绕组 | 1. 定子绕组断路故障检查错误,扣 10 分<br>2. 定子绕组短路故障检查错误,扣 10 分<br>3. 定子绕组接地故障检查错误,扣 10 分<br>4. 定子绕组接错或嵌反故障检查错误,扣 10 分 | 40 分 | | |
| 6 | 检查笼型转子 | 笼型转子断条故障检查方法错误,扣 10 分 | 10 分 | | |
| 7 | 安全文明生产 | 每违反安全文明生产规定一次扣 5 分 | 10 分 | | |
| 8 | 工时:120min | 不准超时 | 总分 | 100 分 | |
| | | | 教师签字 | | |

四、训练步骤

1)拆卸吊扇。吊扇外形如图 5-19 所示,电路图如图 5-20 所示。

图 5-19 吊扇外形

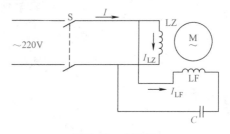

图 5-20 电路图

拆卸步骤如下:

① 切断交流电源。

② 拆下风扇叶。

③ 取下吊扇。

④ 拆除起动电容器,接线端子及风扇电动机以外的其他附件。此时,必须记录下起动电容器的接线方法及电源接线方法。

2)吊扇电动机的拆卸步骤如下:

① 拆除上、下端盖之间的固紧螺钉。

② 取出上端盖。

③ 取出内定子铁心和定子绕组组件。

④ 使外转子与下端盖脱离。

⑤ 取出滚动轴承。

吊扇电动机拆卸后的结构如图 5-21 所示。

3）检查起动电容器的好坏。

4）记录定子绕组绝缘电阻的测定值。

5）滚动轴承的清洗及加润滑油。

6）吊扇装配后的通电试运转。在确认装配及接线无误后可通电试运转，观察电动机的起动情况、转向与转速。如有调速器，可将调速器接入，观察调速情况。

图 5-21 吊扇电动机的拆卸后的结构

五、注意事项

1）在拆除吊扇电源线及电容器时，必须注意记录接线方法，以免出错。

2）拆装吊扇时不可用力过猛，以免损伤零部件。

3）装配好的吊扇在试运转时，必须密切注意吊扇的起动情况、转向及转速，并应观察吊扇的运转情况是否正常，如发现不正常，应立即停电检查。

# 任务三 单相异步电动机的维修

1. 熟悉单相异步电动机反转的方法。
2. 掌握单相异步电动机调速的方法。

一、单相异步电动机的反转

单相异步电动机反转，必须要旋转磁场反转，改变旋转磁场的方法有以下两种。

1. 改变接线

改变接线即把工作绕组或起动绕组中的一组首端和末端与电源的接线对调。因为异步电动机的转向是从电流相位超前的绕组向电流相位落后的绕组旋转的，如果把其中的一个绕组反接，等于把这个绕组的电流相位改变了 180°，若原来这个绕组是超前 90°，则改接后就变成了滞后 90°，结果旋转磁场的方向随之改变。

**2. 改变电容器的连接**

有的单相电容运行式异步电动机是通过改变电容器的接法来改变电动机转向的，如洗衣机需经常正、反转，控制电路如图 5-22 所示。

当定时器开关处于图 5-22 所示位置时，电容器串联在 LZ 绕组上，电流 $I_{LZ}$ 超前于 $I_{LF}$ 相位约 90°；经过一定时间后，定时器开关将电容从 LZ 绕组切断，串联到 LF 绕组，则电流 $I_{LF}$ 超前于 $I_{LZ}$ 相位约 90°，从而实现了电动机的反转。这种单相异步电动机的工作绕组与起动绕组可以互换，所以工作绕组、起动绕组的线圈匝数、粗细、占槽数都应相同。

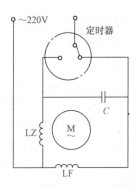

图 5-22　洗衣机电动机的正、反转控制电路

 **提示**

任意改变工作绕组或起动绕组的首端、末端与电源的接线，或将电容器从一组绕组中改接到另一组绕组中（只适用于单相电容运行式异步电动机），即可改变旋转磁场的转向。

因为罩极式单相异步电动机的旋转磁场是根据主磁极和罩极的相对位置来决定的，不能随意控制反转，所以它一般用于不需改变转向的场合。

**二、单相异步电动机的调速**

单相异步电动机和三相异步电动机一样，恒转矩负载的转速调节是较困难的。在风机型负载情况下，调速一般有串电抗器调速、绕组内部抽头调速和晶闸管调速。现将各自的调速原理、特点介绍如下。

**1. 串电抗器调速**

将电抗器与电动机定子绕组串联，利用电抗器上产生的电压降，使加到电动机定子绕组上的电压下降，从而将电动机转速由额定转速往下调。其电路原理如图 5-23 所示。

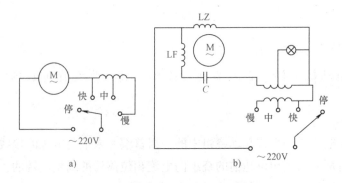

图 5-23　串电抗器调速电路原理图

a）调节整机电压　b）调节起动绕组电压

这种调速方法简单、操作方便；但只能有级调速，且电抗器上消耗电能，目前已基本不用。

**2. 绕组内部抽头调速**

电动机定子铁心嵌放有工作绕组 LZ、起动绕组 LF 和中间绕组 LL，通过开关改变中间绕组与工作绕组及起动绕组的接法，从而改变电动机内部气隙磁场的大小，使电动机的输出转矩也随之改变，在一定的负载转矩下，电动机的转速也变化，其电路原理如图 5-24 所示。

这种调速方法不需电抗器，材料省、耗电少，但绕组嵌线和接线复杂，电动机和调速开关接线较多，且是有级调速。

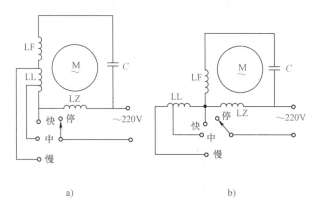

图 5-24　绕组内部抽头调速电路原理图

a）内置抽头　b）外置抽头

**3. 晶闸管调速**

利用改变晶闸管的导通角，来改变加在单相异步电动机上的交流电压，从而调节电动机的转速，其电路原理如图 5-25 所示。

这种调速方法可以做到无级调速，节能效果好，但会产生一些电磁干扰，大量用于风扇调速。

近年来，随着微电子技术及绝缘栅双极晶体管（IGBT）的迅速发展，作为交流电动机主要调速方式的变频调速技术也获得了前所未有的发展。单相变频调速已在家用电器上应用，如变频空调器等，它是交流调速控制的发展方向。

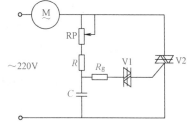

图 5-25　晶闸管调速电路原理图

 **提示**

单相异步电动机的调速方法：改变绕组主磁通调速、改变端电压调速和变频调速。

技能训练

一、训练内容

单相异步电动机的维护及故障排除。

二、工具、仪器仪表及材料

1）电工工具（验电笔、一字和十字螺钉旋具、钢丝钳、尖嘴钳、斜口钳、剥线钳、电工刀等）。

2）仪表：MF30 万用表或 MF47 万用表、T301-A 型钳形电流表、500V 绝缘电阻表；转速表。

3）设备　单相异步电动机 1 台。

三、评分标准

评分标准见表 5-7。

表 5-7　评分标准

| 序号 | 主要内容 | 评 分 标 准 | 配分 | 扣分 | 得分 |
|---|---|---|---|---|---|
| 1 | 电动机的维护 | 测试电动机绝缘电阻不正确,扣 5 分 | 5 分 | | |
| | | 电动机机温检查不正确,扣 5 分 | 5 分 | | |
| | | 机械性能检查不正确,扣 5 分 | 5 分 | | |
| | | 运行中听声音检查不正确,扣 5 分 | 5 分 | | |
| | | 监视机壳是否漏电检查不正确,扣 5 分 | 5 分 | | |
| | | 清洁不彻底,扣 5 分 | 5 分 | | |
| 2 | 调查研究 | 排除故障前不进行调查研究,扣 5 分 | 5 分 | | |
| 3 | 故障分析 | 1. 故障分析思路不够清晰,扣 5 分<br>2. 确定最小的故障范围,每个故障点扣 5 分 | 15 分 | | |
| 4 | 故障排除 | 1. 不找出故障点,扣 15 分<br>2. 不能排除故障,扣 10 分<br>3. 排除故障方法不正确,扣 5 分<br>4. 根据故障情况不会进行电气试验,扣 10 分 | 40 分 | | |
| 5 | 其他 | 1. 排除故障时,产生新的故障后不能自行修复,每个故障从本项总分中扣 10 分;已经修复,每个故障从本项总分中扣 5 分<br>2. 损坏电动机,从本项总分中扣 40 ~ 100 分 | | | |
| 6 | 安全文明生产 | 每违反安全文明生产规定一次扣 5 分 | 10 分 | | |
| 7 | 工时:120min | 不准超时 | 总分 | 100 分 | |
| | | | 教师签字 | | |

四、训练步骤

1. 维护单相异步电动机

 **操作提示**

单相异步电动机使用和维护与三相异步电动机相同，但要注意：

1) 单相异步电动机接线时，需正确区分工作绕组与起动绕组，并注意它们的首、尾端。如果出现标识脱落，则电阻大者为起动绕组。

2) 更换电容器时，电容器的容量与工作电压必须与原规格相同。起动用的电容器应选用专用的电解电容器，其通电时间一般不得超过 3s。

3) 单相起动式电动机，只有在电动机静止或转速降低到使离心开关闭合时，才能采用对其改变方向的接线。

4) 额定频率为 60Hz 的电动机，不得用于 50Hz 电源。否则，将引起电流增加，造成电动机过热甚至烧毁。

维护过程见表 5-8。

表 5-8　维护过程

| 序号 | 维护项目 | 示　意　图 | 过程描述 |
|---|---|---|---|
| 1 | 检查电动机绝缘电阻 |  | 用绝缘电阻表检测单相异步电动机的起动绕组与工作绕组间及各绕组对外壳间的绝缘电阻，应大于 0.5MΩ 才可使用。如绝缘电阻较低，则应先将电动机进行烘干处理，然后再测绝缘电阻，合格后才可通电使用 |
| 2 | 电动机机温检查 |  | 用手触及外壳，看电动机是否过热烫手，如发现过热，可在电动机外壳上滴几滴水，如果水急剧汽化，说明电动机显著过热，此时应立即停止运行，查明原因，排除故障后方能继续使用 |

（续）

| 序号 | 维护项目 | 示　意　图 | 过程描述 |
|---|---|---|---|
| 3 | 机械性能检查 | | 通过转动电动机的转轴，看其转动是否灵活。如转动不灵活，必须拆开电动机，观察转轴是否有积炭、有无变形、是否缺润滑油。如果有积炭，可用小刀轻轻地将积炭刮掉并补充少量凡士林润滑；如果缺润滑油，就补充适量的润滑油 |
| 4 | 运行中听声音 | | 用长柄旋具头，触及电动机轴承外的小油盖，耳朵贴紧旋具柄，细听电动机轴承有无杂音、振动，以判断轴承运行情况。如是均匀的"沙沙"声，说明运转正常；如果有"咝咝"的金属碰撞声，说明电动机缺油；如果有"咕噜咕噜"的冲击声，说明轴承有滚珠被轧碎 |
| 5 | 监视机壳是否漏电 | | 用手摸之前先用验电笔试一下外壳是否带电，以免发生触电事故 |
| 6 | 清洁 | 对拆开的电动机进行清理，先清理掉各部件上所有灰尘和杂物，尤其定子绕组上的积尘，可先用"皮老虎"或空气压缩泵将灰尘吹掉，然后用干布擦掉油污，必要时可沾少量汽油擦净，以不损伤绕组绝缘漆为原则。擦洗完毕，再吹一次 | |

2. 单相异步电动机故障排除

**操作提示**

　　单相异步电动机的检修与三相电动机相类似，即通过听、看、闻、摸等手段，不再详述。根据故障症状推断故障可能部位，并通过一定的检查方法，找出损坏的地方，以便故障排除。

1）单相异步电动机常见故障分析。单相异步电动机的许多故障，如机械构件故障和绕组断线、短路、接地等故障，无论在故障现象和处理方法上都和三相异步电动机相同。但由于单相异步电动机结构上的特殊性，它的故障也与三相异步电动机有所不同，如起动装置故障、起动绕组故障、电容器故障等。单相异步电动机常见故障及原因分析见表 5-9。

表 5-9　单相异步电动机常见故障及原因分析

| 故　障　现　象 | 造成故障的可能原因 |
|---|---|
| 无法起动 | 1. 电源电压不正常<br>2. 电动机定子绕组断路<br>3. 电容器损坏<br>4. 离心开关触头闭合不上<br>5. 转子卡住<br>6. 过载 |
| 起动转矩很小或起动迟缓且转向不定 | 1. 起动绕组断路<br>2. 电容器开路<br>3. 离心开关触头合不上 |
| 电动机转速低于正常转速 | 1. 电源电压偏低<br>2. 绕组匝间短路<br>3. 离心开关触头无法断开，起动绕组未切除<br>4. 电容器损坏(击穿或容量减小)<br>5. 电动机负载过重 |
| 电动机过热 | 1. 工作绕组或起动绕组(电容运转式)短路或接地<br>2. 电容起动式电动机工作绕组与起动绕组相互接错<br>3. 电容起动式电动机离心开关触头无法断开，使起动绕组长期运行 |
| 电动机转动时噪声大或振动大 | 1. 绕组短路或接地<br>2. 轴承损坏或缺少润滑油<br>3. 定子与转子空隙中有杂物<br>4. 电风扇风叶变形、不平衡 |

2）单相异步电动机常见故障的处理。

① 电动机通电后不转，发出"嗡嗡"声，用外力推动后可正常旋转的故障处理方法如下：

a. 用万用表检查起动绕组是否断开。如在槽口处断开，则只需一根相同规格的绝缘线把断开处焊接，加以绝缘处理；如内部断线，则要更换绕组。

b. 对单相电容异步电动机，检查电容器是否损坏。如损坏，更换同规格的电容。

157

**操作提示**

判断电容器是否有击穿、接地、开路或严重泄漏故障方法如下：

将万用表电阻档拨至"×10k"或"×1k"档，用螺钉旋具或导线短接电容两端进行放电后，把万用表两表笔接电容出线端。表针摆动可能为以下情况，如图5-26所示。

① 指针先大幅度摆向电阻零位，然后慢慢返回初始位置——电容器完好。

② 指针不动——电容器有开路故障。

③ 指针摆到刻度盘上某较小阻值处，不再返回——电容器泄漏电流较大。

④ 指针摆到电阻零位后不返回——电容器内部已击穿短路。

⑤ 指针能正常摆动和返回，但第一次摆幅小——电容器容量已减小。

⑥ 把万用表电阻档拨至"×100"档，用表笔测电容器两端接线端对地电阻，若指示为零说明电容器已接地。

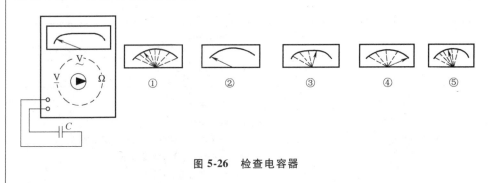

图 5-26　检查电容器

c. 对单相电阻式异步电动机，用万用表检查电阻元件是否损坏。如损坏，同样更换同规格的电阻。

d. 对单相起动式异步电动机，要检查离心开关（或继电器）。如触头闭合不上，可能是有杂物进入，使铜触片卡住而无法动作，也可能是弹簧拉力太松或损坏。处理方法是清除杂物或更换离心开关（或继电器）。

e. 对罩极式单相异步电动机，检查短路环是否断开或脱焊，处理方法是焊接或更换短路环。

② 电动机通电后不转，发出"嗡嗡"声，外力推动也不能使之旋转的故障处理方法如下：

a. 检查电动机是否过载，若过载即减载。

b. 检查轴承是否损坏或卡住，若损坏或卡住，则修理或更换轴承。

c. 检查定、转子铁心是否相擦，若是轴承松动造成，应更换轴承，否则应锉去相擦部位，校正转子轴线。

d. 检查工作绕组和起动绕组接线，若接线错误，重新接线。

③ 电动机通电后不转，没有"嗡嗡"声，外力也不能使之旋转的故障处理方法如下：

a. 检查电源是否断线，恢复供电。

b. 检查进线线头是否松动，重新接线。

c. 检查工作绕组是否断路、短路（与三相异步电动机定子绕组的检查方法相同），找出故障点，修复或更换断路绕组。

 **课后练习**

1. 单相异步电动机产生旋转磁场的条件是什么？

2. 罩极式单相异步电动机的转向可以改变吗？为什么？转速能调节吗？

3. 如何改变单相电容起动式异步电动机的转向？它与单相电容运行式异步电动机的转向改变方法是否相同？

4. 说明单相电容运行式异步电动机的起动原理。

5. 比较单相电容运行式、单相电容起动式、单相电阻起动式异步电动机的运行特点及适用场合。

6. 罩极式单相异步电动机的优缺点有哪些？

7. 对于风机类负载，单相异步电动机的调速方法有哪几种？分别比较其优缺点。

8. 简述单相双电容起动式异步电动机的拆卸步骤。

9. 简述单相异步电动机转速低于正常转速故障的原因。

10. 分析单相异步电动机过热的原因。

11. 简述通电后电动机不转的故障处理方法。

# 第六单元

# 直流电动机及其维修

直流电机是直流发电机与直流电动机的总称。直流电机具有可逆性，既可作发电机运行，也可作电动机运行。作直流发电机运行时，将机械能转变成直流电能输出；作直流电动机运行时，则将直流电能转换成机械能输出。由于大功率半导体整流器件的广泛应用，直流电能的获得基本上靠将交流电通过整流装置变成直流电，而不采用体积大、价格贵的直流发电机发出直流电。

直流电动机与交流电动机相比，虽然结构较复杂，使用维护较麻烦，价格较贵，但由于其具有调速性能好、起动转矩较大等优点，在起重机械、运输机械、冶金传动机构、精密机械设备及自动控制系统等领域均获得了较广泛的应用。随着近些年来交流电动机变频调速技术的迅速发展，在许多领域中直流电动机有被交流电动机取代的趋势。

## 任务一　直流电动机的装配

### 学习目标

1. 掌握直流电动机的原理。
2. 熟悉直流电动机的铭牌与分类。
3. 掌握直流电动机的结构和拆装技能。

一、直流电动机的原理

1. 工作原理

图 6-1 所示为直流电动机的物理模型。图中，N 和 S 是主磁极，它们是固定不动的，abcd 是装在可以转动的圆柱体上的一个线圈，把线圈的两端分别接到两个半圆换向片（合称为换向器）上。圆柱体、线圈和换向片可以一齐转动，这个可以转动的转子称为电枢。换向片上放上固定不动的电刷 A 和 B。通过电刷 A、B 把旋转的电路与外部静止的电源+、−极相连接。

在图 6-1a 所示瞬间，直流电流从电源的"+"极通过电刷 A、换向片 1、线圈边 ab 和 cd，最后经换向片 2 及电刷 B 回到电源的一极。

载流导体 ab 和 cd 在磁场中要受到电磁力（单位为 N）的作用，其大小为

$$F = BlI_a \tag{6-1}$$

式中，$B$ 为磁场的磁感应强度，单位为 $Wb/m^2$；$l$ 为导体的有效长度，单位为 m；$I_a$ 为线圈的电流，单位为 A。

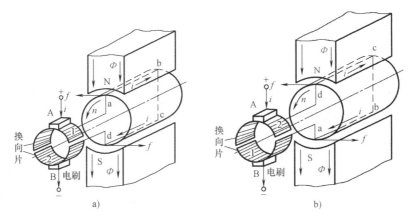

**图 6-1  直流电动机的物理模型图**

a）A 接换相片 1  b）A 接换相片 2

1）ab 导体受到水平向左的力，而 cd 导体受到水平向右的力，此二力同时作用在转子的切线上且大小相等，构成力偶矩，因此转子将逆时针旋转。换向前，N 极下导体的电流向里，S 极下导体的电流向外。

2）cd 导体受到水平向左的力，而 ab 导体受到水平向右的力，此二力同时作用在转子的切线上且大小相等，构成力偶矩，因此转子将逆时针旋转。

换向后，N 极下导体的电流仍然向里，S 极下导体的电流仍然向外。

转子导体受力 $f$ 的方向可应用左手定则确定。导体 ab 中的电流方向为由 a 到 b；导体 cd 中的电流方向由 c 到 d，其受力方向均为逆时针方向。这样就产生一个转矩，称为电磁转矩，如果此电磁转矩能够克服电枢上的阻转矩（例如由摩擦引起的阻转矩以及其他负载转矩），电枢就能按逆时针方向旋转起来。

当电枢转过 90°时，两个线圈边均处于磁通密度为"0"的位置，电刷 A、B 刚好处于换向片 1 与 2 之间的空隙上，线圈中就没有电流流过，转矩便消失。

由于机械惯性的作用，使电枢冲过一个角度，在图 6-1b 所示导体 cd 转到 N 极下，ab 转到 S 极下时，直流电流仍从电刷 A 流入，经换向片 2、cd、ab、换向片 1 后，从电刷 B 流出。这时导体 cd 受力方向变为从右向左，导体 ab 受力方向变为从左向右，产生的电磁转矩的方向未变，仍为逆时针方向……

综上所述，通过换向片与电刷的滑动接触，可以使正电刷 A 始终与经过 N 极面下的导体相连，负电刷始终与经过 S 极面下的导体相连，故电刷之间的电压是直流电，而线圈内部的电流则是交变的，所以换向器是直流电动机中换向的关键部件。通过换向器和电刷的作用，把直流电动机电刷间的直流电流变成线圈内的交变电流，以确保电动机沿恒定方向旋转。

## 提示

　　直流电动机的工作原理：直流电动机在外加电压的作用下，在导体中形成电流，载流导体在磁场中将受到电磁力的作用，由于换向器的换向作用，导体进入异性磁极时，导体中的电流方向相应改变，从而保证了电磁转矩的方向不变，使直流电动机能连续旋转，把直流电能转换成机械能输出。

### 2. 可逆性

　　直流电动机的运行是可逆的。当它作为发电机运行时，外加转矩拖动转子旋转，线圈产生感应电动势，接通负载以后提供电流，从而将机械能转换为电能；当它作为电动机运行时，通电的线圈导体在磁场中受力，产生电磁转矩并拖动机械负载转动，从而将电能变成机械能。

### 二、直流电动机的结构

　　前面所讲的直流电动机的简单模型只是用于说明原理，实际中使用的直流电动机外形结构和内部结构如图 6-2 和图 6-3 所示。要实现机电能量变换，电路和磁场之间必须有相对运动，直流电动机与其他旋转电机一样，具备静止的和转动的两大部分。静止和转动部分之间要有一定大小的间隙（以后称为气隙）。直流电动机的静止部分称为定子，它的主要作用是产生磁场和机械支撑，由主磁极、机座、换向磁极、电刷装置和端盖等组成。转动部分就是转子（电枢），它的作用是产生电磁转矩，由电枢铁心和电枢绕组、换向器、轴和风扇等组成。

图 6-2　直流电动机外形结构

a）Z2 系列　b）Z4 系列

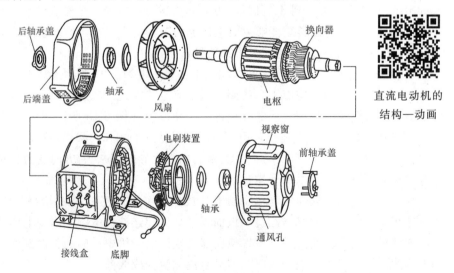

直流电动机的
结构—动画

图 6-3　直流电动机的内部结构

1. 定子

（1）主磁极 在一般中小型直流电动机中，主磁极是一种电磁铁，由主磁极铁心和励磁绕组构成。主磁极的实物图及内部结构如图6-4和图6-5所示。主磁极的铁心用1~1.5mm厚的钢板冲片叠压紧固而成，分成极身和极靴两部分，极靴的作用是使气隙磁通密度的空间分布均匀并减小气隙磁阻，同时极靴对励磁绕组也起支撑作用。主磁极上的线圈是用来产生主磁通的，称为励磁绕组。各主磁极上的励磁绕组连接通常是串联，通电时要保证相邻磁极的极性呈N极和S极交替排列。

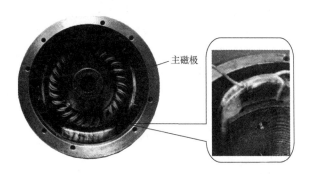

图6-4 主磁极的实物图

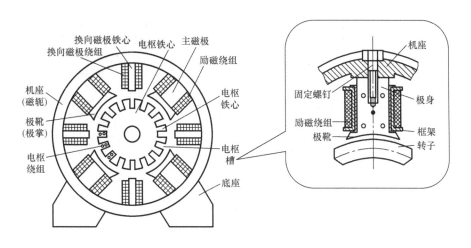

图6-5 主磁极的内部结构

 提示

　　目前，常采用晶闸管整流电源作为直流电动机的直流电源，晶闸管整流电源一般是通过单相或三相交流电整流获得，它输出的电压、电流并不是纯直流，还含有一定的交流谐波，为了减少交流谐波在主磁极和机座中造成的涡流损耗，采用厚0.5mm的表面有绝缘层的硅钢片制作主磁极和定子磁轭，Z4系列直流电动机就是这样设计的。

（2）换向磁极 换向磁极是位于两个主磁极之间的小磁极，又称为附加磁极。换向磁极的位置如图 6-5 所示。它由换向磁极铁心和换向磁极绕组组成。其作用是产生换向磁场，改善电动机的换向，使电刷与换向片之间火花减小。

换向磁极铁心一般用整块钢或钢板制成。在大型电动机和用晶闸管供电的功率较大的电动机中，为了能更好地改善电动机的换向，换向磁极铁心也采用硅钢片叠片结构。换向磁极绕组和主磁极绕组制作方法一样，套装在换向磁极铁心上，最后固定在机座上。换向磁极绕组应当与电枢绕组串联，而且极性不能接反，它的匝数少、导线粗。小型直流电动机换向不困难，一般不用换向磁极。

（3）机座　机座的作用之一是把主磁极、换向磁极、端盖等零部件固定起来，起到机械支撑作用，所以要求它有一定的机械强度。它的另一个作用是让励磁磁通经过，是主磁路的一部分（机座中磁通通过的部分称为磁轭）。因此，又要求它有较好的导磁性能，机座一般为铸钢件或由钢板焊接而成。对于某些在运行中有较高要求的微型直流电动机，主磁极、换向磁极和磁轭用硅钢片一次冲制叠压而成，此时，机座只起固定零部件的作用。

（4）电刷装置　电刷的作用是将旋转的电枢与固定不动的外电路相连，把直流电压和直流电流引入。因此，它与换向片既要有紧密的接触，又要有良好的相对滑动。图 6-6 所示为电刷装置结构图。

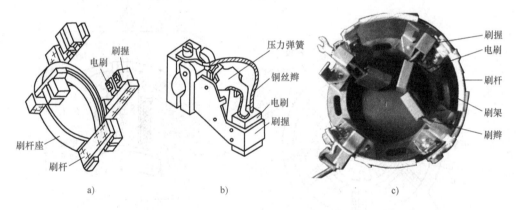

图 6-6　电刷装置结构图

a）电刷放置示意图　b）电刷结构图　c）电刷实物图

电刷装置由电刷、刷握、刷杆、刷杆座和压力弹簧等组成。电刷是用石墨等做成的导电块，放置在刷盒内，用弹簧将它压紧在换向器上。刷握固定在刷杆上，容量大的电动机，同一刷杆上可并接一组刷握和电刷。一般刷杆数与主磁极数相等。由于电刷有正、负极之分，因此刷杆必须与刷杆座绝缘。电刷组在换向器表面应对称分布，刷杆座可与端盖或机座相连接。整个电刷装置可以移动，用于调整电刷在换向器上的位置。

2. 直流电动机的电枢

（1）电枢铁心　电枢铁心是主磁路的一部分，在铁心槽中嵌放电枢绕组。由于电动机运行时，电枢与气隙磁场间有相对运动，铁心中也会产生感应电动势而出现涡流和磁滞损耗。为了减少损耗，电枢铁心通常用厚度有 0.5mm，表面有绝缘层的圆形硅钢冲片叠压而成。图 6-7 中所示为铁心冲片，铁心外圆均匀地分布着嵌放电枢绕组的槽，轴向有轴孔和通风孔。

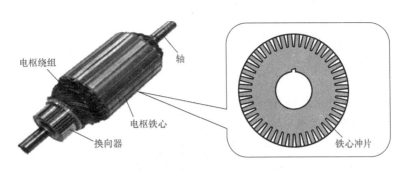

图 6-7　电枢结构图

（2）电枢绕组　电枢绕组是直流电动机电路的主要部分，它的作用是产生感应电动势和流过电流而产生电磁转矩实现机电能量转换，是电动机中的重要部件。电枢绕组由许多个绕组元件按一定的规律连接而成。绕组元件是由一匝或多匝导线绕制成的、两端分别与两片换向片相连的线圈，它是构成电枢绕组的基本单元。这种线圈通常用高强度聚酯漆包线绕制而成，它的一条有效边（线圈的直导线部分，因切割磁场而感应电动势的有效部分）嵌入某个槽中的上层，称为上层边，另一条有效边则嵌入另一槽中的下层，称为下层边，如图 6-8 所示。每个线圈两条有效边的引出端都分别按一定的规律焊接到换向器的换向片上。

（3）换向器　换向器的作用是与电刷一起将直流电动机输入的直流电流转换成电枢绕组内的交变电流，从而保证所有导体上产生的转矩方向一致。

换向器的结构如图 6-9 所示。换向器由许多梯形铜片和起绝缘作用的云母片一片隔一片地叠成圆筒形，凸起的一端称为升高片，用来与电枢绕组端头相连；下面有燕尾槽，利用换向器套筒、V 形压圈及螺旋压圈将换向片及云母片紧固成一个整体；在换向片与套筒、压圈之间用 V 形云母环绝缘，最后将换向器压在转轴上，这种属于装配式。在中、小型直流电动机中常用的一种是整体式，它把铜片热压在塑料基体上，成为一个整体。

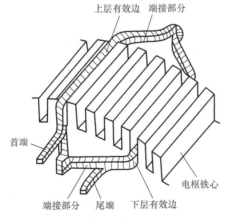

图 6-8　电枢绕组在槽内安放示意图

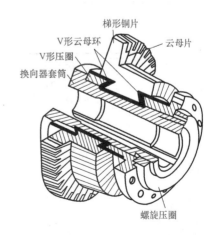

图 6-9　换向器的结构

（4）转轴　转轴的作用是传递转矩，为了使电动机能可靠地运行，转轴一般用合金钢锻压加工而成。

（5）风扇 风扇的作用是降低运行中电动机的温升。

### 三、铭牌与额定值

在直流电动机的外壳上都有一块铭牌，如图 6-10 所示。它提供了直流电动机在正常运行时的额定数据，指出电动机使用条件和要求，如电动机型号、额定功率、额定电压、额定电流、额定转速、励磁方式、励磁电压、定额（工作方式）、绝缘等级以及制造日期和制造单位等，以便用户能正确使用直流电动机。

图 6-10 直流电动机的铭牌

1. 电动机型号

电动机型号代表电动机的类型、系列和产品代号等。目前仍在广泛使用的一般用途直流电动机为 Z2、Z4 系列，其型号标志含义举例如下：

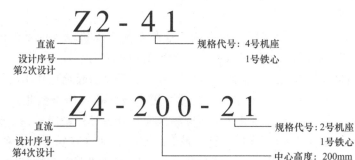

2. 额定值

直流电动机的额定值见表 6-1。一些额定值在铭牌上没有给出，如励磁电流、额定温升等参数。

表 6-1 直流电动机的额定值

| 额定值 | 意　义 |
| --- | --- |
| 额定功率 $P_N$ | 指电动机在额定工况下，长期运行所允许的输出功率，单位用 kW 表示。对于直流电动机，$P_N$ 是指从转轴上输出的机械功率 |
| 额定电压 $U_N$ | 对于直流电动机，是指在额定运行情况下，从电刷两端输入给电动机的电源电压，单位用 V 表示 |
| 额定电流 $I_N$ | 对于直流电动机，是指长期连续运行时，允许从电刷输入给电枢绕组中的电流，单位用 A 表示 |
| 额定转速 $n_N$ | 当电动机在额定状态下运行时，电动机转子的转速为额定转速，单位用 r/min 表示。一般电动机用两个转速表示，一个是基本转速（低转速），另一个是最高转速 |
| 励磁方式 | 指电动机励磁绕组连接和供电方式。通常有他励、自励，自励又包括并励、串励、复励等 |
| 额定励磁电压 $U_f$ | 指施加在励磁绕组上的额定电压 |
| 额定励磁电流 $I_f$ | 励磁绕组在额定电压下产生的额定电流 |

（续）

| 额定值 | 意　义 |
|---|---|
| 额定温升 | 指电动机在额定运行时,电动机所允许的温度,即电动机允许的工作温度减去环境温度的数值,单位用 K 表示 |
| 定额 | 指电动机在额定值允许的连续运行时间,一般分为连续、短时和断续三种工作方式 |
| 绝缘等级 | 指电动机所采用的绝缘材料的耐热等级 |

### 四、分类

直流电动机的种类较多，性能各异，分类方法也有很多种，具体介绍如下。

1. 按励磁方式分类

励磁方式是指直流电动机主磁场产生的方式。不同的励磁方式会产生不同的电动机输出特性，从而可适用于不同的场合。

直流电动机按励磁方式分类，有他励和自励两类。自励的励磁方式包括并励、串励、复励等，复励又有积复励和差复励之分，具体见表 6-2。

表 6-2　直流电动机按励磁方式分类

| 名称 | | 电动机绕组接线图 | 特　点 |
|---|---|---|---|
| 他励直流电动机 | | 接励磁电源<br>$U_f$<br>接电源$U_a$<br>$U_a$<br>$I_a$<br>$E_a$<br>$F_f$<br>$U_f$　$I_f$ | 励磁绕组（主磁极绕组）与电枢绕组由各自的直流电源单独供电，在电路上没有直接联系 |
| 自励直流电动机 | 并励 | 接电源U<br>$U$<br>$I_a$<br>$E_a$<br>$I_f$　$F_f$ | 1. 励磁绕组与电枢绕组并联,加在这两个绕组上的电压相等,而通过电枢绕组的电流 $I_a$ 和通过励磁绕组的电流 $I_f$ 则不同,总电流 $I=I_a+I_f$<br>2. 励磁绕组匝数多,导线截面较小,励磁电流只占电枢电流的一小部分 |
| | 串励 | 接电源U<br>$U$<br>$F_S$<br>$I_a$<br>$E_a$ | 1. 励磁绕组与电枢绕组串联,因此励磁绕组的电流与电枢绕组的电流相等<br>2. 励磁绕组匝数少,导线截面较大,励磁绕组上的电压降很小 |

（续）

| 名称 | 电动机绕组接线图 | 特　　点 |
|---|---|---|
| 自励直流电动机 复励 | 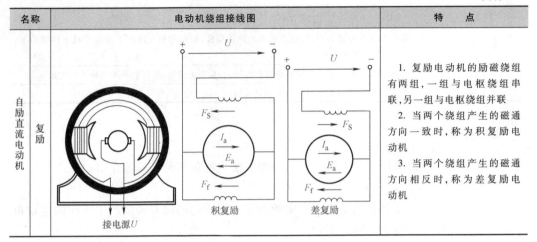 | 1. 复励电动机的励磁绕组有两组,一组与电枢绕组串联,另一组与电枢绕组并联<br>2. 当两个绕组产生的磁通方向一致时,称为积复励电动机<br>3. 当两个绕组产生的磁通方向相反时,称为差复励电动机 |

 **提示**

　　永磁电动机也应属于他励电动机的一种,自20世纪80年代起,由于钕铁硼永磁材料的发现,使永磁电动机的功率已经从毫瓦级发展到千瓦以上。由于其具有体积小、结构简单、重量轻、损耗低、效率高、节约能源、温升低、可靠性高、使用寿命长、适应性强等突出优点,其应用越来越广泛。它在军事上的应用占绝对优势,几乎取代了绝大部分电磁电动机。其他方面的应用有汽车用永磁电动机、电动自行车用永磁电动机、直流变频空调器用永磁电动机等。

2. 按用途分类

具体见表6-3。

表6-3　直流电动机按用途的分类

| 序号 | 产品名称 | 主要用途 | 型号 | 代号意义 |
|---|---|---|---|---|
| 1 | 直流电动机 | 基本系列,一般工业应用 | Z | 直 |
| 2 | 广调速直流电动机 | 用于大范围恒功率调速系统 | ZT | 直调 |
| 3 | 起重冶金直流电动机 | 冶金辅助传动机械 | ZZJ | 直重金 |
| 4 | 直流牵引电动机 | 电力传动机车、工矿电动机车和蓄电池车 | ZQ | 直牵 |
| 5 | 船用直流电动机 | 船舶上各种辅助机械 | Z-H | 直船 |
| 6 | 精密机床用直流电动机 | 磨床、坐标镗床等精密机床 | ZJ | 直精 |
| 7 | 汽车起动机 | 汽车、拖拉机、内燃机等 | ST | 直拖 |
| 8 | 挖掘机用直流电动机 | 冶金矿山挖掘机 | ZKJ | 直矿掘 |
| 9 | 龙门刨床用直流电动机 | 龙门刨床 | ZU | 直刨 |
| 10 | 无槽直流电动机 | 快速动作伺服系统 | ZW | 直无 |
| 11 | 防爆增安型直流电动机 | 矿井和有易燃气体场所 | ZA | 直安 |
| 12 | 力矩直流电动机 | 作为速度和位置伺服系统的执行元件 | ZLJ | 直力矩 |
| 13 | 直流测功机 | 测定原动机效率和输出功率 | CZ | 测直 |

3. 按电枢直径分类

电枢直径大于 1000mm 的，称为大型直流机；电枢直径为 425~1000mm 的，称为中型直流机；电枢直径小于 425mm 的，称为小型直流机。

4. 按防护方式分类

按防护方式分类，直流电动机可分为开启式、防护式、防滴式、全封闭和封闭防水式等。

 技能训练

一、训练内容

直流电动机的装配。

二、工具、仪器仪表及材料

1）电工工具：验电笔、一字和十字螺钉旋具、钢丝钳、尖嘴钳、斜口钳、剥线钳、电工刀等。

2）仪表：MF30 万用表或 MF47 万用表、T301-A 型钳形电流表、绝缘电阻表 500V；转速表、直流毫伏表、3V 直流电源等。

3）直流电动机 1 台。

4）拆装、接线、调试的专用工具。

5）配助手 1 名。

6）其他：汽油、刷子、干布、绝缘黑色胶布、演草纸、圆珠笔、劳保用品等，按需而定。

三、评分标准

评分标准见表 6-4。

表 6-4　评分标准

| 序号 | 主要内容 | 评分标准 | | 配分 | 扣分 | 得分 |
|---|---|---|---|---|---|---|
| 1 | 拆卸电动机 | 1. 拆卸步骤不正确，每处扣 5 分<br>2. 损伤零部件，每只扣 5 分<br>3. 损伤绕组和换向器，扣 20 分 | | 40 分 | | |
| 2 | 装配电动机 | 1. 装配步骤不正确，每处扣 5 分<br>2. 螺栓未拧紧，每只扣 5 分<br>3. 转子转动不灵活，扣 10 分 | | 50 分 | | |
| 3 | 安全文明生产 | 每违反安全文明生产规定一次，扣 5 分 | | 10 分 | | |
| 4 | 工时：4h | 不准超时 | 总分 | 100 分 | | |
| | | | 教师签字 | | | |

四、训练步骤

（1）直流电动机的拆卸　直流电动机的拆卸见表 6-5。

**电机变压器**

表 6-5　直流电动机的拆卸

| 项　目 | 图　示 | 操作步骤及要点提示 |
|---|---|---|
| 拆卸 |   | 打开电动机接线盒,拆下电源连接线。在端盖与机座连接处做好标记 |
| 取出电刷 | 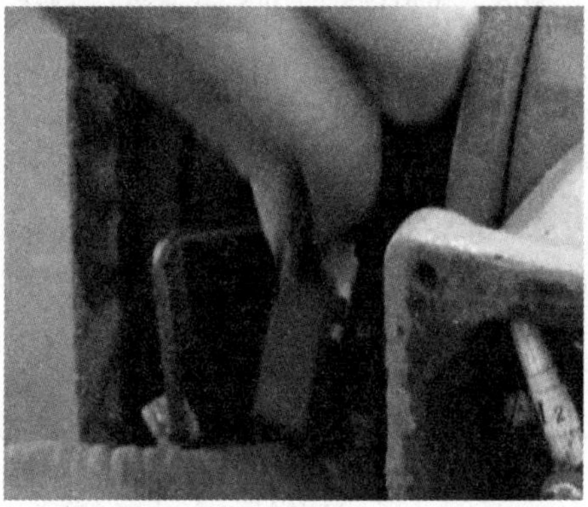  | 打开换向器侧的通风窗,卸下电刷紧固螺钉,从刷握中取出电刷,拆下接到刷杆上的连接线 |
| 拆卸轴承外盖 |   | 拆除换向器侧端盖螺钉和轴承盖螺钉,取出轴承外盖;拆卸换向器端的端盖,必要时从端盖上取下刷架 |

170

（续）

| 项目 | 图　示 | 操作步骤及要点提示 |
|---|---|---|
| 抽出电枢 | | 抽出电枢时要小心,不要碰伤电枢 |
| 其他部件的拆卸 | | 用纸或软布将换向器包好<br>拆下前端盖上的轴承盖螺钉,并取下轴承外盖,将连同前端盖在内的电枢放在木架上或木板上;轴承一般只在损坏后才能取出,无特殊原因,不必拆卸 |

（2）装配　直流电动机的装配步骤如下。

1）拆卸完成后，对轴承等零件进行清洗，并经质量检查合格后，涂抹润滑脂待用。

2）直流电动机的装配与拆卸步骤相反。

 **操作提示**

1. 拆下刷架前，要做好标记，便于安装后调整电刷中性线位置。

2. 抽出电枢时要仔细，不要碰伤换向器及各绕组；取出的电枢必须放在木架或木板上，并用布或纸包好。

3. 装配时，拧紧端盖螺栓，必须四周用力均匀，按对角线上下左右逐步拧紧。

## 任务二　直流电动机的维护

1. 理解直流电动机电动势、电磁转矩和功率的概念。
2. 掌握直流电动机电压、转矩和功率平衡方程式。
3. 熟悉电枢反应的概念。
4. 理解直流电动机机械特性的特点。
5. 掌握直流电动机人为机械特性的分析方法。

### 一、直流电动机的电动势

直流电动机运行时，电枢绕组元件在磁场中运动切割磁力线产生电动势，称为电枢电动势。电枢电动势是指直流电动机正、负电刷之间的感应电动势，也就是每个支路里的感应电动势。其表达式为

$$E_a = C_e \Phi n \tag{6-2}$$

$$C_e = \frac{pN}{60a} \tag{6-3}$$

式中，$C_e$ 为电动势常数，当电动机做好后，仅与电动机结构有关。$p$ 为磁极对数；$N$ 为电枢导体总数；$a$ 为支路对数；$\Phi$ 为气隙磁通，单位为 Wb；$n$ 为转速，单位为 r/min。

### 提示

电枢电动势的表达式表明：

1. 直流电动机的感应电动势与电动机结构 $C_e$、气隙磁通 $\Phi$ 和电动机转速 $n$ 有关。当电动机制造好以后，与电动机结构有关的常数 $C_e$ 不再变化，因此电枢电动势仅与气隙磁通和转速有关，改变转速和气隙磁通均可改变电枢电动势的大小。

2. 表达式既适用于直流电动机，也适用于直流发电机。对直流发电机，$E_a$ 是电源电动势，向外供电，电流方向和电动势方向一致。对直流电动机，$E_a$ 是反电动势，与外加电源电流方向相反，用来与外加电压相平衡。

**例 6-1** 已知某直流发电机 $2p = 4$，单波绕组，电枢绕组导体总数为 $N = 648$，电动机的转速为 $n = 1450\text{r/min}$，$\Phi = 0.0051\text{Wb}$。求发出的电动势 $E_a$。如果保持 $\Phi$ 不变，转

速减为 $n = 1000\text{r/min}$，此时的电动势 $E_a$ 为多少？

**解**：电动机常数为

$$C_e = \frac{pN}{60a} = \frac{648 \times 2}{60 \times 1} = 21.6$$

当 $n = 1450\text{r/min}$ 时

$E_a = C_e \Phi n = 21.6 \times 0.0051 \times 1450\text{V} = 159.73\text{V} \approx 160\text{V}$

当 $n = 1000\text{r/min}$ 时

$E_a = C_e \Phi n = 21.6 \times 0.0051 \times 1000\text{V} = 110.16\text{V} \approx 110\text{V}$

### 二、直流电动机的电磁转矩

无论是直流发电机或直流电动机在负载状态下工作时，电枢绕组中都有电流通过，因此在磁场中都将受到电磁力的作用，电磁力在电枢上产生的转矩称为电磁转矩，即

$$T = C_T \Phi I_a \tag{6-4}$$

$$C_T = \frac{pN}{2\pi a} \tag{6-5}$$

式中，$C_T$ 为电动机转矩常数，仅与电动机结构有关；$p$ 为磁极对数；$N$ 为电枢导体总数；$a$ 为支路对数。

**提示**

> 1. 制造好的直流电动机其电磁转矩仅与电枢电流 $I_a$ 和气隙磁通中成正比。
>
> 2. 电磁转矩是由电源供给电动机的电能转换而来的，是电动机的驱动转矩。

**例 6-2**　某 4 极直流电动机，单波绕组，电枢的导体总数 $N = 186$，每极磁通 $\Phi = 6.98 \times 10^{-2}\text{Wb}$，电枢电流 $I_a = 331\text{A}$。求电磁转矩。

**解**：4 极电动机 $p = 2$，单波绕组 $a = 1$，则电磁转矩为

$$T = C_T \Phi I_a = \frac{pN}{2\pi a} \Phi I_a = \frac{186 \times 2 \times 6.98 \times 10^{-2} \times 331}{2 \times 3.14 \times 1}\text{N} \cdot \text{m} = 1368.6\text{N} \cdot \text{m}$$

### 三、直流电动机的电磁功率

一切能量形式的转换均遵守能量守恒原理，在直流电动机中也是一样。通过电磁转矩的传递，实现机械能和电能的相互转换，通常把电磁转矩所传递的功率称为电磁功率。由力学知识可知，电动机的电磁功率为

$$P = T\omega$$

式中，$\omega$ 为电枢转动的角速度，$\omega = \dfrac{2\pi n}{60}$。

由于 $T = C_T \Phi I_a$，$E_a = C_e \Phi n$，$C_T = \dfrac{pN}{2\pi a}$，$C_e = \dfrac{pN}{60a}$，因此电磁功率表示为 $P = E_a I_a$。

$P = E_a I_a$ 表明电磁功率这个物理量，从机械角度讲是电磁转矩与角速度的乘积；从电角度讲是电枢电动势与电枢电流的乘积。这二者是同时存在且互相转换的。

实际中的直流电动机是有功率损耗的，因此电磁功率总是小于输入功率而又大于输出功率。

四、电压、转矩和功率平衡方程式

1. 电压平衡方程

直流电动机与电源接通，当负载恒定时，直流电动机将以恒定的速度旋转，即电动机处于稳定运行状态。该状态下，电动机的电枢电动势、功率、转矩保持着平衡关系。

根据他励、并励直流电动机接线图的电路基本规律，可以写出他（并）励直流电动机的电路平衡方程式为

$$U = E_a + I_a R_a + 2\Delta U \tag{6-6}$$

忽略电枢压降 $2\Delta U$，则有

$$U = E_a + I_a R_a \tag{6-7}$$

式中，$U$ 为电动机外加直流电压，单位为 V；$E_a$ 为电动机的反电动势，单位为 V；$I_a$ 为电动机的电枢电流，单位为 A。

2. 转矩平衡方程

根据牛顿力学定律，稳态运行时电动机应满足转矩平衡方程，即

$$T = T_2 + T_0 \tag{6-8}$$

式中，$T$ 为电动机的电磁转矩，为拖动性质；$T_2$ 为电动机轴上输出的机械转矩，为制动性质；$T_0$ 为空载时电动机损耗所形成的制动性转矩。

并励直流电动机，输入电流 $I$、电枢电流 $I_0$ 和励磁电流 $I_f$ 之间的关系为

$$I = I_0 + I_f \tag{6-9}$$

3. 功率平衡方程

（1）输入功率、电磁功率和铜损耗　图 6-11 所示为直流电动机功率流程图。

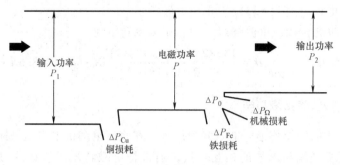

图 6-11　直流电动机功率流程图

对于直流电动机来讲，电磁功率 $P$ 是指电能转变成机械能的这部分功率，直流电动机从电源吸取的电功率称为输入功率 $P_1$；由于直流电动机的电枢绕组、电刷、电刷与换向器的接触处等都存在着电阻，统称为电枢电阻 $R_a$，电枢电流流过时，就会发热，产生损耗，称为铜损耗 $\Delta P_{Cu}$。铜损耗是随着负载电流的变化而变化的，所以也称为可变损耗，即

$$P_1 = P + \Delta P_{Cu}$$

（2）机械损耗、铁损耗、空载损耗和输出功率　转变成机械功率的电磁功率 $P$ 中

有一小部分消耗在电动机的机械损耗上，机械损耗常常产生于电刷与换向器之间；旋转部分（轴承、风扇等处）与空气的摩擦，机械损耗用 $\Delta P_\Omega$ 表示。

在电枢铁心中还存在着由于磁滞和涡流引起的能量损耗，由于它存在于铁磁回路中，所以称为铁损耗，铁损耗用 $\Delta P_{Fe}$ 表示。

由于直流电动机只要通了电并且转动起来，不管它有没有带负载，机械损耗和铁损耗都会存在，所以，这两项损耗合起来称为空载损耗，它与负载大小基本无关，是一个常量，所以空载损耗也叫作不变损耗 $\Delta P_0$，则

$$\Delta P_0 = \Delta P_{Fe} + \Delta P_\Omega$$

电磁功率和输出功率的关系为

$$P = P_2 + \Delta P_0 = P_2 + \Delta P_{Fe} + \Delta P_\Omega \tag{6-10}$$

式中，$P_2$ 为电动机的输出功率，单位为 kW。

 **提示**

> 直流电动机接上电源后，绕组中便有电流流过，由电源输入的功率是 $P_1$，从输入功率除去铜损耗 $\Delta P_{Cu}$，余下的是被电动机转换的电磁功率 $P$，电动机在转动中要产生机械损耗 $\Delta P_\Omega$ 及铁损耗 $\Delta P_{Fe}$。从电磁功率中减去这部分空载损耗 $\Delta P_0$ 后，就是直流电动机的输出功率 $P_2$。直流电动机的功率平衡方程式也可以写为
>
> $$P_1 = P_2 + \Delta P_{Fe} + \Delta P_\Omega + \Delta P_{Cu}$$

直流电动机的效率为

$$\eta = \frac{P_2}{P_1} \times 100\% \tag{6-11}$$

**例 6-3**　某台 Z2-51 型他励直流电动机，额定功率（输出功率）$P_2 = 3kW$，电源电压 $U = 220V$，电枢电流 $I_a = 16.4A$，电枢回路电阻 $R_a = 0.84\Omega$。求输入功率 $P_1$、铜损耗 $\Delta P_{Cu}$、空载损耗 $\Delta P_0$、反电动势 $E_a$ 和电动机的效率 $\eta$。

**解**：$\Delta P_{Cu} = I_a^2 R_a = 16.4^2 \times 0.84W = 226W = 0.226kW$

$\Delta P_0 = P_1 - P_2 - \Delta P_{Cu} = (3.608 - 3 - 0.226)kW = 0.382kW$

$E_a = U - I_a R_a = 220V - 16.4A \times 0.84\Omega = 206.2V$

$$\eta = \frac{P_2}{P_1} \times 100\% = \frac{3}{3.608} \times 100\% = 83\%$$

### 五、直流电动机的机械特性

**1. 他（并）励直流电动机的机械特性**

与交流异步电动机一样，当电动机的电源电压 $U$、励磁电流 $I_f$、电枢回路总电阻 $R$ 都等于常数时，转速 $n$ 与电磁转矩 $T$ 之间的关系称为直流电动机的机械特性。

分析他励直流电动机的机械特性可以从式 $E_a = C_e \Phi n$ 和 $E_a = U - I_a R_a$ 得到

$$n = \frac{U - I_a R_a}{C_e \Phi}$$

再把 $T = C_{\mathrm{T}} \Phi I_{\mathrm{a}}$ 带入上式，得

$$n = \frac{U}{C_e \Phi} - \frac{R_a}{C_e C_{\mathrm{T}} \Phi^2} T = n_0 - \alpha T \qquad (6-12)$$

式（6-12）称为他励直流电动机的机械特性方程，它具有以下特性：

1）当 $T = 0$ 时，$n = n_0 = \dfrac{U}{C_e \Phi}$ 称为理想空载转速，由于 $C_e$ 是电动机的结构常数，所以 $n_0$ 与 $U$ 成正比，与 $\Phi$ 成反比，当 $U$ 和 $\Phi$ 不变时，$n_0$ 是一个定值。

2）他励直流电动机的机械特性是一条过 $n_0$ 并稍向下倾斜的直线，其斜率为

$$\alpha = \frac{R_a}{C_e C_{\mathrm{T}} \Phi^2} \qquad (6-13)$$

式中，$C_e$ 与 $C_{\mathrm{T}}$ 是由电动机结构决定的常数。

他励直流电动机的机械特性如图 6-12 所示。

3）在电源电压、励磁电流均为额定值，电枢回路不串入附加电阻的条件下做出的特性曲线称为自然机械特性。他励直流电动机的自然机械特性具有硬的机械特性，即电动机负载转矩增大时，转速下降并不多。

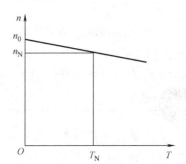

图 6-12 他励直流电动机的机械特性

按照我国电动机技术标准规定，电动机的转速调整率 $\Delta n$ 为

$$\Delta n = \frac{n_0 - n_{\mathrm{N}}}{n_0} \qquad (6-14)$$

式中，$n_{\mathrm{N}}$ 为电动机的额定转速。

一般他励直流电动机的转速调整率 $\Delta n$ 为 3% ~ 8%。这种特性适用于在负载变化时要求转速比较稳定的场合，经常用于金属切削机床、造纸机械等要求恒速的地方。

 **提示**

> 并励直流电动机具有与他励直流电动机相似的"硬的"机械特性，由于并励直流电动机的励磁绕组与电枢绕组并联，共用一个电源，电枢电压的变化会影响励磁电流的变化，使机械特性比他励直流电动机稍软。

2. 串励直流电动机的机械特性

如图 6-13 所示，由于串励直流电动机的励磁绕组与电枢绕组串联，故励磁电流等于电枢电流 $I_{\mathrm{a}}$，它的主磁通随着电枢电流的变化而变化，这是串励电动机最基本的特点。

当磁极未饱和时，磁通 $\Phi$ 与电枢电流 $I_{\mathrm{a}}$ 成正比，即 $\Phi = C I_{\mathrm{a}}$，又因 $T = C_{\mathrm{T}} \Phi I_{\mathrm{a}} = (C_{\mathrm{M}} / C) \Phi^2$，即有

$$\Phi = \sqrt{\frac{C}{C_{\mathrm{T}}}} \sqrt{T}$$

代入公式 $n = \dfrac{U - I_a R_a}{C_e \varPhi} = \dfrac{U}{C_e \varPhi} - \dfrac{I_a R_a}{C_e \varPhi}$，得

$$n = C_1 \frac{U}{\sqrt{T}} - C_2 R_a \qquad (6\text{-}15)$$

式中，$C_1$ 及 $C_2$ 均为常数，串励励磁绕组电阻较小，可忽略不计。

在磁极未饱和的条件下，串励直流电动机的机械特性为如图 6-13 所示的曲线。它具有以下特性：

1）串励直流电动机的转速随转矩变化而剧烈变化，这种机械特性称为软特性。在轻负载时，电动机转速很快；负载转矩增加时，其转速较慢。

2）串励直流电动机的转矩和电枢电流的二次方成正比，因此它的起动转矩大，过载能力强。

3）电动机空载时，理想空载转速 $n_0$ 为无限大，实际中 $n_0$ 也可达到额定转速 $n_N$ 的 5～7 倍（亦称为飞车），这是电动机的机械强度所不允许的。因此，串励直流电动机不允许空载或轻载运行。

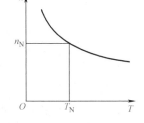

图 6-13　串励直流电动机的机械特性曲线

4）串励直流电动机也可以通过电枢串电阻、改变电源电压、改变磁通，达到人为机械特性以适应负载和工艺的要求。

串励直流电动机适用于负载变化比较大，且不可能空转的场合，例如电动机车、地铁电动车组、城市电车、电瓶车、挖掘机、铲车和起重机等。

3. 复励直流电动机的机械特性

复励直流电动机分为积复励和差复励两种，常用的是积复励直流电动机。积复励直流电动机的机械特性介于他励和串励直流电动机的机械特性之间，具有串励直流电动机的起动转矩大、过载倍数强的优点，而没有空载转速很高的缺点。这种电动机的用途也很广泛，如无轨电车就是用积复励直流电动机拖动的。

4. 人为的机械特性

直流电动机可以通过改变电枢回路电阻、电枢电源电压、励磁磁通等方法使机械特性发生变化，以适应负载和工艺的要求。其参数改变后，对应的机械特性称为人为机械特性。下面以他励直流电动机为例说明三种人为机械特性。

（1）电枢回路串接电阻的人为机械特性　电枢加额定电压 $U_N$，每极磁通为额定值 $\varPhi_N$，电枢回路串入电阻 $R$ 后，机械特性表达式为

$$n = \frac{U_N}{C_e \varPhi_N} - \frac{R_a + R}{C_e C_T \varPhi^2} T \qquad (6\text{-}16)$$

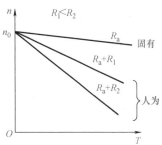

电枢串入不同电阻值时的人为机械特性曲线如图 6-14 所示。

显然，理想空载转速 $n_0 = \dfrac{U}{C_e \varPhi}$；与固有机械特性的 $n$ 相同，斜率 $\alpha = \dfrac{R_a + R}{C_e C_T \varPhi^2}$ 与电枢回路电阻有关，串入的

图 6-14　电枢回路串入不同电阻值时的人为机械特性曲线

阻值越大，特性曲线越倾斜。

电枢回路串电阻的人为机械特性是一组放射型直线，都过理想空载转速点。

（2）改变电枢电压的人为机械特性　保持每极磁通为额定值不变，电枢回路不串电阻，只改变电枢电压时，机械特性表达式为

$$n = \frac{U_N}{C_e \Phi_N} - \frac{R_a}{C_e C_T \Phi^2} T \qquad (6-17)$$

电压 $U_1$ 的绝对值大小不能比额定值高，否则绝缘将承受不住，但是电压方向可以改变。改变电压大小的人为机械特性如图 6-15 所示。

显然，$U$ 不同，理想空载转速 $n_0 = \frac{U}{C_e \Phi}$ 随之变化，并成正比关系，但是斜率都与固有机械特性斜率相同，因此各条特性曲线彼此平行。

改变电压 $U$ 的人为机械特性是一组平行直线。

（3）减少气隙磁通量的人为机械特性　减少气隙每极磁通的方法是用减小励磁电流来实现的。由于电动机磁路接近于饱和，增大每极磁通难以做到，改变磁通时，都是减少磁通。

电枢电压为额定值不变。电枢回路不串电阻，仅改变每极磁通的人为机械特性表达式为

$$n = \frac{U_N}{C_e \Phi_N} - \frac{R_a}{C_e C_T \Phi^2} T \qquad (6-18)$$

显然理想空载转速 $n_0 \propto \frac{1}{\Phi}$，$\Phi$ 越小，$n_0$ 越高；而斜率 $\alpha \propto \frac{1}{\Phi^2}$，$\Phi$ 越小，特性曲线越倾斜。改变每极磁通的人为机械特性如图 6-16 所示，是既不平行又不呈放射型的一组直线。

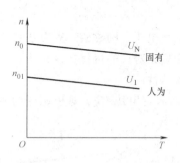

图 6-15　改变电枢电压的
人为机械特性曲线

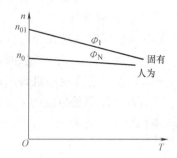

图 6-16　减少气隙磁通量的
人为机械特性曲线

 **提示**

　　从以上三种人为机械特性看，电枢回路串电阻和减弱磁通，机械特性都变软，而改变电压 $U$ 的人为机械特性是一组平行直线。

5. 并励与串励直流电动机性能比较

并励与串励直流电动机性能比较见表6-6。

表 6-6 并励与串励直流电动机性能比较

| 类 别 | 并励直流电动机 | 串励直流电动机 |
|---|---|---|
| 主磁极绕组的构造特点 | 绕组匝数比较多,导线线径比较细,绕组的电阻比较大 | 绕组匝数比较少,导线线径比较粗,绕组的电阻较小 |
| 主磁极绕组和电枢绕组连接方法 | 主磁极绕组和电枢绕组并联,主磁极绕组承受的电压较高,流过的电流较小 | 主磁极绕组和电枢绕组串联,主磁极绕组承受的电压较低,流过的电流较大 |
| 机械特性 | 具有硬的机械特性,当负载增大时,转速下降不多,具有恒转速特性 | 具有软的机械特性,当负载较小时,转速较高;当负载增大时,转速迅速下降,具有恒功率特性 |
| 应用范围 | 适用于在负载变化时要求转速比较稳定的场合 | 适用于恒功率负载,速度变化大的负载 |
| 使用时应注意的事项 | 可以空载或轻载运行,主磁通很小时可能造成飞车,主磁极绕组不允许开路 | 空载或轻载时转速很高,会造成换向困难或离心力过大而使电枢绕组损坏,不允许空载起动及带传动 |

## 六、电枢反应

### 1. 主磁极磁场

主磁极磁场分布如图6-17a所示。在主磁极 N、S 之间并通过电枢轴中心的平分线称为几何中性线,用 $nn'$ 表示。通过电枢轴中心,电枢铁心圆周上磁通为零的两点连线,称为物理中性线,用 $mm'$ 表示。

在电枢电流为零的情况下,主磁场的几何中性线和物理中性线是重合的。

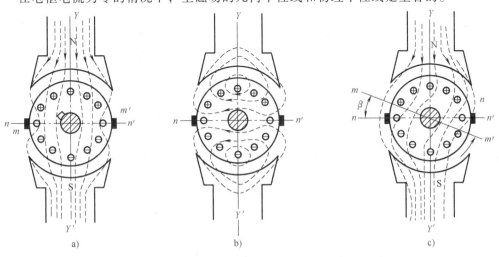

图 6-17 直流电动机的电枢反应示意图

a) 主磁极磁场分布图   b) 电枢磁场分布图   c) 合成磁场分布图

### 2. 电枢磁场

当电动机在负载下运行时，电枢绕组中有负载电流流过，电枢电流产生的磁场称为电枢磁场。电枢磁场分布如图 6-17b 所示，从图中可以看出，电枢磁场的轴线和几何中性线 $nn'$ 是重合的。

### 3. 电枢反应

直流电动机在负载情况下运行，主极磁场和电枢磁场同时存在，它们之间互相影响，直流电动机中气隙磁场是主极磁场和电枢磁场叠加后的磁场。

假定电枢逆时针转动，主极磁场和电枢磁场叠加后的合成磁场分布如图 6-17c 所示。在主磁极的右侧（即电枢旋转时进入的一端），由于主极磁场和电枢磁场方向相同，磁通增加；而在主磁极的左侧，主极磁场和电枢磁场方向相反，磁通减少。因此，电枢反应使合成磁场的物理中性线 $mm'$，逆着电枢转动方向移过了一个 $\beta$ 角。同样，$\beta$ 角的大小取决于电枢电流的大小，电枢电流越大，电枢磁场越强，$\beta$ 角就越大，合成磁场就扭曲得越厉害。

综上所述，电枢磁场对主磁场的影响就叫作电枢反应。

 **提示**

> 直流电动机电枢反应结果是：
>
> 1）合成磁场发生畸变，物理中性线逆电枢转动方向转过了一个角度，使换向火花增大。
>
> 2）主极磁通受到削弱，使电动机发出的电磁转矩有所减小。

因此，电枢反应对直流电动机是不利的，必须采取措施来减少电枢反应的影响。

### 七、直流电动机的使用与维护

#### 1. 直流电动机的正确使用

直流电动机的使用寿命是有一定限制的，在运行过程中电动机绝缘材料会逐步老化、失效，直流电动机轴承将逐渐磨损，电刷在使用一定时期后因磨损必须进行更换，换向器表面有时也会发黑或灼伤等。但一般说来，直流电动机结构是相当牢固的，在正常情况下使用，直流电动机寿命是比较长的。直流电动机在使用过程中由于受到周围环境的影响，如油污、灰尘、潮气、腐蚀性气体的侵蚀等，将使直流电动机的寿命缩短。如直流电动机使用不当，比如转轴受到不应有的扭力等，将使轴承加速磨损，甚至使轴扭断；再如由于直流电动机过载，将会使直流电动机过热造成绝缘老化，甚至烧毁。这些损伤都是由于外部因素造成的，为避免这些情况的发生，正确使用直流电动机、及时发现直流电动机运行中的故障隐患是十分重要的。正确使用直流电动机应从以下方面着手：

1）根据负载大小正确选择直流电动机的功率，一般直流电动机的额定功率要比负载所需的功率稍大一些，以免直流电动机过载；但也不能太大，以免造成浪费。

2）根据负载转速正确选择直流电动机的转速，其原则是使直流电动机和被拖动的生产机械都在额定转速下运行。

3）根据负载特点正确选择直流电动机的结构型式，一般要求转速恒定的机械采用并励直流电动机；起重及运输机械选用串励直流电动机，并需考虑直流电动机的抗振性能及防止风沙雨水等的侵袭，在矿井内使用的直流电动机还需具有防爆性能。

4）直流电动机在使用前的检查项目。对新安装使用的直流电动机或搁置较长时间未使用的直流电动机在通电前必须做如下检查：

①　检查直流电动机铭牌、电路接线、起动设备等是否完全符合规定。

②　清洁直流电动机，检查直流电动机的绝缘电阻。

③　用手拨动直流电动机的旋转部分，检查是否灵活。

④　通电进行空载试验运转，观察直流电动机转速，转向是否正常，是否有异声等。以上检查合格后可带动负载起动。

5）对运行中的直流电动机进行监视。对运行中的直流电动机进行监视的目的是清除一切不利于直流电动机正常运行的因素，及早发现故障隐患，及时进行处理，以免故障扩大，造成重大损失。对运行中的直流电动机进行监视的主要项目见表6-7。

表 6-7　对运行中的直流电动机进行监视的主要项目

| 监视项目 | 监视内容及做法 |
| --- | --- |
| 监视直流电动机的温度 | 粗略估计直流电动机运行中是否有过热现象。对于一般常用的小型直流电动机,可用手接触电动机外壳,是否有明显的发烫感觉,如明显烫手则属电动机过热。也可在外壳上滴几点水,如水滴急剧汽化,并伴有"嘶嘶"声,说明电动机过热。大、中型电动机往往装有热电偶等测温装置来监视电动机温度。如在电动机运行时,用鼻子闻到绝缘的焦味,则也属电动机过热,必须立即停机检查 |
| 监视直流电动机的负载电流 | 一般不允许超过额定电流,容量较大的直流电动机一般都装有电流表以利于随时观测。负载电流与直流电动机的温度是紧密相连的 |
| 监视电源电压的变化 | 电源电压过高或过低都会引起直流电动机的过载,给直流电动机运行带来不良后果,一般电压的变动量应限制在额定电压的 $\pm(5\sim10)\%$ 范围内。通常可在电动机的电源上安装电压表进行监视 |
| 监视直流电动机的换向火花 | 一般直流电动机在运行中电刷与换向器表面基本上看不到火花,或只有微弱的点状火花。在额定负载的情况下,一般直流电动机只允许有不超过 $1\frac{1}{2}$ 级的火花 |
| 监视直流电动机轴承的温度 | 不容许超过允许的数值;轴承外盖边缘处不允许有漏油现象 |
| 监视直流电动机运行时的声音及振动情况等 | 直流电动机在正常运行时,不应有杂声,较大直流电动机也只能听到均匀的"嗡、嗡"声和风扇的呼啸声。如运行中出现不正常的嘈杂声、尖锐的呼啸声等应立即停车检查。电动机在正常运行时不应有强烈的振动或冲击声,如出现也应停车检查。总之只要当电动机在运行中出现与平时正常使用时不同的声音或振动时,必须立即停车检查以免造成事故 |

2. 直流电动机的定期维护

为了保证直流电动机正常工作，除按操作规程正确使用直流电动机，运行过程中注意正常监视外，还应对直流电动机进行定期检查维护，其主要内容有：

1）清理和擦拭直流电动机外部，及时除去机座外部的灰尘、油泥。检查、清理和擦拭直流电动机接线端子，观察接线螺钉是否松动、烧伤等。

2）检查传动装置包括带轮或联轴器等有无破裂、损坏，安装是否牢固等。

3）定期检查、清洗直流电动机轴承，更换润滑油或润滑脂。

4）直流电动机绝缘性能的检查。直流电动机绝缘性能的好坏不仅影响直流电动机本身的正常工作，而且还会危及人身安全。故直流电动机在使用中，应经常检查绝缘电阻，特别是直流电动机搁置一段时间不用后及在雨季直流电动机受潮后，还要注意查看直流电动机机壳接地是否可靠。

5）清洁电刷与换向器表面，检查电刷与换向器接触是否良好，电刷压力是否适当。

**技能训练**

一、训练内容

直流电动机火花等级的鉴定和电刷中性线位置的调整。

二、工具、仪器仪表及材料

1）电工工具：验电笔、一字和十字螺钉旋具、钢丝钳、尖嘴钳、斜口钳、剥线钳、电工刀等。

2）仪表：MF30 万用表或 MF47 万用表、T301-A 型钳形电流表、绝缘电阻表 500V；转速表、直流毫伏表、3V 直流电源等。

3）直流电动机 1 台。

4）拆装、接线、调试的专用工具。

5）配助手 1 名。

6）其他：汽油、刷子、干布、绝缘黑色胶布、演草纸、圆珠笔、劳保用品等，按需而定。

三、评分标准

评分标准见表6-8。

表 6-8　评分标准

| 序号 | 主要内容 | 评分标准 | 配分 | 扣分 | 得分 |
|---|---|---|---|---|---|
| 1 | 火花等级鉴别 | 1. 不熟记火花等级，每项扣 5 分<br>2. 火花等级判别错误，扣 10~20 分 | 35 分 | | |
| 2 | 装配直流电动机 | 1. 装配步骤不正确，每处扣 5 分<br>2. 螺栓未拧紧，每只扣 5 分<br>3. 转子转动不灵活，扣 10 分 | 20 分 | | |
| 3 | 寻找几何中心线 | 1. 电路接线不正确，扣 20 分<br>2. 操作方法配合不好，扣 5~20 分 | 35 分 | | |
| 4 | 安全文明生产 | 每违反安全文明生产规定一次扣 5 分 | 10 分 | | |
| 5 | 工时：3h | 不准超时 | 总分 | 100 分 | |
| | | | 教师签字 | | |

四、训练步骤

1. 电刷的维护

清洁电刷与换向器表面，检查电刷与换向器接触是否良好，电刷压力是否适当。

（1）研磨电刷　研磨电刷时，可用宽度与换向器相同的 0 号砂纸包裹在换向器上，将电枢放在 V 形铁或架子上，转动电枢，研磨电刷，电刷研磨面要在 80% 以上，如图 6-18 所示。大型直流电动机可在安装后在电动机内部进行研磨。

（2）检查电刷压力　如大小不当或不均匀，则用弹簧秤校正电刷压力 14.7～24.5kPa（150～250g/cm²），如图 6-19 所示。如弹簧失去弹性，则需更换弹簧。

图 6-18　研磨电刷

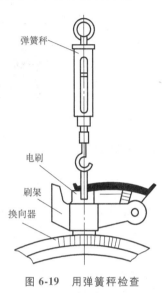

图 6-19　用弹簧秤检查
电刷压力

2. 确定电刷几何中性线

常用的一种方法是感应法，励磁绕组通过开关接到 1.5～3V 的直流电源上，毫伏表接到相邻两级的电刷上（电刷与换向器的接触一定要良好）。当打开或合上开关时，即交替接通和断开励磁绕组的电流，毫伏表的指针会左右摆动，这时将刷架顺电动机旋转方向或逆转方向缓慢移动，直到毫伏表指针几乎不动时，刷架位置就是中性线位置，如图 6-20 所示。

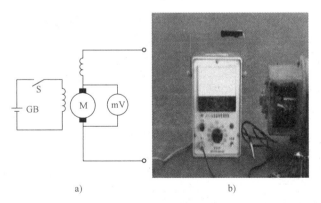

a)　　　　　　　b)　　　　　　　c)

图 6-20　调整电刷中性线位置

调整完电刷中性线位置，要将刷架紧固，如图 6-21 所示。

图 6-21　紧固刷架

 **操作提示**

> 1. 确定电刷中性线位置时，若是并励直流电动机，应将励磁绕组与电刷的连接线拆开。要保证电刷与换向器之间有良好的接触。
>
> 2. 断开及闭合开关与转动刷架的位置及观察直流毫伏表指针的摆动情况，三者应同时进行。

3. 火花等级的鉴别

监视电动机的换向火花，一般直流电动机在运行中电刷与换向器表面基本上看不到火花，或只有微弱的点状火花。在额定负载的情况下，一般直流电动机只允许有不超过 $1\frac{1}{2}$ 级的火花。电刷下的火花等级见表 6-9。

表 6-9　电刷下的火花等级

| 火花等级 | 电刷下火花程度 | 换向器及电刷的状态 | 允许运行方式 |
| --- | --- | --- | --- |
| 1 | 无火花 | 换向器上没有黑痕;电刷上没有灼痕 | 允许长期运行 |
| $1\frac{1}{2}$ | 电刷边缘仅小部分有微弱的点状火花或有非放电性的红色小火花 | | |
| $1\frac{1}{4}$ | 电刷边缘大部分有轻微的火花 | 换向器上有黑痕出现,用汽油可以擦除;在电刷上有轻微灼痕 | 允许长期运行 |
| 2 | 电刷边缘大部分有较强烈的火花 | 换向器上有黑痕出现,用汽油不能擦除;电刷上有灼痕。短时出现这一级火花,换向器上不出现灼痕,电刷不致烧焦或损坏 | 仅在短时过载或短时冲击负载时允许出现 |
| 3 | 电刷的整个边缘有强烈的火花,即环火,同时有大火花飞出 | 换向器上有黑痕且相当严重;用汽油不能擦除;电刷上有灼痕。如在这一级火花短时运行,则换向器上出现灼痕,电刷将被烧焦或损坏 | 仅在直接起动或反转的瞬间允许存在,但不允许损坏换向器和电刷 |

**操作提示**

1. 在判别各种情况下的火花等级时，应保持直流电动机的负载不变。
2. 当火花过大时，要调整几何中心线或研磨电刷。

# 任务三　直流电动机的维修

 **学习目标**

1. 掌握直流电动机起动的原理和方法。
2. 掌握直流电动机调速的原理和方法。
3. 掌握直流电动机反转的原理和方法。
4. 掌握直流电动机制动的原理和方法。
5. 掌握直流电动机的维修方法。

 **知识解读**

一、直流电动机的起动

直流电动机由静止状态加速达到正常运转的过程，称为起动过程。

直流电动机在刚起动瞬间，转速 $n=0$，故反电动势 $E_a = C_e \Phi n = 0$，此时电枢电流 $I_a$ 为

$$I_a = \frac{U - E_a}{R_a} = \frac{U}{R_a} = I_{st} \qquad (6\text{-}19)$$

此时的电流称为起动电流，用 $I_{st}$ 表示。由于电枢绕组的电阻 $R_a$ 很小，故起动电流必然很大，通常可达到额定电流的 $10 \sim 20$ 倍。这样大的起动电流会引起电动机换向困难，并使供电线路产生很大的压降。因此，除小容量电动机外，直流电动机一般不允许直接起动，而必须采取适当的措施限制起动电流。

 **提示**

对起动的要求：

1）最初起动电流 $I_{st}$ 要小；

2）最初起动转矩 $T_{st}$ 要大；

3）起动设备要简单、可靠。

为限制起动电流可以采取以下措施。

**1. 电枢回路串电阻起动**

变阻器起动就是在起动时将一组起动电阻 $R_{st}$ 串入电枢回路，以限制起动电流。待转速上升以后，再逐段将起动电阻切除。此方法起动时的起动电流为

$$I_{st} \approx \frac{U}{r_a + R_{st}} \tag{6-20}$$

因此，只要 $R_{st}$ 阻值选择得当，就能将起动电流限制在允许的范围内。

变阻器外形如图 6-22 所示。图 6-23 所示为并励直流电动机串变阻器起动电路，该起动电阻器具有失电压保护功能，电枢回路是靠电磁开关 S 来接通的，当失电压后电磁开关靠弹簧的力自动复位而断开；在直流电动机起动时，用手控制调节旋钮随转速提高顺时针旋转，将串联在电枢回路上的电阻逐渐减小，直到转速提高到正常转速。

 **提示**

> 通常把起动电流限制在 (1.5~2.5) $I_N$ 的范围内来选择起动电阻的大小。一般 150kW 以下的直流电动机，起动电流可取上限；150kW 以上的直流电动机则取下限。

变阻器起动用于各种中、小型直流电动机，其缺点是变阻器比较笨重，起动过程中消耗很多电能。

图 6-22　变阻器外形

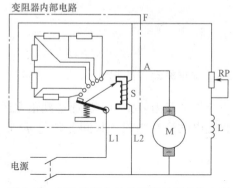

图 6-23　并励直流电动机串变阻器起动电路

**2. 减压起动**

减压起动是在起动时通过暂时降低直流电动机供电电压的方法，来限制起动电流。

减压起动一般只用于大容量频繁起动的直流电动机，并要有一套可变电压的直流电源。常见的发电机—电动机组就是采用减压起动方式来起动电动机的，其优点是起动电流小，起动时消耗能量少，升速比较平稳。近代还采用由晶闸管整流电源组成的"整流器—电动机"组，也适用于减压起动。

 **提示**

> 并励直流电动机采用减压起动时只降低电枢电压，励磁绕组的外施电压却不能降低，否则起动转矩将变小，电动机将仍无法起动。

**例 6-4** 有一台并励直流电动机，电枢绕组 $R_a = 0.4\Omega$，额定电压 $U_N = 110V$。设磁通恒定不变，当 $n = n_N$ 时，$E_a = 100V$。试求：（1）额定电流；（2）直接起动时的起动电流 $I_{st}$；（3）要使电动机起动瞬间的电流限制在 2 倍额定电流之内，求起动时的电压。

**解：**（1）$I_N = \dfrac{U_N - E_a}{R_a} = \dfrac{110 - 100}{0.4}A = 25A$

（2）直接起动时的起动电流 $I_{st} = \dfrac{U_N}{R_a} = \dfrac{110}{0.4}A = 275A$

（3）$I_1 = \dfrac{U_1}{R_a} = 2I_N$

$U_1 = 2R_a I_N = 2 \times 0.4 \times 25V = 20V$

**二、直流电动机的正、反转**

直流电动机的电磁转矩是由主磁通和电枢电流相互作用而产生的。根据左手定则，任意改变二者之一，就可改变电磁转矩的方向，所以，改变直流电动机转向的方法有两种：一是将励磁绕组反接；二是将电枢绕组反接。由于他励和并励直流电动机励磁绕组的匝数较多，电感较大，反向磁通的建立过程缓慢，所以，一般都采用改变电枢电流方向的办法来改变直流电动机的转向。图 6-24 所示为他励直流电动机正、反转的原理电路。

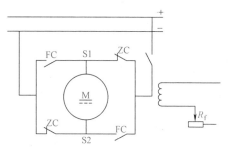

图 6-24 他励直流电动机正、反转的原理电路

当正向接触器 ZC 闭合时，反向接触器 FC 是断开的。电枢的 S1 端接正极；S2 端接负极。如将 ZC 断开，将 FC 闭合，则电枢电流反向，电磁转矩 $T$ 和转速 $n$ 的方向也随之改变。如果把反向前的电磁转矩 $T$ 和转速 $n$ 定为正值，反向后的 $T$ 和 $n$ 则为负值。

 **提示**

对于复励直流电动机，应将电枢引出端对调或者同时将并励绕组和串励绕组引出端分别对调（维持积复励状态）。

**三、直流电动机的调速**

直流电动机有良好的调速性能，与交流电动机相比，这也是直流电动机的一个显著优点。直流电动机比较容易满足调速幅度宽广、调速连续平滑、损耗小经济指标高等电动机调速的基本要求。

直流电动机的调速是指在电动机的机械负载不变的条件下，改变电动机的转速。调速可采用机械方法、电气方法或机械和电气配合的方法。

根据直流电动机的转速公式 $n \approx \dfrac{U-I_a R_a}{C_e \Phi}$ 可知，直流电动机有三种调速方法，即电枢回路串电阻调速法、改变励磁磁通调速法和改变电枢电压调速法。表 6-10 介绍了直流电动机这三种调速方法的控制。

表 6-10　直流电动机三种调速方法的控制

| 项目 | 电枢回路串电阻 | 改变励磁磁通 | 改变电枢电压 |
|---|---|---|---|
| 实现方法 | 在直流电动机的电枢回路中串联一只调速变阻器来实现调速 | 改变励磁电流的大小来实现调速 | 使用可变直流电源来实现调速 |
| 电路图 | | | |
| 机械特性 | | | |
| 特点 | 1. 设备简单,投资少,只需增加电阻和切换开关,操作方便。小功率直流电动机中用得较多,如电气机车等<br>2. 属于恒转矩调速方式,转速只能由额定转速往下调<br>3. 只能分级调速,调速平滑性差<br>4. 低速时,机械特性很软,转速受负载影响变化大,电能损耗大,经济性能差 | 1. 调速在励磁回路中进行,功率较小,故能量损失小,控制方便<br>2. 速度变化比较平滑,但转速只能往上调,不能在额定转速以下进行调节<br>3. 调速的范围较窄,在磁通减少太多时,由于电枢磁场对主磁场的影响加大,会使直流电动机火花增大、换向困难<br>4. 在减少励磁调速时,如负载转矩不变,电枢电流必然增大,要防止电流太大带来的问题,如发热、打火等 | 1. 调速范围宽广,可以从低速一直调到额定转速,速度变化平滑,通常称为无级调速<br>2. 调速过程中没有能量损耗,且调速的稳定性较好<br>3. 转速只能由额定转速往低调,不能超过额定转速(因端电压不能超过额定电压)<br>4. 所需设备较复杂,成本较高 |

### 四、直流电动机的制动

在生产过程中，经常需要采取一些措施使电动机尽快停转，或者从某高速降到某低速运转，或者限制位能性负载在某一转速下稳定运转，这就是电动机的制动问题。直流电动机的制动可以分为机械制动和电气制动，其中电气制动又可以分为能耗制动、反接制动和再生制动等。

#### 1. 能耗制动

利用双掷开关将正常运行的直流电动机电源切断而将电枢回路串入适量电阻，进入制动状态后，直流电动机拖动系统由于有惯性而继续旋转，电枢电流反向，转矩也反向，其方向和转速方向相反，成为制动转矩，使直流电动机能很快地停转。在能耗制动中，直流电动机实际变成了发电机运行状态，将系统中的机械动能转化为电能消耗在电枢回路的电阻中。能耗制动电路原理图如图 6-25 所示。

能耗制动的优点是所需设备简单，成本低，制动减速平稳可靠。其缺点是能量无法利用，白白消耗在电阻上发热；能耗制动的制动转矩随转速变慢而相应减少，制动时间较长。

2. 反接制动

改变电枢绕组上的电压方向（使 $I_a$ 反向）或改变励磁电流的方向（使 $\Phi$ 反向），可以使直流电动机得到反力矩，产生制动作用。当直流电动机速度接近零时，迅速脱离电源，实现直流电动机的反接制动。反接制动电路原理如图 6-26 所示。

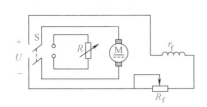

图 6-25　能耗制动电路原理

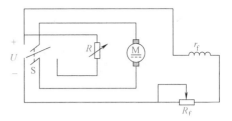

图 6-26　反接制动电路原理

反接制动的优点是制动转矩比较恒定，制动较强烈，操作比较方便。其缺点是需要从电网吸取大量的电能，而且对机械负载有较强的冲击作用。它一般应用在快速制动的小功率直流电动机上。

3. 再生制动

直流电动机拖动的电车或电力机车，下坡时电车位能负载使电车加速，转速增加。当转速升高到一定值后，反电动势 $E$ 大于电网电压 $U$，电动机转变为发电机运行，向电网送出电流，电磁转矩变为制动转矩，把能量反馈给电网，以限制转速继续上升，直流电动机以稳定转速控制电车下坡。这时，电机从电动机状态转变为发电机状态运行，把机械能转变成电能，向电源馈送，故称为回馈制动也称为再生制动或发电制动。

再生制动的优点是产生的电能可以反馈到电网中去，使电能得到利用，简便可靠而经济；缺点是再生制动只能发生在 $n>n_0$ 的场合，限制了它的应用范围。

五、直流电动机常见故障的处理

直流电动机常见故障的处理见表 6-11。

表 6-11　直流电动机常见故障的处理

| 故障现象 | 造成故障的可能原因 | 检查与处理 |
| --- | --- | --- |
| 无法起动 | 1. 电源无电压<br>2. 励磁回路断开<br>3. 电刷回路断开<br><br>4. 起动电流太小<br><br>5. 有电源但直流电动机不转 | 1. 检查电源及熔断器<br>2. 检查励磁绕组起动器<br>3. 检查电枢绕组及电刷与换向器的接触情况<br>4. 负载过重或电枢卡死或起动设备不合要求所致<br>5. 检查电枢绕组是否短路或断路;排除接线错误 |

（续）

| 故障现象 | 造成故障的可能原因 | 检查与处理 |
|---|---|---|
| 转速不正常 | 1. 转速过高<br><br>2. 转速过低 | 1. 检查电源电压是否过高,主磁场是否过弱,电动机负载是否过轻<br>2. 检查电枢绕组是否有断路、短路、接地等故障;检查电刷压力及电刷位置;检查电源电压是否过低及负载是否过重;检查励磁绕组回路是否正常 |
| 电刷下火花过大 | 1. 电刷不在中心线上<br>2. 电刷压力不当或与电刷与换向器接触不良或电刷牌号不对<br>3. 换向器表面不光洁、有污垢,换向器上云母片突出刷握松动或安装位置不正确<br>4. 直流电动机过载或电源电压过高<br>5. 电枢绕组或磁极绕组或换向极绕组有断路或短路故障<br>6. 转子平衡未校好 | 1. 调整刷杆位置<br>2. 调整电刷压力、研磨电刷与换向器接触面、调换电刷<br>3. 研磨换向器表面、刮削云母、调整安装位置<br><br>4. 降低直流电动机负载或电源电压<br>5. 分别检查原因<br>6. 重新校正转子动平衡 |
| 电动机温升过高 | 1. 长期过载<br>2. 电源电压过高或过低<br>3. 电枢、磁极、换向器绕组故障<br>4. 起动或正、反转过于频繁 | 1. 更换功率大的电动机<br>2. 检查电源电压<br>3. 分别检查原因<br>4. 避免不必要的正、反转 |
| 机壳带电 | 1. 直流电动机受潮后绝缘电阻下降<br>2. 引出线碰壳<br>3. 各绕组绝缘损坏造成对地短路 | 1. 烘干或重新浸漆<br>2. 修复出线头绝缘<br>3. 修复绝缘损坏处 |

## 技能训练

一、训练内容

直流电动机的故障检查及测试。

二、工具、仪器仪表及材料

常用电工工具、直流电动机、直流毫伏表、3V 直流电源等。

三、评分标准

评分标准见表 6-12。

表 6-12　评分标准

| 序号 | 主要内容 | 评分标准 | 配分 | 扣分 | 得分 |
|---|---|---|---|---|---|
| 1 | 电路接线 | 接线错误,扣 20 分 | 20 分 | | |
| 2 | 仪表使用 | 1. 使用方法不正确,每次扣 5 分<br>2. 损坏仪器仪表,扣 20 分 | 20 分 | | |
| 3 | 故障检查 | 1. 检查方法不正确,每次扣 5 分<br>2. 故障判断错误,每次扣 15 分 | 30 分 | | |

（续）

| 序号 | 主要内容 | 评分标准 | 配分 | 扣分 | 得分 |
|---|---|---|---|---|---|
| 4 | 测试 | 1. 测试方法不正确,每次扣5分<br>2. 测试结果不正确,每次扣5分 | 20分 | | |
| 5 | 安全文明生产 | 每违反安全文明生产规定一次扣5分 | 10 | | |
| 6 | 工时:4h | 不准超时 | 总分 | 100分 | |
| | | | 教师签字 | | |

**四、训练步骤**

（1）电枢绕组接地故障的检查　将低压直流表接到相隔 $K/4$ 或 $K/2$（$K$ 为换向片数）的两片换向片上（可用胶带将接头粘在换向片上），注意一个接头只能和一片换向片接触。将直流毫伏表一端接转轴，另一端依次与换向片接触，观察毫伏表的读数,来判断该片换向片或所接的绕组元件有无接地故障。

判断是绕组元件接地还是换向片接地的方法:

1）用电烙铁将绕组元件从换向片升高片处焊下来。

2）用万用表或校验灯判定故障部分。

（2）电枢绕组短路故障的检查

1）将低压直流电源按图6-25接到相应的换向片上。

2）用直流毫伏表依次测量并记录相邻两片换向片上的电压。

3）若读数很小或为零,则接在该两片换向片上的绕组元件短路或换向片片间短路。

4）最后判定故障部分可参照"接地故障"判定方法进行。

（3）电枢绕组断路故障的检查

1）将低压直流电源按图6-25接到相应的换向片上。

2）用直流毫伏表依次测量并记录相邻两片换向片上的电压。

3）若相邻两片换向片上的电压基本相等,则表明电枢绕组无短路故障。

4）若电压表读数明显增大,则接在这两片换向片上的绕组元件断路。

（4）检修　针对所发生的故障进行检修,并重新装配直流电动机。

（5）测试

1）用指南针检查换向极绕组极性,如接反,则改正接法。如图6-27所示,对直流电动机,换向极极性与顺着电枢转向的下一个主磁极极性相反;对直流发电机,换向极极性与顺着电枢转向的下一个主磁极极性相同。

2）测量绝缘电阻。如图6-28所示,对低压直流电动机,将500V绝缘电阻表的一端接在电枢轴（或机壳）上,另一端分别接在电枢绕组、换向片上,以 120r/min 的转速摇动 1min 后读出其指针指示的数值,测量出电枢绕组对机壳、换向片对地的绝缘电阻。

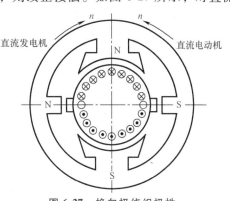

图6-27　换向极绕组极性

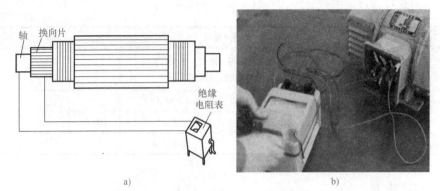

图 6-28　测量直流电动机绝缘电阻

a）接换向片测绝缘电阻　b）接机壳测绝缘电阻

 **提示**

　　对一般额定电压为 1500V 以下的直流电动机，冷态时，绝缘电阻不应低于 5MΩ，对于额定电压为 1500V 以上的直流电动机，冷态时绝缘电阻不应低于 50MΩ。直流电动机在热态时或热试验后的绝缘电阻的计算方法同三相交流电动机。

　　3）测量绕组的直流电阻。测量绕组的直流电阻常用以下两种方法：

　　① 电桥法。对单叠绕组，应在换向器直径两端的两片换向片上进行测量；对单波绕组，应在等于极距的两片换向片上进行测量。测量时要提起电刷，然后用电桥进行测量，具体操作方法参见交流电动机定子绕组电阻的测量。

　　② 电流电压表法。测量小电阻按图 6-29 所示进行接线，图中，$R$ 为被测电阻，$R'$ 为调节电阻。

　　由于被测电阻值小，电流表的内阻就将影响测量精度，用此方法接线时，电压表测量得到的电压值不包含电流表上的电压降，故测量较精确。此时被测电阻值 $R$ 为

$$R = \frac{U}{I}$$

　　由于有一小部分电流被电压表分路，故电流表中读出的电流大于流过被测电阻 $R$ 上的电流，因此测出的电阻值比实际电阻值偏小。精确的电阻值可用 $R = \dfrac{U}{I - U/R_\mathrm{v}}$ 计算，式中，$R_\mathrm{v}$ 为电压表的内阻。

　　测量大电阻按图 6-30 所示进行接线。

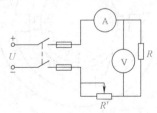

图 6-29　测量小电阻接线图

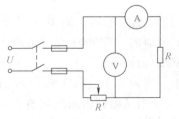

图 6-30　测量大电阻接线图

若考虑电流表内阻 $R_A$，则被测量电阻可用 $R = \dfrac{U - IR_A}{I}$ 计算。

## 提示

不管用何种方法测得的绕组直流电阻值都应换算到标准温度 15℃ 时的电阻值，其换算公式为

$$R_{15} = \frac{R_\theta}{1 + \alpha(\theta + 15)} \qquad (6\text{-}21)$$

式中，$R_{15}$ 为绕组在温度为 15℃ 时电阻，单位为 Ω；$R_\theta$ 为绕组在温度为 $\theta$ 时电阻，单位为 Ω；$\alpha$ 为绕组导体的温度系数，铜的 $\alpha = 0.004$，铝的 $\alpha = 0.00385$；$\theta$ 为测量电阻时绕组的实际温度，单位为 ℃。

一般要求测得的电阻值 $R_{15}$ 不超过直流电动机出厂值的 ±2%。

4）负载试验。安装好直流电动机，让直流电动机在额定电压、额定电流、额定转速下，带上额定负载，按定额运行一定的时间。观察直流电动机的运行状况是否良好，换向火花是否在允许范围之内。换向器上没有黑痕及电刷上没有灼痕，运行平稳、无噪声和振动为正常。

## 课后练习

1. 简述直流电动机的工作原理。

2. 直流电动机定子主要由哪几部分组成，各部分的作用是什么？

3. 有串励直流电动机和并励直流电动机各一台（没有铭牌、功率大体相近），可以用什么方法进行判断？

4. 简述直流电动机的拆卸步骤。

5. 直流电动机运行中如何观察火花？如何判断火花大小？

6. 如何调整电刷的几何中性线？

7. 写出直流电动机的功率平衡方程式，并说明方程式中各符号所代表的意义。式中哪几部分的数值与负载大小基本无关？

8. 直流电动机产生的电磁转矩 $T = C_T \Phi I_a$ 对于直流发电机和直流电动机来说，所起的作用有什么不同？

9. 什么叫直流电动机的电枢反应？电枢反应给直流电动机带来哪些影响？

10. 并励直流电动机和串励直流电动机的机械特性主要有什么不同？根据它们的机械特性说明它们的主要用途。

11. 什么是直流电动机的人为机械特性？并画图说明他励直流电动机的三种人为机械特性曲线。

12. 直流电动机调速的方法有哪几种？各有何特点？

13. 采用励磁反接的方法使并励直流电动机反转，将会产生什么后果？

14. 直流电动机常用的电气制动方法有哪几种？比较其优缺点。
15. 如何正确使用直流电动机？
16. 直流电动机在使用前应检查的项目有哪些？
17. 简述直流电动机无法起动的可能原因。
18. 简述直流电动机电刷下火花过大故障的可能原因和处理方法。
19. 简述直流电动机机壳带电故障的可能原因和处理方法。

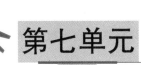

# 第七单元

# 特种电机及其维护

特种电机是指具有某种特殊功能和作用的电机。除了在某些特殊场合做动力使用外，大多数是在自动控制系统和计算装置中做检测、放大、执行、校正和解算等元件使用，因此也称为控制电机。随着科学技术的高度发展，新品种、高性能的特种电机不断出现，发展的方向主要是提高精确度、灵敏性和可靠性，尺寸小型化，适应模拟和数字控制的要求等。特种电机的种类有很多，本单元仅对常用的伺服电动机及步进电动机这两种特种电机做介绍。

## 任务一　伺服电动机的维护

1. 掌握交流伺服电动机的结构、工作原理和特点。
2. 掌握直流伺服电动机的结构、工作原理和特点。
3. 熟悉伺服电动机的维护方法。
4. 了解伺服驱动器。

交流伺服电动机

知识解读

伺服电动机又称为执行电动机，它具有一种服从控制信号的要求而动作的职能。在信号到来之前，转子静止不动；信号到来之后，转子立即转动；信号消失时，转子能即时自行停转。伺服电动机广泛应用于需要精密控制行程的电力拖动系统中，如数控系统。伺服电动机是通过编码器反馈回来的脉冲来判断电动机转过的角度和转向的，从而再通过计算可得电动机的转速和所控制机械的位置。

常用的伺服电动机有两大类：以直流电源工作的称为直流伺服电动机；以交流电源工作的称为交流伺服电动机。

### 一、直流伺服电动机

1. 直流伺服电动机的结构

图 7-1 所示为直流伺服电动机实物图。直流伺服电动机的结构与普通小型直流电动

机相同，不过由于直流伺服电动机的功率不大，也可由永久磁铁制成磁极，省去励磁绕组。其励磁方式几乎只采取他励式。

2. 直流伺服电动机的工作原理

直流伺服电动机的工作原理和普通直流电动机相同。只要在其励磁绕组中有电流通过且产生了磁通，当电枢绕组中通过电流时，这个电枢电流与磁通相互作用而产生转矩使伺服电动机投入工作。这两个绕组其中一个断电时，电动机停转。它不像交流伺服电动机那样有"自转"现象，所以直流伺服电动机也是自动控制系统中一种很好的执行元件。图 7-2 为电磁式直流伺服电动机接线图。

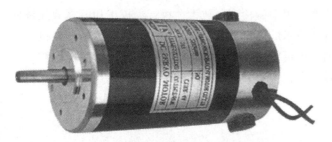

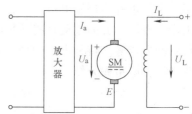

图 7-1　直流伺服电动机实物图　　　　图 7-2　电磁式直流伺服电动机接线图

3. 直流伺服电动机的工作特性

直流伺服电动机的工作特性见表 7-1。

表 7-1　直流伺服电动机的工作特性

| 机械特性图及特性描述 | 调节特性图及特性描述 |
| --- | --- |
| 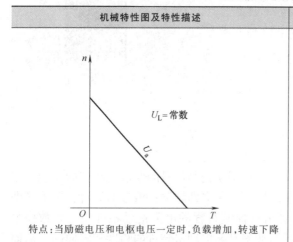 | 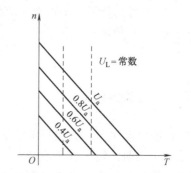 |
| 特点：当励磁电压和电枢电压一定时，负载增加，转速下降 | 特点：在一定负载转矩下，当磁通不变时，电枢电压升高，转速升高 |

二、交流伺服电动机

1. 交流伺服电动机的结构

交流伺服电动机在结构上与异步测速发电机相似，其实物图和结构图分别如图 7-3 和图 7-4 所示。

交流伺服电动
机的结构

图 7-3　交流伺服电动机实物图

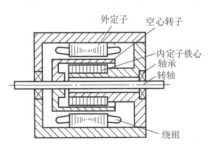

图 7-4　交流伺服电动机的内部结构

交流伺服电动机的定子上装有两个绕组，它们在空间相差 90°电角度。定子有内、外两个铁心，均用硅钢片叠成。在外定子铁心的圆周上装有两个对称绕组，一个叫励磁绕组，另一个叫控制绕组，励磁绕组与交流电源相连，控制绕组接输入信号电压，所以交流伺服电动机又称为两相伺服电动机。

转子采用了空心杯转子，但转子的电阻比一般异步电动机大得多，细而长。转子装在内、外定子之间，由铝或铝合金的非磁性金属制成，壁厚为 0.2 ~ 0.8mm，用转子支架装在转轴上。它的惯性小，能极迅速和灵敏地起动、旋转和停止。

2. 交流伺服电动机的工作原理

交流伺服电动机的工作原理与单相异步电动机相似，当它在系统中运行时，励磁绕组固定地接到交流电源上，通过改变控制绕组上的控制电压来控制转子的转动。图 7-5 所示为交流伺服电动机的工作原理图。

3. "自转"现象的防止

两相异步电动机正常运行时，若转子电阻较小，当控制电压变为零时，电动机便成为单相异步电动机继续运行（称为"自转"现象），而不能立即停转。而交流伺服电动机在自动控制系统中是执行命令的，因此，不仅要求它在静止状态下服从控制电压的命令而转动，而且要求它在受控起动以后，一旦信号消失，即控制电压移去，电动机能立即停转。

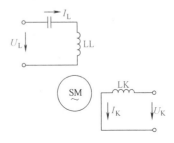

图 7-5　交流伺服电动机的工作原理图

增大转子电阻可以防止"自转"现象的发生，当转子电阻增加到足够大时，两相异步电动机的一相断电（即控制电压等于零）时，电动机会停转。

 提示

为了使转子具有较大的电阻和较小的转动惯量，交流伺服电动机的转子有三种形式：高电阻率导条的笼型转子、非磁性空心转子和铁磁性空心转子。

4. 交流伺服电动机的控制方法

交流伺服电动机的控制方法有以下三种：

1）幅值控制，即保持控制电压的相位不变，仅仅改变其幅值来进行控制。

2）相位控制，即保持控制电压的幅值不变，仅仅改变其相位来进行控制。

3）幅-相控制，即同时改变幅值和相位来进行控制。

 **提示**

> 上述三种控制方法的实质，和单相异步电动机一样，都是利用改变正转与反转旋转磁通势大小的比例，来改变正转和反转电磁转矩的大小，从而达到改变合成电磁转矩和转速的目的。

5. 交流伺服电动机的工作特性

交流伺服电动机的工作特性由机械特性和调节特性来表示，见表7-2。

表 7-2　交流伺服电动机的工作特性

| 机械特性图及特性描述 | 调节特性图及特性描述 |
| --- | --- |
| 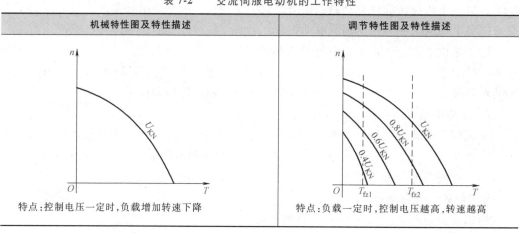 | |
| 特点:控制电压一定时,负载增加转速下降 | 特点:负载一定时,控制电压越高,转速越高 |

### 三、伺服电动机的性能及应用

伺服电动机是自动控制系统和计算装置中广泛应用的一种执行元件，其作用是把所接收的电信号转换成为电动机转轴的角位移或角速度。表 7-3 是几种类型伺服电动机的型号、性能、适用范围和外形图。

### 四、伺服电动机的使用和维护

1. 直流伺服电动机的使用和维护

1）直流伺服电动机的特性与温度有关，寿命与使用环境温度、海拔、湿度、空气质量、冲击、振动及轴上负载等有关，选择时应综合考虑。

2）电磁式电枢控制直流伺服电动机在使用时，要先接通励磁电源，然后再施加电枢控制电压。电动机运行过程中，一定要避免励磁绕组断电，以免电枢电流过大和超速。

3）采用晶闸管整流电源时，要带滤波装置。

4）输入控制信号的放大器的输出阻抗要小，防止机械特性变软。

5）运行中的直流伺服电动机，当控制电压消失或减小时，为了提高系统的快速响应性能，可以在电枢两端并联一个电阻，以便和电枢形成回路。

表 7-3　几种类型伺服电动机的型号、性能、适用范围和外形图

| 电动机类型 | 型号 | 性能 | 适用范围 | 外形图 |
|---|---|---|---|---|
| 一般直流伺服电动机 | SY SZ | 该电动机具有体积小、重量轻、伺服性能好、机械性能指标高等优点 | 广泛用于自动控制系统中作执行元件,亦可作驱动元件 |  |
| 杯形电枢永磁直流伺服电动机 | SYK | 转动惯量和电动机时间常数小、总损耗小、效率高起动、停止迅速、换向性能好、运行平稳 | 广泛应用于计算机外部设备、音响设备、办公设备、仪器仪表、电影摄影机和录像机等 |  |
| 永磁交流伺服电动机 | ST | 具有良好的控制性能,系统的动态和静态性能好。电动机能够在四象限宽调速运行 | 适用于精密数控机床、工业机器人、雷达以及特殊环境条件控制的关键执行部件 |  |
| 笼型转子交流伺服电动机 | SL | 具有良好的可控性,电动机运行平稳、结构简单、成本低、运行可靠 | 广泛应用于各种自动控制系统、随动系统和计算装置中 |  |

2. 交流伺服电动机的使用和维护

交流伺服电动机因没有电刷之类的滑动接触,机械强度高,可靠性好,寿命长。只要选用恰当,使用正确,故障率通常很低,但要注意以下几点:

1）励磁绕组经常接在电源上,要防止过热现象。为此,交流伺服电动机要安装在有足够大散热面积的金属固定面板上,电动机与散热板应紧密接触,要通风良好,必要时可以用风扇冷却。电动机与其他发热器件尽量隔开一定距离。

2）输入控制信号的放大器的输出阻抗要小,防止机械特性变软。

3）信号频率不能超过其额定范围,否则,机械特性也会变软,还可能产生"自转"现象。

五、交流伺服电动机的接线

下面以三菱公司生产的交流伺服系统为例,介绍交流伺服系统的组成及系统中各器

件间的连接方法。

1. 交流伺服驱动器与伺服电动机连接

如图 7-6 所示，经交流伺服驱动器调整过的电源送至伺服电动机，而由编码器反馈回的转矩和转向信号送至伺服驱动器的 CN2 端口。

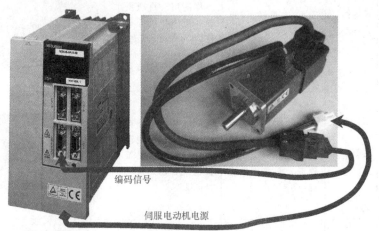

编码信号

伺服电动机电源

图 7-6　交流伺服驱动器与伺服电动机实物连接图

2. 认识交流伺服驱动器的面板结构和端口功能

图 7-7 所示为 MR—J2S 系列 100A 以下交流伺服驱动器的面板结构和端口功能解释。

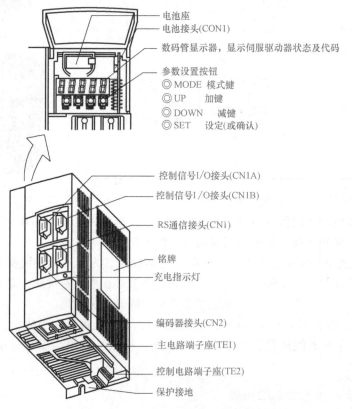

电池座
电池接头(CON1)
数码管显示器，显示伺服驱动器状态及代码
参数设置按钮
◎ MODE　模式键
◎ UP　　加键
◎ DOWN　减键
◎ SET　　设定(或确认)

控制信号I/O接头(CN1A)
控制信号I/O接头(CN1B)
RS通信接头(CNi)
铭牌
充电指示灯
编码器接头(CN2)
主电路端子座(TE1)
控制电路端子座(TE2)
保护接地

图 7-7　MR—J2S 系列 100A 以下交流伺服驱动器的面板结构及端口功能

3. MR—J2S 系列 100A 以下交流伺服系统主电路接线

图 7-8 所示为 MR—J2S 系列 100A 以下交流伺服系统主电路接线图。主电路接线步骤如下：

三相电源→断路器→接触器→主电路端子座 TE1 中的输入端子（L1、L2、L3）→主电路端子座 TE1 中的输出端子（U、V、W）→伺服电动机。

控制电路电源是在断路器输出侧引出两根相线至控制电路端子座 TE2 中端子 L11、L12。

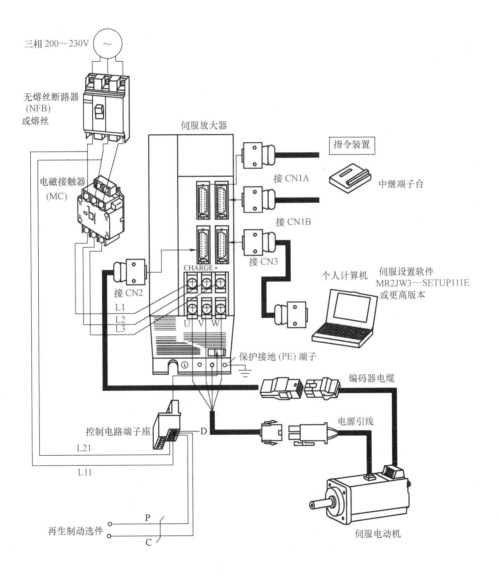

图 7-8 MR—J2S 系列 100A 以下交流伺服系统主电路接线图

交流伺服驱动器端子文字符号的含义见表 7-4。

表 7-4　交流伺服驱动器端子文字符号的含义

| 符号 | 信号名称 | 符号 | 信号名称 | 符号 | 信号名称 |
|---|---|---|---|---|---|
| SON | 伺服开启 | EMG | 外置紧急停止 | OP | 编码器 Z 相脉冲 |
| LSP | 正转行程末端 | RS1 | 正转选择 | MBR | 电磁制动器联锁 |
| LSN | 反转行程末端 | RS2 | 反转选择 | LZ | 编码器 Z 相脉冲 |
| CR | 清除 | PP | | LZR | （差动驱动） |
| SP1 | 速度选择 1 | NP | | LA | 编码器 A 相脉冲 |
| SP2 | 速度选择 2 | PG | 正向/反向脉冲串 | LAR | （差动驱动） |
| PC | 比例控制 | NG | | LB | 编码器 B 相脉冲 |
| ST1 | 正向转动开始 | TLC | 转矩限制中 | LBR | （差动驱动） |
| ST2 | 反向转动开始 | VLC | 速度限制中 | VDD | 内部接口电源输出 |
| TL | 转矩限制选择 | RD | 准备完毕 | COM | 数字接口公共端输入 |
| RES | 复位 | ZSP | 零速 | OPC | 集电极开路电源输入 |
| LOP | 控制切换 | INP | 定位完毕 | SG | 数字接口公共端 |
| VC | 模拟量速度指令 | SA | 速度到达 | P15R | 直流 15V 电源输出 |
| VLA | 模拟量速度限制 | ALM | 故障 | LG | 控制公共端 |
| TLA | 模拟量转矩限制 | WNG | 警告 | SD | 屏蔽端 |
| TC | 模拟量转矩指令 | BWNG | 电池警告 | | |

技能训练

一、训练内容

交流伺服电动机幅值控制方式和幅-相控制方式输出特性的测试。

二、工具、仪器仪表及材料

现场测试工器具及材料准备见表 7-5，现场测试材料准备见表 7-6。

三、评分标准

评分标准见表 7-7。

表 7-5　现场测试工器具及材料准备

| 序号 | 工器具名称 | 规格 | 单位 | 准备数量 |
|---|---|---|---|---|
| 1 | 电工工具 | | 套 | 1 |
| 2 | 万用表 | 500 型 | 只 | 1 |
| 3 | 交流电流表 | 0~5A | 只 | 2 |
| 4 | 交流电压表 | 0~220V | 只 | 3 |
| 5 | 转速表 | | 只 | 1 |
| 6 | 测功机(G) | | 台 | 1 |

表 7-6　现场测试材料准备

| 序号 | 材料名称 | 规格 | 单位 | 准备数量 |
|---|---|---|---|---|
| 1 | 交流伺服电动机 | M13,额定转速 2700r/min(25W) | 台 | 1 |
| 2 | 交流伺服电动机电源 | | 套 | 1 |
| 3 | 单相调压器 | 型号自定(0~220V) | 套 | 1 |
| 4 | 三相可调电阻器 | 0~90Ω | 只 | 1 |
| 5 | 可变电容器 | 500V、4μF | 只 | 1 |
| 5 | 开关 | 型号自定 | 只 | 2 |
| 6 | 配电板 | 150mm×300mm×20mm | 块 | 1 |
| 7 | 电源线 | BVR1.5mm² | m | 30 |

表 7-7　评分标准

| 序号 | 主要内容 | 评分标准 | 配分 | 扣分 | 得分 |
|---|---|---|---|---|---|
| 1 | 工具、仪器及材料 | 正确选用工具、仪器及材料,选错1处扣1分,扣完为止 | 5分 | | |
| 2 | 交流伺服电动机的接线 | 接线正确无误,每接错1处扣1分,扣完为止 | 5分 | | |
| 3 | 测试交流伺服电动机幅值控制的机械特性 | 电压调整步骤不正确,扣5分 | 5分 | | |
| | | 测试数据错误每个扣1分,扣完为止 | 10分 | | |
| | | 绘制调节特性曲线不正确或遗漏参数,每错1处扣1分,扣完为止 | 5分 | | |
| 4 | 测试交流伺服电动机幅值控制的调节特性 | 电压调整步骤不正确,扣5分 | 5分 | | |
| | | 测试数据错误每个扣1分,扣完为止 | 10分 | | |
| | | 绘制调节特性曲线不正确或遗漏参数,每处扣1分,扣完为止 | 5分 | | |
| 5 | 测试交流伺服电动机幅-相控制的机械特性 | 电压调整步骤不正确扣5分 | 5分 | | |
| | | 测试数据错误每个扣1分,扣完为止 | 10分 | | |
| | | 绘制输出特性曲线不正确或遗漏参数,每处扣1分,扣完为止 | 5分 | | |
| 6 | 测试交流伺服电动机幅-相控制的调节特性 | 电压调整步骤不正确扣5分 | 5分 | | |
| | | 测试数据错误每个扣1分,扣完为止 | 10分 | | |
| | | 绘制输出特性曲线不正确或遗漏参数,每处扣1分,扣完为止 | 5分 | | |
| 7 | 安全文明生产 | 每违反安全文明生产规定一次扣5分 | 10分 | | |
| 8 | 工时:180min | 不准超过 | 总分　100分 | | |
| | | | 教师签字 | | |

四、操作步骤

（1）连接测试电路

认真分析如图 7-9 所示的测试交流测速发电机输出特性的电路图，按图正确连接测试电路。

交流伺服电动机的额定功率 $P_N = 25W$，额定控制电压 $U_N = 220V$，额定励磁电压 $U_{fN} = 220V$，空载转速 $n = 2700r/min$。三相调压器输出的线电压 $U_{UW}$ 经过开关 S 接交流伺服电动机的控制绕组，把测功机 G 与交流伺服电动机 SM 同轴相连。

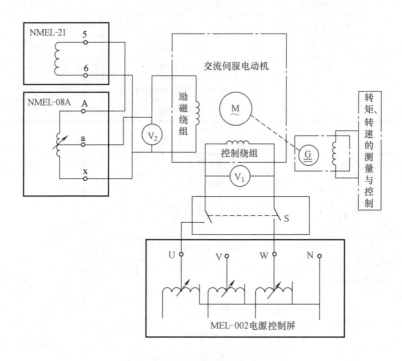

图 7-9  测试交流测速发电机输出特性的电路图

（2）测试交流测速发电机采用幅值控制的机械特性

1）测试 $U_C = U_{CN} = 220V$ 时的机械特性。调节三相调压器，使 $U_C = U_{CN} = 220V$，保持 $U_C$、$U_f$ 的电压值，调节测功机负载，记录电动机从空载到接近堵转时的转速 $n$ 及相应的转矩 $T$ 并填入表 7-8。

表 7-8  记录转速 $n$ 及相应的转矩 $T$（$U_C = U_{CN} = 220V$，$U_f = U_{fN} = 220V$）

| $n/(r/min)$ | | | | | | |
|---|---|---|---|---|---|---|
| $T/(N \cdot m)$ | | | | | | |

2）测试 $U_C = 0.75U_{CN}$（$U_C = 0.75U_{CN} = 165V$）时的机械特性。调节三相调压器，使 $U_C = 0.75U_{CN} = 160V$，保持 $U_C$、$U_f$ 的电压值，调节测功机负载，记录电动机从空载到接近堵转时的转速 $n$ 及相应的转矩 $T$ 并填入表 7-9。

表 7-9  记录转速 $n$ 及相应的转矩 $T$（$U_C = 0.75U_{CN} = 165V$，$U_f = U_{fN} = 220V$）

| $n/(r/min)$ | | | | | | |
|---|---|---|---|---|---|---|
| $T/(N \cdot m)$ | | | | | | |

3）根据表 7-8 和表 7-9 记录的数据绘制交流测速发电机采用幅值控制的机械特性曲线。

（3）测试交流测速发电机采用幅值控制的调节特性

1）测试 $T=0\mathrm{N}\cdot\mathrm{m}$ 时的调节特性。保持电动机励磁电压 $U_{\mathrm{f}}=U_{\mathrm{fN}}=220\mathrm{V}$，测功机不加励磁。调节三相调压器，使电动机控制绕组的电压 $U_{\mathrm{C}}$ 从 220V 逐渐减小到 0V，记录电动机空载运行的转速 $n$ 及控制绕组电压 $U_{\mathrm{C}}$，并填入表 7-10。

表 7-10　记录转速 $n$ 及控制绕组电压 $U_{\mathrm{C}}$（$T=0\mathrm{N}\cdot\mathrm{m}$，$U_{\mathrm{f}}=U_{\mathrm{fN}}=220\mathrm{V}$）

| $n/(\mathrm{r/min})$ | | | | | | | |
| --- | --- | --- | --- | --- | --- | --- | --- |
| $U_{\mathrm{C}}/\mathrm{V}$ | | | | | | | |

2）测试 $T=0.03\mathrm{N}\cdot\mathrm{m}$ 时的调节特性。仍保持 $U_{\mathrm{f}}=U_{\mathrm{fN}}=220\mathrm{V}$，调节调压器使 $U_{\mathrm{C}}=220\mathrm{V}$，调节测功机负载，使电动机输出转矩 $T=0.03\mathrm{N}\cdot\mathrm{m}$ 并保持不变，重复上述步骤，记录转速 $n$ 及控制绕组电压 $U_{\mathrm{C}}$，并填入表 7-11。

表 7-11　记录转速 $n$ 及控制绕组电压 $U_{\mathrm{C}}$（$T=0.03\mathrm{N}\cdot\mathrm{m}$，$U_{\mathrm{f}}=U_{\mathrm{fN}}=220\mathrm{V}$）

| $n/(\mathrm{r/min})$ | | | | | | | |
| --- | --- | --- | --- | --- | --- | --- | --- |
| $U_{\mathrm{C}}/\mathrm{V}$ | | | | | | | |

3）根据表 7-10 和表 7-12 记录的数据绘制交流测速发电机采用幅值控制的调节特性曲线。

（4）测试交流测速发电机采用幅-相控制的机械特性

1）连接测试电路如图 7-10 所示，接通交流电源。

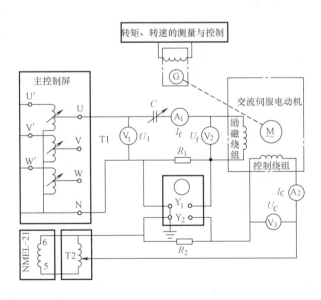

图 7-10　交流测速发电机采用幅-相控制的机械特性测试电路

2）调节调压器 T1，使电压表 $\mathrm{V}_1$ 指示为 127V；调节调压器 T2，使电压表 $\mathrm{V}_2$ 指示为 220V，保持电压表 $\mathrm{V}_1$、$\mathrm{V}_2$ 值不变，改变测功机负载，记录电动机从空载到接近堵转时的转速 $n$ 及相应的转矩 $T$ 并填入表 7-12。

表 7-12　记录转速 $n$ 及相应的转矩 $T$ （$U_1 = 127V$，$U_2 = 220V$）

| $n/(r/min)$ | | | | | | | | | |
|---|---|---|---|---|---|---|---|---|---|
| $T/(N \cdot m)$ | | | | | | | | | |

3）调节调压器 T2，使电压 $U_C = 0.75U_{CN} = 165V$，重复上述测试过程，记录电动机从空载到接近堵转时的转速 $n$ 及相应的转矩 $T$ 并填入表 7-13。

表 7-13　记录转速 $n$ 及相应的转矩 $T$ （$U_1 = 165V$，$U_2 = 165V$）

| $n/(r/min)$ | | | | | | | | | |
|---|---|---|---|---|---|---|---|---|---|
| $T/(N \cdot m)$ | | | | | | | | | |

4）根据表 7-12 和表 7-13 记录的数据绘制交流测速发电机采用幅-相控制的机械特性曲线。

（5）测试交流测速发电机采用幅-相控制的调节特性

1）调节调压器 T1，使 $U_1 = 127V$；调节调压器 T2，使 $U_2 = 220V$。改变测功机负载使电动机输出转矩 $T = 0.03N \cdot m$，并保持 $T$ 和 $U_1$ 不变，逐渐减小 $U_C$ 的值，记录电动机转速 $n$ 及控制绕组电压 $U_C$ 并填入表 7-14。

表 7-14　记录转速 $n$ 及控制绕组电压 $U_C$ （$U_1 = 127V$，$T = 0.03N \cdot m$）

| $n/(r/min)$ | | | | | | | | | |
|---|---|---|---|---|---|---|---|---|---|
| $U_C/V$ | | | | | | | | | |

2）使测功机与负载脱开，调节调压器 T1，使 $U_1 = 127V$；调节调压器 T2，使 $U_2 = 220V$。逐渐减小 $U_C$ 的值，记录电动机转速 $n$ 及控制绕组电压 $U_C$ 并填入表 7-15 中。

表 7-15　记录转速 $n$ 及控制绕组电压 $U_C$ （$U_1 = 127V$，$T = 0N \cdot m$）

| $n/(r/min)$ | | | | | | | | | |
|---|---|---|---|---|---|---|---|---|---|
| $U_C/V$ | | | | | | | | | |

3）根据表 7-13 和表 7-14 记录的数据绘制交流测速发电机采用幅-相控制的调节特性曲线。

# 任务二　步进电动机的维护

学习目标

1. 熟悉步进电动机的结构与分类。
2. 掌握步进电动机的工作原理。
3. 熟悉步进电动机的应用。

一般电动机是连续旋转的，而步进电动机是一种"一步一步"地转动的电动机，因其转矩性质和同步电动机的电磁转矩性质一样，所以本质上也是一种磁阻同步电动机或永磁同步电动机。由于电源输入是一种电脉冲（脉冲电压），电动机接收一个电脉冲就相应地转过一个固定角度，故而也称脉冲电动机。图 7-11 为步进电动机实物图。在自动控制系统中，利用步进电动机的特性，可将电脉冲信号转变为转角位移量。由于控制精度高，步进电动机常用于较为精密电力拖动控制系统，例如裁线机、烫印机等要求较为准确的行程控制的场合。

**一、步进电动机的结构与分类**

1. 步进电动机的结构

步进电动机主要由定子、转子、端盖等构成，如图 7-12 所示。一般定子相数为 2~6，每相两个绕组套在一对定子磁极上，称为控制绕组，转子上是无绕组的铁心。三相步进电动机定子和转子上分别有 6 个和 4 个磁极，如图 7-13 所示。

图 7-11 步进电动机实物图

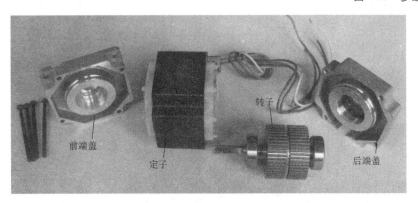

前端盖 定子 转子 后端盖

图 7-12 步进电动机的结构

步进电动机
的结构

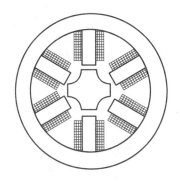

图 7-13 三相步进电动机结构示意图

## 2. 步进电动机的分类

步进电动机的分类方法较多，通常按励磁方式分为反应式、永磁式、感应子式（混合式）三大类，见表7-16。

表 7-16　步进电动机的分类

| 类型 | 结 构 图 | 特 点 |
|---|---|---|
| 反应式 | | 转子为软磁材料，无绕组，定、转子开小齿、步距小，此类步进电动机应用最广 |
| 永磁式 | | 转子为永磁材料，转子的极数等于每相定子极数，不开小齿，步距角较大，力矩较大 |
| 感应子式（混合式） | | 转子为永磁式、两段、开小齿。优点为转矩大、动态性能好，步距角小，但结构复杂，成本较高 |

## 二、步进电动机的工作原理

### 1. 基本工作原理

下面以反应式步进电动机为例分析其工作原理。

图 7-14 是三相反应式步进电动机的原理图。当 A 相绕组通电时，由于磁力线力图通过磁阻最小的路径，转子将受到磁阻转矩作用，必然转到其磁极轴线与定子极轴线对

齐，磁力线便通过磁阻最小的路径。此时两轴线间夹角为零，磁阻转矩为零，即转子极1、3 轴线与 A 相绕组轴线重合，这时转子停止转动，位置如图 7-14a 所示。当 A 相断电、B 相通电时，根据同样的原理，转子将按逆时针方向转过空间角 30°，使得转子 2、4 磁极轴线与 B 相绕组轴线重合，如图 7-14b 所示。同样，当 B 相断电、C 相通电时，转子再按逆时针方向转过空间角 30°，使转子 1、3 磁极轴线与 C 相绕组轴线重合，如图 7-14c 所示。若按 A→B→C 顺序轮流给三相绕组通电，转子就逆时针一步一步地前进（转动）；若按 A→C→B 顺序通电，转子就按顺时针方向一步一步地转动。由此，步进电动机运动的方向取决于控制绕组通电的顺序。而转子转动的速度取决于控制绕组通断电的频率，显然，变换通电状态的频率（即电脉冲的频率）越高，转子转得越快。

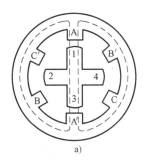 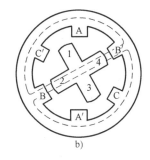 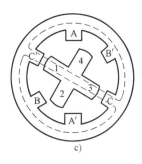

a)　　　　　　　　　　　　b)　　　　　　　　　　　　c)

**图 7-14　三相反应式步进电动机的原理图**

a）转子停转　b）2、4 磁极轴线与 B 相绕组轴线重合　c）1、3 磁极轴线与 C 相轴绕组轴线重合

 **提示**

通常把由一种通电状态转换到另一种通电状态叫作一拍，每一拍转子转过的角度叫作步距角（$\theta_S$），上述的通电方式称为三相单三拍运行。"三相"是指定子为三相绕组，"单"是指每拍只有一相绕组通电，"三拍"是指经过三次切换绕组的通电状态为一个循环。

三相步进电动机除了三相单三拍运行方式外，还有三相双三拍、三相单双六拍运行方式，详见表 7-17 和表 7-18。

**表 7-17　三相双三拍运行方式**

| 运行方式 | 三相双三拍 | | |
|---|---|---|---|
| 通电顺序 | AB→BC→CA→AB | | |
| 工作过程 | AB 通电 | BC 通电 | CA 通电 |
| 图示 | | | |

电机变压器

（续）

| 运行方式 | 三相双三拍 | | |
|---|---|---|---|
| 定子转动特点 | AA′磁场对 1、3 齿有磁拉力，BB′磁场对 2、4 齿有磁拉力，转子停在两磁拉力平衡的位置上 | BB′磁场对 2、4 齿有磁拉力，CC′磁场对 3、1 齿有磁拉力，转子停在两磁拉力平衡的位置上，相对于 AB 通电转子转了 30° | CC′磁场对 3、1 齿有磁拉力，AA′磁场对 4、2 齿有磁拉力，转子停在两磁拉力平衡的位置上，相对于 BC 通电转子又转了 30° |

从表 7-15 中的三相双三拍运行方式过程可以看出，顺时针顺序通电一周后，转子逆时针转了 $\frac{1}{4}$（4 极）周，每步旋转角度为 30°，即步距角为 30°。

表 7-18　三相单双六拍运行方式

| 运行方式 | 三相单双六拍 | | | |
|---|---|---|---|---|
| 通电顺序 | AB→B→BC→C→CA→A→AB | | | |
| 工作过程 | AB 通电 | B 通电 | BC 通电 | "C→CA→A"略 |
| 图示 | 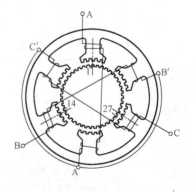 | | | 总之，每个循环周期，有六种通电状态，所以称为三相六拍，步距角为 15° |
| 定子转动特点 | AA′磁场对 1、3 齿有磁拉力，BB′磁场对 2、4 齿有磁拉力，转子停在两磁拉力平衡的位置上 | BB′磁场对 2、4 齿有磁拉力，转子 2、4 齿和 B 相对齐，相对于 AB 通电转子转了 15° | BB′磁场对 2、4 齿有磁拉力，CC′磁场对 1、3 齿有磁拉力，转子停在两磁拉力平衡的位置上，相对于 B 通电转子又转了 15° | |

从表 7-16 中的三相单双六拍运行方式过程可以看出，顺时针顺序通电一周后，转子逆时针转了 $\frac{1}{4}$（4 极）周，每步旋转角度为 15°，即步距角为 15°。

2. 小步距角步进电动机的原理

上述的三相反应式步进电动机的步距角较大，通常不能满足生产中小位移的要求，为此必须增加拍数和转子齿数。实际采用的步进电动机的步距角多为 3°和 1.5°，步距角越小，机加工的精度越高。下面介绍一种最常见的小步距角三相反应式步进电动机。

三相反应式步进电动机的典型结构示意图如图 7-15 所示。定子仍然为三对极，每相一对，不过每个定子磁极的极靴上各有 5 个小齿，转子圆

图 7-15　三相反应式步进电动
机的典型结构示意图

（图中状态为 A 相通电时位置）

周上均匀分布着 40 个小齿，转子的齿距等于 360°/40 = 9°，齿宽、齿槽各 4.5°。为使转、定子的齿对齐，定子磁极上的小齿、齿宽和齿槽和转子相同。

假设是单三拍通电工作方式。

1）A 相通电时，定子 A 相的 5 个小齿和转子对齐。此时，B 相和 A 相空间差 120°，含 $\frac{120°}{9°} = 13\frac{1}{3}$ 齿。A 相和 C 相差 240°，含 $\frac{240°}{9°} = 26\frac{2}{3}$ 个齿。所以，A 相的转子、定子的 5 个小齿对齐时，B 相、C 相不能对齐，B 相的转子、定子相差 $\frac{1}{3}$ 个齿（3°），C 相的转子、定子相差 $\frac{2}{3}$ 个齿（6°）。

2）A 相断电、B 相通电后，转子只需转过 $\frac{1}{3}$ 个齿（3°），使 B 相转子、定子对齐。

同理，C 相通电再转 3°……

若工作方式改为三相六拍，则每通一个电脉冲，转子只转 1.5°。

由工作原理可知，每改变定子绕组的 1 次通电状态，转子就转过 1 个步距角 $\theta_S$，若转子齿数为 $Z_R$，步距角 $\theta_S$ 的大小与转子齿数 $Z_R$ 和拍数 $N$ 的关系为

$$\theta_S = \frac{360°}{Z_R N}$$

因为每输入一个脉冲，转子转过 $\frac{1}{Z_R N}$ 转，若脉冲电源的频率为 $f$，则步进电动机转速（单位为 r/min）为

$$n = \frac{60f}{Z_R N} \tag{7-1}$$

由上式说明，步进电动机转速由控制脉冲频率 $f$、拍数 $N$、转子齿数 $Z_R$ 决定，与电源电压、绕组电阻及负载无关，这是它抗干扰能力强的重要原因。

 **提示**

> 由式（7-1）可见，步进电动机的转速与脉冲电源频率保持着严格的比例关系。因此在恒定脉冲电源作用下，步进电动机可作为同步电动机使用，也可在脉冲电源控制下很方便地实现速度调节，因此，步进电动机转过的机械角度 $\theta$ 与脉冲个数 $N_1$ 的关系为
>
> $$\theta = N_1 \theta_S \tag{7-2}$$
>
> 这个特点在许多工程实践中是很有用的，如在一个自动控制系统中，用步进电动机带动管道阀门，为了控制流量，要求阀门能按精确的角度开闭。这样就要求能对步进电动机进行精确的角度控制。

**例 7-1** 一台三相反应式步进电动机，采用三相六拍运行方式，转子齿数 $Z_R = 40$，脉冲电源频率为 800Hz。

（1）写出一个循环的通电顺序；

（2）求电动机的步距角 $\theta_S$；

（3）求电动机的转速 $n$；

（4）求电动机每秒钟转过的机械角度 $\theta$。

**解：**（1）因为该步进电动机采用三相六拍运行方式，完成一个循环的通电顺序为：AB→B→BC→C→CA→A。

（2）三相六拍运行方式时，$N=6$，故

$$\theta_S = \frac{360°}{Z_R N} = \frac{360°}{40 \times 6} = 1.5°$$

（3）电动机的转速为

$$n = \frac{f\theta_S}{6°} = \frac{800 \times 1.5°}{6°}\text{r/min} = 200\text{r/min}$$

（4）每秒钟转过的机械角度为

$$\theta = 800 \times 1.5° = 1200°$$

### 三、步进电动机的应用

由于步进电动机的步距（转速）不受电压波动和负载变化的影响，也不受环境条件（温度、压力、冲击和振动等）的限制，而只与脉冲频率成正比，所以它能按照控制脉冲数的要求，立即起动、停止、反转。在不丢步的情况下，角位移的误差不会长期积累，所以步进电动机能实现高精度的角度开环控制。然而，由于开环控制的频率不自控，低速时会发生振动现象，这是值得重视和研究的问题。尽管如此，目前步进电动机的应用范围已很广，在数控、工业控制、数模转换和计算机外部设备、工业自动线、印刷机、遥控指示装置、航空系统中，都已成功地应用了步进电动机。

### 四、步进电动机的使用和维护

步进电动机使用和维护应注意以下几点：

1）步进电动机的引出线通常用不同颜色加以区别（见外形图），其中颜色特别的一根是公共引出线，另外几根是各相绕组的首端。对于三相步进电动机，如果要反向转动，只需将任意两相接线对调一下接线位置即可。

2）起动时，应在起动频率下起动之后逐渐上升到运行频率；停止时，应将频率逐渐降低到起动频率以下才能停止。

3）工作过程中，应尽量使负载均匀，避免负载突变引起误差。

4）注意冷却装置是否正常运行。

5）发现失步时，应首先检查负载是否过大、电源电压是否正常、各相电流是否相等、指标是否合理；再检查驱动电源输出是否正常、波形是否正常；最后根据引起失步的原因处理。在处理过程中，不要任意更换元件和改变其规格。

6）负载的转动惯量对步进电动机的起动及运行频率有较大的影响，选用时应注意厂家所给出的允许负载转动惯量。

## 技能训练

### 一、训练内容

步进电动机的拆装。

### 二、工具、仪器仪表及材料

1）电工工具：验电笔、一字和十字螺钉旋具、钢丝钳、尖嘴钳、斜口钳、剥线钳、电工刀等。

2）仪表：MF30 万用表或 MF47 万用表；T301-A 型钳形电流表；500V 绝缘电阻表；转速表。

3）小型步进电动机 1 台，其型号为 57BYGH250A（或自定）。

4）安装、接线用的专用工具。

5）材料

① 配电板 1 块（100mm×200mm×20mm）。

② 依据电动机容量，动力线采用 BVR2.5mm$^2$（红色）多股软塑料铜线；接地线采用 BVR1mm$^2$（黄绿色）多股软塑料铜线，其数量按需要而定。

③ 低压断路器，型号和规格 DZ10-250/330，1 只。

④ 其他：绝缘黑色胶布、演草纸、圆珠笔、螺钉、垫圈、劳保用品等，按需而定。

### 三、评分标准

评分标准见表 7-19。

表 7-19　评分标准

| 序号 | 主要内容 | 评分标准 | 配分 | 扣分 | 得分 |
|---|---|---|---|---|---|
| 1 | 拆装前的准备 | 1. 考核前未将所需工具、仪器及材料准备好，每件扣 2 分<br>2. 拆除电动机电源电缆头及电动机外壳保护接地工艺不正确，电缆头没有保安措施，扣 5 分<br>3. 拉联轴器方法不正确，扣 5 分 | 15 分 | | |
| 2 | 拆卸 | 1. 拆卸方法和步骤不正确，每次扣 5 分<br>2. 碰伤绕组，扣 10 分<br>3. 损坏零部件，每次扣 5 分<br>4. 装配标记不清楚，每处扣 5 分（扣完为止） | 25 分 | | |
| 3 | 装配 | 1. 装配步骤方法错误，每次扣 5 分<br>2. 碰伤绕组，扣 10 分<br>3. 损伤零部件，每次扣 5 分<br>4. 轴承清洗不干净、加润滑油不适量，每只扣 5 分<br>5. 紧固螺钉未拧紧，每只扣 3 分<br>6. 装配后转动不灵活，扣 5 分（扣完为止） | 25 分 | | |

（续）

| 序号 | 主要内容 | 评分标准 | 配分 | 扣分 | 得分 |
|---|---|---|---|---|---|
| 4 | 接线 | 1. 接线不正确，扣 5 分<br>2. 不熟练，扣 2 分<br>3. 电动机外壳接地不好，扣 3 分 | 10 分 | | |
| 5 | 电气测量 | 1. 测量电动机绝缘电阻不合格，扣 5 分<br>2. 不会测量电动机的电流、转速，各扣 5 分 | 15 分 | | |
| 6 | 安全文明生产 | 每违反安全文明生产规定一次扣 5 分 | 10 分 | | |
| 7 | 工时：180min | 不准超时 | 总分 | 100 分 | |
| | | | 教师签字 | | |

### 四、训练步骤

（1）安装前的准备 准备好拆卸场地及摆放好各种拆卸、安装、接线与调试使用的各种工具，断开电源，拆卸电动机与电源线的连接线，并对电源线头做好绝缘处理。

（2）步进电动机的拆卸 步进电动机的拆卸见表 7-20。

表 7-20 步进电动机的拆卸

| 序号 | 步骤 | 过程照片 | 相关描述 |
|---|---|---|---|
| 1 | 拆卸前端盖螺钉 | | 用旋具将步进电动机前端盖的 4 只螺钉拆卸下来 |
| 2 | 取出前端盖 | | 待螺钉取下后，顺着转轴方向端盖拔出来。在前端盖与轴承分离过程中，轴承簧垫可能会掉下来，应当注意将它妥善保管好 |

（续）

| 序号 | 步骤 | 过程照片 | 相关描述 |
|---|---|---|---|
| 3 | 拆卸转子 |  | 待前端盖拆卸后取出转子,因转子是永磁铁心,所以在拔出过程中应注意用力的方向 |
| 4 | 拆卸后端盖 | 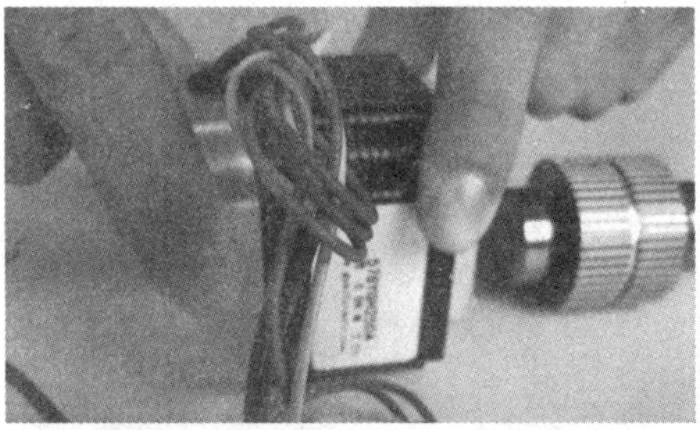 | 待前端盖和转子拆卸后就只剩定子和后端盖了,用手轻摇后端盖便可将定子和后端盖分离出来 |
| 5 | 拆卸完毕清点部件 | 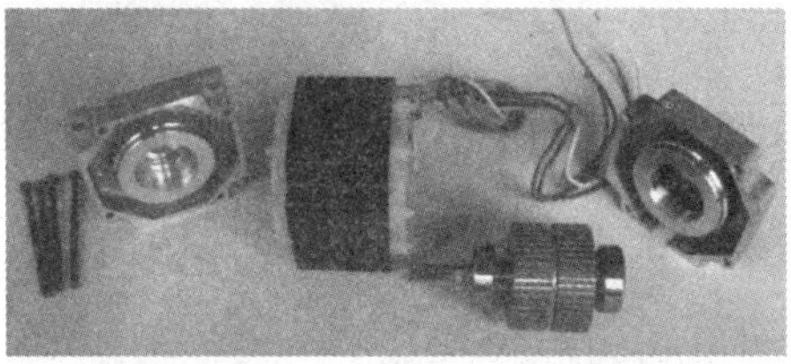 | 拆卸完毕将各部件摆放整齐并进行清点,以便减少重装过程中的疏忽 |
| 6 | 研究步进电动机的定子结构 | 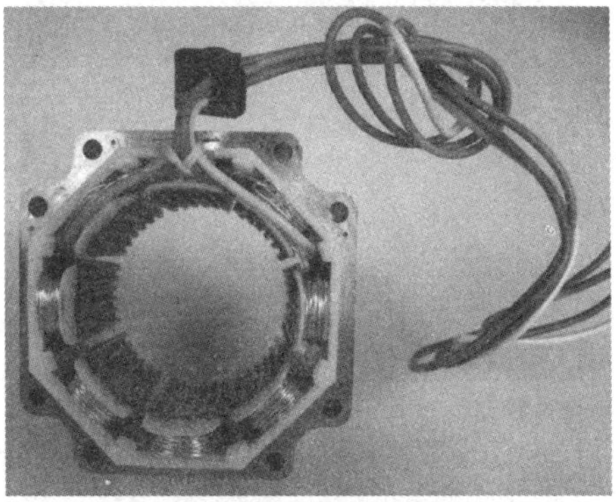 | 认真观察步进电动机的定子,留意其绕组和铁心的结构(图中明显可看出是两相绕组),并清点定子铁心磁极个数 |
| 7 | 研究步进电动机的转子结构 |  | 认真观察步进电动机的转子,清点铁心磁极个数,结合定子铁心磁极个数结合步进电动机的工作原理分析其结构特点 |

（续）

| 序号 | 步骤 | 过程照片 | 相关描述 |
|---|---|---|---|
| 8 | 研究步进电动机的端盖结构 |  | 端盖的机械工艺要求很高,因为它们直接影响转轴同心度和间隙问题。在观察过程中应注意保持端盖的洁净度 |

（3）步进电动机的装配　步进电动机的装配见表7-21。

表 7-21　步进电动机的装配

| 序号 | 步骤 | 过程照片 | 相关描述 |
|---|---|---|---|
| 1 | 检查机械性能 | 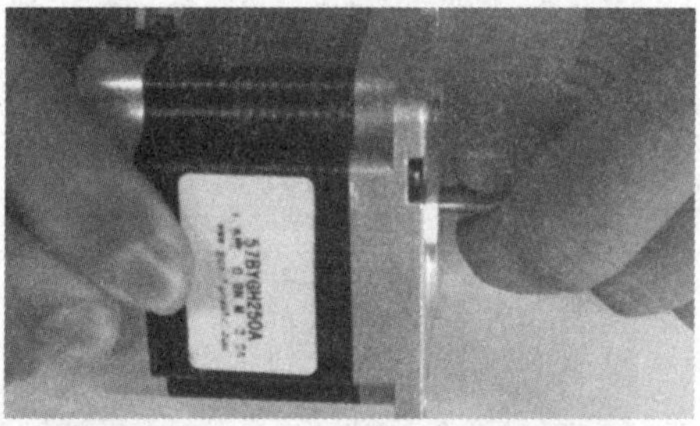 | 待步进电动机重新安装好后,首先要对转轴的灵活性进行试验,方法很简单,用手旋转转轴看转动是否灵活。值得注意的是,因其转子是永磁的,所以在转动时力度可以稍大些 |
| 2 | 绕组直流电阻测试 | 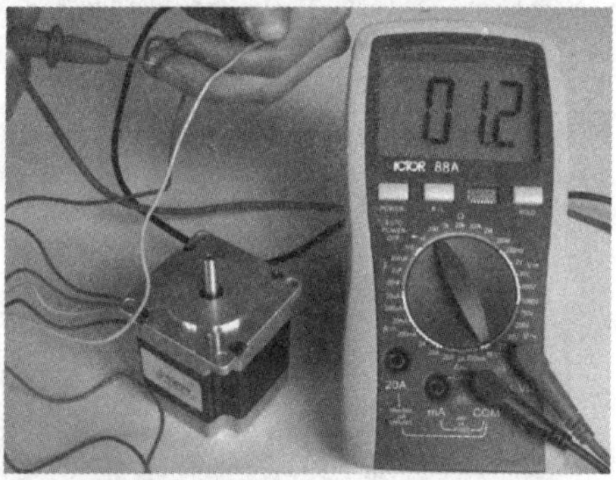 | 在拆卸与安装过程中绕组有可能会损坏,因此在安装好后应对绕组的完好性进行检测。分别测量两相绕组的直流电阻(图中测得其中一相绕组直流电阻为 $1.2\Omega$,属正常范围) |
| 3 | 绕组对外壳的绝缘电阻测试 | 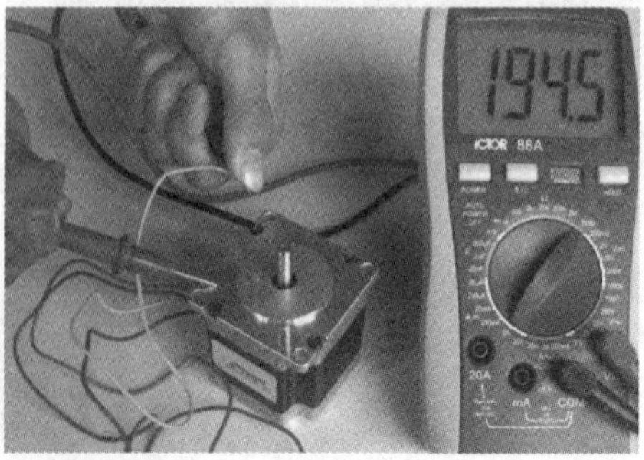 | 用万用表的"×$200M\Omega$"档简易测量两相绕组各自对外壳的绝缘电阻(图中测得其中一相绕组对外壳的绝缘电阻为 $194.5M\Omega$,属正常范围) |

课后练习

1. 测速发电机的主要功能有哪些？按用途不同对其性能分别有什么要求？
2. 什么叫工作特性？直流测速发电机与交流测速发电机分别具有怎样的工作特性？
3. 交流伺服电动机的"自转"现象是指什么？怎样克服"自转"现象？
4. 交流伺服电动机是如何通过改变控制绕组上的控制电压来控制转子转动的？
5. 简述直流伺服电动机的工作原理。

# 第八单元

# 同步电机及其维护

在交流电机中，转子转速严格等于同步转速 $n_0 = \dfrac{60f}{p}$ 的电机称为同步电机。它包括同步发电机、同步电动机和同步补偿机。三相同步电机的主要用途是发电，全世界的电力网几乎都是用三相同步发电机供电的。用作电动机时，因为它的结构比异步电动机复杂，没有起动转矩，不能调速，所以应用范围受到限制。但是它具有改善电网的功率因数、转速稳定、过载能力强等优点，常用于不需调速的大型设备上。同步补偿机又称同步调相机，它相当于一台空载的同步电动机，通过改变励磁电流可以调节电网的无功功率，提高电力系统的功率因数。

## 任务一　同步发电机的维护

**学习目标**

1. 熟悉同步电机的结构及类型。
2. 熟悉同步电机的类型。
3. 掌握同步发电机和同步电动机的工作原理。

**知识解读**

同步电机的结构与异步电动机相似，同步电机的外形结构如图8-1所示。主要由定子和转子两部分组成，如图8-2所示。在定子与转子之间存在气隙，但气隙要比异步电动机宽。

一、同步电机的结构

1. 定子

定子由定子铁心、定子绕组、机座、端盖、挡风装置等部件组成。铁心由0.5mm厚、彼此绝缘的硅钢片叠成，整个铁心固定在机座内，铁心的内圆槽内放置三相

图8-1　同步电机的外形结构

对称的绕组，即电枢绕组。

对于大型的同步电动机，如蓄能电站的同步电动机，由于定子直径太大，运输不方便，通常分成几瓣制造，再运到电站拼装成一个整体。

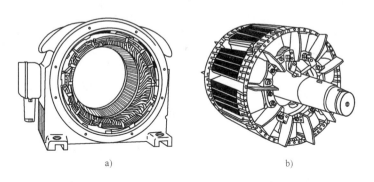

图 8-2 同步电动机的定子与转子

a）定子 b）转子

2. 转子

转子有隐极和凸极两种，图 8-2b 所示为励磁式同步电动机凸极转子的外形。凸极式同步电动机的转子主要由磁极、励磁绕组和转轴组成。磁极由 1~1.5mm 厚的钢板冲成磁极冲片，用铆钉装成一体。磁极上套装有励磁绕组，励磁绕组多数由扁铜线绕成，各励磁绕组串联后将首末引线接到集电环上，通过电刷装置与励磁电源相接。为了使同步电动机具有起动能力，在磁极上还装有起动绕组（或称阻尼绕组）。起动绕组是插入极靴阻尼槽内的裸铜条并和端部环焊接而成，如图 8-3 所示。凸极式磁极铁心的尾套在转子轴的 T 形槽上固定。

凸极式同步电动机分为卧式和立式结构，低速大功率的同步电动机多数采用立式，如大容量的蓄能电站用的同步电动机、大型水泵用的同步电动机。此外，绝大多数的凸极同步电动机都采用卧式结构。

凸极式同步电动机的定子和转子之间存在气隙，气隙是不均匀的，极弧底下气隙较小，极间部分气隙较大，使气隙中的磁感应沿定子圆周按正弦分布，转子（磁极）转动时，在定子绕组中便可获得正弦电动势。

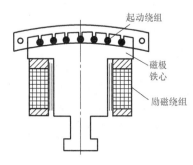

图 8-3 转子磁极结构

隐极式电动机转子做成圆柱形，气隙是均匀的，它没有显露出来的磁极，但在转子本体圆周上，几乎 1/3 是没有槽的，构成所谓"大齿"，励磁磁通主要由此通过，相当于磁极，其余部分是"小齿"，在小齿之间的槽里放置励磁绕组，如图 8-4 所示。目前，汽轮发电机大都采用这种结构形式。

二、同步电机的类型

1. 按结构分类

按结构分，同步电机有隐极和凸极两种，同步电动机大多制成凸极式；按作用分，

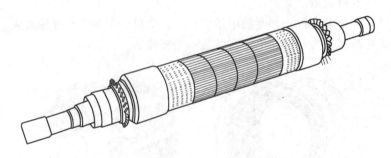

图 8-4　隐极式电动机转子

同步电机可作为发电机、电动机、补偿机。

同步电动机也有三相和单相之分，单相同步电动机定子结构与单相异步电动机相同，但转子不是笼型，而是用永久磁铁作为磁极或用直流电励磁。微型同步电机的转子，也可制成反应式或磁滞式。

直流电可以通过蓄电池储存电能，但交流电目前还不能储存，交流电网每瞬时的用电量与发电量必须相等。用电量每时每刻都在变，发电量随即做相应的调节。抽水蓄能电站是这种调节的最新应用。抽水蓄能电站建有上水库和下水库。电网发电量大于用电量时，电站的同步电机作电动机用，带动水泵将下水库的水抽到上水库储存。电网缺电时，同步电机作发电机用，水泵作水轮机用，将水能变作电能送入电网，抽水蓄能电站其实起到储存交流电的作用。电站大型的同步电机既可用作电动机，也可用作发电机，我国已在不少城市建有抽水蓄能电站。

2. 其他分类方式

按通风方式分，同步电机有开启式、防护式和封闭式三种。按冷却方式分，同步电机有空气冷却、氢气与水冷却和混合冷却三种。

按拖动发电机的原动机分为汽轮发电机、水轮发电机、柴油发电机和风力发电机等。

1）大型发电机。国产汽轮发电机系列有 QFQ、QFN、QFS。QF 表示汽轮发电机，第三个字母 Q 表示氢外冷，N 表示氢内冷，S 表示双水内冷。

国产大型水轮发电机是 T、S 系列，T 表示同步，S 表示水轮。

2）电动机。TD 表示同步电动机，TDL 表示立式同步电动机。

3）同步调相机：TT 为同步调相机。

4）中小型发电机：T2 为小型三相同步发电机，T 为中型三相同步发电机系列。

5）BP、BFT、BPZ、BPS 及 BL 等为中频发电机。

### 三、同步发电机的特点

1. 汽轮发电机的特点

汽轮发电机的转子结构为隐极式结构，如图 8-5 和图 8-6 所示。转子外形常做成一个细长的圆柱体，励磁绕组嵌放在其表面圆周上铣出的槽内。定子铁心由 0.5mm 或其他厚度的硅钢片叠成，沿轴向叠成多段形式，各段间留有通风槽。高转速汽轮发电机转子圆周线速度高，为了减少高速旋转引起的离心力，转子做成细长的隐极式圆柱体，但隐极式结构和加工工艺较为复杂。

隐极式发电机的气隙是均匀的，转子呈圆柱形，转子上没有凸出的磁极。沿着转子本体圆周表面开有许多槽，这些槽中嵌放着励磁绕组。

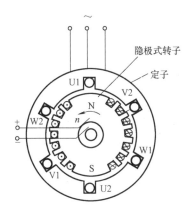

图 8-5　隐极式发电机结构简图

图 8-6　隐极式发电机转子结构实物图

2. 水轮发电机的特点

水轮发电机的转子结构为凸极式结构（见图 8-7 和图 8-8）。转子磁极由厚度为 1～2mm 的钢板冲片叠成，磁极两端有磁极压板，磁极与磁极轭部采用 T 形或鸽尾形连接。定子铁心由扇形硅钢片叠成，定子铁心中留有径向通风沟。由于水轮机的转速较低，要发出工频电能，发电机的极数就比较多。因此水轮发电机的特点是极数多、直径大、轴向长度短。凸极式结构的加工工艺较为简单。

凸极式发电机的气隙是不均匀的，极弧底下气隙较小，极间部分较大。凸极式转子上有明显凸出的成对磁极和励磁线圈。

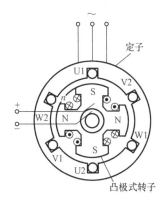

图 8-7　水轮发电机凸极式结构简图

图 8-8　水轮发电机凸极式转子结构实物图

四、同步发电机的工作原理

同步发电机是根据导体切割磁力线感应电动势这一基本原理工作的。因此，同步发电机应具有产生磁力线的磁场和切割该磁场的导体。通常前者是转动的，称为转子，后者是固定的，称为定子（或称电枢），定、转子间有气隙。图 8-9 为同步发电机的工作原理图，定子上有三相对称绕组，每相有相同的匝数和空间分布，其轴线在空间互差120°电角度。转子上有磁极和励磁绕组，励磁绕组中通以直流电流励磁，产生恒定方向的磁场。当原动机拖动发电机转子以转速 $n$（单位为 r/min）旋转时，磁力线将切割定子绕组的导体，根据电磁感应定律，定子绕组中将感应出交变电动势。

每经过一对磁极，感应电动势就交变一周，若发电机有 $p$ 对磁极，则感应电动势的频率为

$$f=\frac{pn}{60} \tag{8-1}$$

因三相绕组在空间位置上有 120° 电角度的相位差，其感应电动势在时间相位上也存在 120° 的相位差。若在三相绕组的出线端接上三相负载，便有电能输出，定子电流与磁场相互作用产生的电磁转矩与原动机的拖动转矩相平衡，即发电机将机械能转换成电能。

由式（8-1）可知，同步发电机定子绕组感应电动势的频率取决于它的极对数 $p$ 和转子的转速 $n$。可见，同步发电机极对数 $p$ 一定时，转速 $n$ 与电枢电动势的频率 $f$ 间具有严格不变的关系，即当电力系统频率 $f$ 一定时，发电机的转速 $n=60f/p$ 为恒值，这就是同步发电机的主要特点。我国标准工频为 50 Hz，因此同步发电机的磁极对数与转速成反比，即 $p=\dfrac{3000}{n}$。汽轮发电机转速

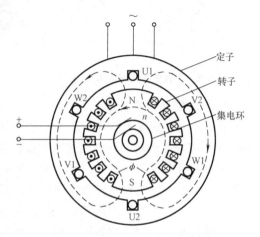

图 8-9　同步发电机的工作原理图

较高，极对数少，如转速 $n=3000\text{r}/\text{min}$ 的汽轮发电机，极对数 $p=1$。水轮发电机转速较低，极对数较多，如转速 $n=125\text{r}/\text{min}$ 的水轮发电机，极对数 $p=24$。

五、同步电机的励磁方式

同步发电机运行时，需要在励磁绕组中通入直流电励磁，提供直流励磁的装置称为励磁系统。励磁系统的性能对同步发电机的工作影响很大，特别是对低压时的强励磁和故障时的快速灭磁性能要求很高。励磁方式主要有发电机励磁和半导体励磁两大类。

1. 直流发电机励磁

图 8-10 所示是直流发电机励磁系统的原理图。一台小容量的直流并励发电机，也称励磁机，与同步发电机同轴连接。励磁机发出的直流电，直接供给同步发电机的励磁绕组，当改变励磁机的励磁电流时，励磁机的端电压就会变化，从而使同步发电机的励磁电流和输出端电压随之发生改变。随着同步发电机单机容量日益增大，制造大电流、高转速的直流励磁机越来越困难。因此，大容量的同步发电机均采用半导体励磁系统。

2. 半导体励磁系统励磁

半导体励磁系统分自励式和他励式两种。

（1）自励式　自励式励磁系统所需的励磁功率直接从同步发电机所发出的功率中

取得，图 8-11 所示是这种励磁方式的原理图。同步发电机发出的交流电，由晶闸管整流器整流后再接到同步发电机的励磁绕组，提供直流励磁电流。励磁电流的大小可通过晶闸管整流器来调节。

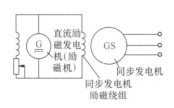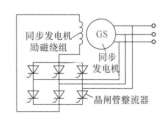

图 8-10　直流发电机励磁系统的原理图　　　　图 8-11　自励式励磁系统的原理图

（2）他励式　他励式半导体励磁系统如图 8-12 所示，它包括一台交流励磁机（主励磁机）G1、一台交流副励磁机 G2、三套整流装置。交流主励磁机 G1 是一个中频（100Hz）的三相交流发电机，其输出电压经硅整流器向同步发电机 G3 的励磁绕组提供直流电。副励磁机 G2 是一个频率为 400Hz 的中频交流发电机，它输出交流电压有两条路径，一条经晶闸管整流后作为主励磁机的励磁电流；另一条经硅整流器供给它自身所需的励磁电流。自动调节励磁装置取样于同步发电机的电压和电流，经电压和电流互感器及自动电压调整器来改变晶闸管的控制角，以改变主励磁机的励磁电流而进行自动调压。

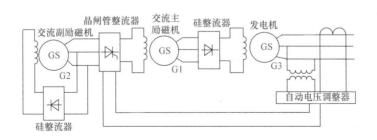

图 8-12　他励式半导体励磁系统

### 六、同步发电机的并联运行

1. 并联运行的优点

在一个发电厂里一般都有多台发电机并联运行，现代电力系统中又把许多水电站和火电站并联起来，形成横跨几个省市或地区的电力网，向用户供电。这种做法有很多好处，主要优点如下。

（1）提高供电的可靠性，减少备用机组容量　多台发电机并联运行后，若其中一台出现故障需要修理，可以由其他发电机来承担它的负载，继续供电，从而避免停电事故，还可以减少发电厂备用机组的容量。

（2）充分合理地利用动力资源　发电站的能源是多种多样的，有水力、火力、风力、核能、潮汐能、太阳能等。水力发电厂发电，不需要燃料，成本较低，在丰水期，让水电站满载运行发出大量的廉价电力；有风时让风力发电站工作，无风时，枯水期主要靠火电站补充，则可以使火电站节约燃料，使总的电能成本降低。水轮发电机的起动、停止比较方便，电网中还常常用作承担高峰负载。

（3）便于提高供电质量　　许多发电厂、发电站并联在一起，形成强大的供电网，其容量相当大，因此在发生负载变动或有发电机起动、停止等情况时对电网的电压和频率扰动大大减少，从而提高供电质量。

2．并网运行的条件

把同步发电机并联至电网的过程称为投入并列，或称为并车、整步。为了避免在并车时产生巨大的冲击电流，防止同步发电机受到损坏、电网遭受干扰，同步发电机与电网并车合闸时，必须满足一定的并列条件：

1）待并车合闸发电机与电网电压应有一致的相序。

2）待并车合闸发电机与电网电压的大小应相等。

3）待并车合闸发电机与电网电压应有相同的频率。

4）待并车合闸发电机与电网电压应有相同的相位。

上述条件中，除相序一致是绝对条件外，其他条件都是相对的，因为通常发电机可以承受一些小的冲击电流。

并车的准备工作是检查并车条件和确定合闸时刻。通常用电压表测量电网电压，并调节发电机的励磁电流使得发电机的输出电压等于电网电压，再借助同步指示器检查并调整频率和相位以确定合闸时刻。

技能训练

### 一、训练内容

同步发电机的使用和维护。

### 二、工具、仪器仪表及材料

绝缘电阻表、电桥、万用表等常用电工工具。

### 三、评分标准

评分标准见表8-1。

表8-1　评分标准

| 序号 | 主要内容 | 评分标准 | 配分 | 扣分 | 得分 |
|---|---|---|---|---|---|
| 1 | 运行前的检查 | 1．灵活性检查不正确，扣5分<br>2．同步发电机清洁不彻底，扣5分<br>3．同步发电机接线错误，扣5分<br>4．电刷压力调整不正确，扣5分<br>5．刷握不牢固或电刷和集电环接触不符合要求，扣5分<br>6．接地不良或绝缘电阻测试不正确，扣5分<br>7．开关、灭弧装置不正常，扣5分 | 30分 | | |

（续）

| 序号 | 主要内容 | 评分标准 | | 配分 | 扣分 | 得分 |
|---|---|---|---|---|---|---|
| 2 | 运行中的监视 | 1. 不能正确判断同步发电机声音,扣5分<br>2. 不能测试同步发电机振动,扣5分<br>3. 不能测试同步发电机温度、电压、电流,各扣5分<br>4. 不能判别同步发电机火花等级,扣5分 | | 40分 | | |
| 3 | 运行中的维护 | 1. 集电环、电刷和刷握清洁不彻底,每处扣5分<br>2. 对硅整流元件、印制电路板清洁不彻底,每处扣5分 | | 20分 | | |
| 4 | 安全文明生产 | 每违反安全文明生产规定一次扣5分 | | 10分 | | |
| 5 | 工时:120min | 不准超时 | 总分 | 100分 | | |
| | | | 教师签字 | | | |

### 四、训练步骤

1. 运行前的检查

1）同步发电机与原动机连接之前，用手转动转轴，观察其转动是否灵活、有无摩擦现象。

2）检查外部是否清洁，内部有无杂物等。

3）检查接线有无松散，螺栓是否松动。

4）检查电刷压力是否合适、刷握是否牢固、电刷和集电环接触是否良好。

5）检查接地是否良好。

6）测量各部分的绝缘电阻，如绝缘电阻过低，应进行干燥处理。

7）检查开关、灭弧装置是否良好。

2. 运行中的监视

1）监听运行声音是否正常、有无振动和焦味。

2）仔细观察同步发电机温升是否过高。

3）应经常观察集电环和电刷之间有无不正常的火花。

4）应随时注意配电屏上各种仪表指示的变化情况。

3. 维护

1）经常对集电环、电刷和刷握进行清洁、紧固，使之接触良好。

2）对硅整流元件、印制电路板要经常清洁、保持干燥、通风良好。

3）要定期清洗轴承和更换润滑油。

4. 注意事项

1）不得使用绝缘电阻表测量硅整流元件和印制电路，以免因其高压击穿这些元件。

2）做好各种继电保护，避免高温电弧对绕组绝缘、铁心的破坏。

# 任务二　同步电动机的维护

1. 掌握同步电动机的起动原理和方法。
2. 理解同步电动机功率因数的调整原理和方法。
3. 熟悉同步补偿机的用途。

## 一、同步电动机的旋转原理

### 1. 定子旋转磁场与转子励磁磁场的关系

同步电动机的定子结构和三相异步电动机是一样的，当通入三相对称电流时，它将产生一个同步速度旋转的正弦分布磁场，而这时转子上也有一个直流励磁正弦分布的磁场。当三相同步电动机正常工作时，转子也以同步转速旋转，所以这两个磁场在空间上的位置是相互固定的，它们之间的作用也是固定的。

根据这两个磁场的相对位置不同，其关系可分成表 8-2 所示的三种情况。

### 2. 失步现象

从前面分析看出，电动机运行时，定子磁场拖动转子磁场转动。两个磁场之间存在着一个固定的力矩，这个力矩的存在是有条件的，必须二者的转速要相等，即同步才行，所以这个力矩也称为同步力矩。一旦二者的速度不相等，则同步力矩就不存在了，电动机就会慢慢停下来，这种转子速度与定子磁场不同，而造成同步力矩消失，转子慢慢停下来的现象，称为"失步现象"。

为什么失步时，电动机就没有旋转力矩呢？因为当转子与定子磁场不同步时，二者的相对位置就会起变化，即 $\theta$ 角就会变化。当转子落后定子磁场角度为 $0° \sim 180°$ 时，定子磁场对转子产生的是驱动力；当 $\theta = 180° \sim 360°$ 时，定子磁场对转子产生的是阻力，所以平均力矩为零。每当转子比定子磁场慢一圈时，定子对转子做的功半圈是正功（使转子前进），半圈是负功（使转子后退），平均下来，做功为零。由于转子没有得到力矩和功率，因此就慢慢停下来了。

发生失步现象时，定子电流迅速上升，是很不利的，应尽快切断电源，以免损坏电动机。

综上所述，当电源频率一定时，同步电动机的转子速度一定为同步转速才能正常运行。这是同步电动机的特点，也是它的优点。因此，同步电动机可用于不需调速、要求速度稳定性较高的场合，如大型空气压缩机、水泵等。

表 8-2 定子旋转磁场与转子励磁磁场的关系

| 磁场相对位置 | 物理学能物理学量、力矩关系 | 磁场相对位置示意图 |
|---|---|---|
| 转子磁场超前定子磁场 $\theta$ 角 | 这时转子磁场吸引着定子做同步转速运转,从物理学的能量、力矩平衡关系看,转子的(机械)驱动力矩应等于定子磁场的(电磁)阻力矩。转子做的功(机械功)应等于定子中产生的功(电功)。转子的功是由原动机提供的,同步电机处于发电机运行状态 | |
| 转子磁场落后定子磁场 $\theta$ 角 | 这时定子磁场吸引着转子做同步转速运转,从物理学的能量、力矩平衡关系看,是定子磁场做功,转子是输出机械功,即同步电机工作在电动机状态。当转子的负载增加时,拉力就会增大,磁力线会被拉长,转子落后的角度就会增加,所以 $\theta$ 角也称为功角 | |
| 转子磁场与定子磁场的夹角 $\theta$ 为零 | 这时定子磁场和转子磁场正好重合,虽然相互吸引,但这个吸引力是经过转子的轴心的,所以不会产生力矩,因此也就不会输出功率。当空载时,虽然转子没有输出功率,但电动机总有一定的摩擦力矩、空气阻力矩等,所以 $\theta$ 角不可能完全为零,但 $\theta$ 角很小 | |

## 二、同步电动机的起动方法

同步电动机起动时,定子上立即建立起以同步转速 $n_s$ 旋转的旋转磁场,而转子因惯性的作用不可能立即以同步转速旋转,因此主极磁场与电枢旋转磁场就不能保持同步状态,而产生失步现象。所以同步电动机在起动时,没有起动力矩,如果不采取其他措施,是不能自行起动的。

起动方法有辅助电动机起动法、调频起动法、异步起动法等。各种起动方法的区别见表 8-3。

表 8-3 同步电动机各种起动方法的区别

| 起动方法 | 起动过程和原理 | 特 点 |
|---|---|---|
| 辅助电动机起动法 | 选用与同步电动机极数相同的异步电动机(容量为同步电动机的 5%~15%)作为辅助电机,起动时先由异步电动机拖动同步电动机起动,接近同步转速时,切断异步电动机的电源;同时接通同步电动机的励磁电源,将同步电动机接入电网,完成起动 | 只能用于空载起动,由于设备多,操作复杂,已基本不用 |
| 调频起动法 | 起动时将定子交流电源的频率降到很低的程度,定子旋转磁场的同步转速因而很低,转子励磁后产生的转矩即可使转子起动,并很容易进入同步运行,逐渐增加交流电源频率,使定子旋转磁场的转速和转子旋转同步上升,直到额定值 | 性能虽好,但变频电源比较复杂,目前采用不多。随着变频技术的发展,调频起动将更趋完善 |
| 异步起动法 | 依靠转子极靴上安装的类似于异步电动机笼型绕组的起动绕组产生异步电磁转矩,把同步电动机当作异步电动机起动 | 是目前同步电动机最常用的起动方法 |

同步电动机异步起动电路图如图 8-13 所示，先将 I 位置的 QS2 开关闭合，在同步电动机励磁回路串接一个约 10 倍于励磁绕组电阻的附加电阻 $R$，将励磁绕组回路闭合。然后合上开关 QS1，给定子绕组通入三相交流电，则同步电动机将在起动绕组作用下，异步起动。当转速上升到接近于同步转速（约 $0.95n$）时，迅速将开关 QS2 由 I 位置合至 II 位置，给转子通入直流电流励磁，依靠定子旋转磁场与转子磁极之间的吸引力，将同步电动机牵入同步速度运行。转子到达同步转速以后，转子笼型起动绕组导体与电枢磁场之间就处于相对静止状态，笼型绕组中的导体中就没有感应电流而失去作用，起动过程随之结束。

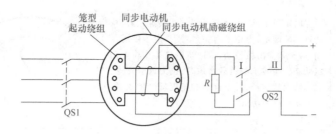

图 8-13  同步电动机异步起动电路图

同步电动机异步起动时，同步电动机的励磁绕组切忌开路。因为刚起动时，定子旋转磁场相对于转子的转速很大，而励磁绕组的匝数又很多，因此会在励磁绕组中感应出很高的电动势，可能会破坏励磁绕组的绝缘，造成人身和设备安全事故。但也不能将励磁绕组直接短接，否则会使同步电动机的转速无法上升到接近同步转速，使同步电动机不能正常起动。

### 三、同步电动机功率因数的调整

同步电动机的电磁功率（即电能转化为机械能的功率）只与两个因素有关。一个因素是转子的励磁：励磁大，吸引力大，功率就大。因励磁大，产生的反电动势 $E_0$ 就大，所以励磁的大小可以用 $E_0$ 来表示。另一个因素是功角 $\theta$，在同样的磁场作用下，$\theta$ 越大，定转子磁极间的磁拉力就越大，产生的功率也就越大。所以，同步电动机的电磁功率 $P_{em}$ 可以表示为

$$P_{em} = KE_0 \sin\theta \tag{8-2}$$

由式（8-2）可以看出，电动机的电磁功率由 $E_0$ 和 $\theta$ 决定，$E_0$ 是可以通过改变转子励磁来改变的。如果在改变 $E_0$ 的同时也改变 $\theta$，就可以保持电磁功率 $P_{em}$ 不变，而改变了电动机的无功功率，$\cos\varphi$ 因此得到调整。下面分三种情况来分析，见表 8-4。

由表 8-4 可以看出，励磁的变化引起 $\cos\varphi$ 变化，而输入有功功率 $\sqrt{3}\,UI\cos\varphi$ 和电磁功率 $KE_0\sin\varphi$ 都保持不变，但无功功率却变化了。

总之，同步电动机的无功功率、功率因数可以通过改变励磁来调节，这是一个很大的优点。如果把这样的同步电动机安装在大量感性负载的工厂附近，就可减少在工厂和发电厂之间的线路传输损耗了。

表 8-4　同步电动机功率因数的调整

| 励磁情况 | 励磁特点 | 相量图 |
|---|---|---|
| 正常励磁 | 当励磁大小恰当时，$\dot{U}$ 与 $\dot{I}$ 同相位，$\varphi = 0$，$\cos\varphi = 1$，电动机只有有功功率 $P_{em}$，而无功功率为零 | 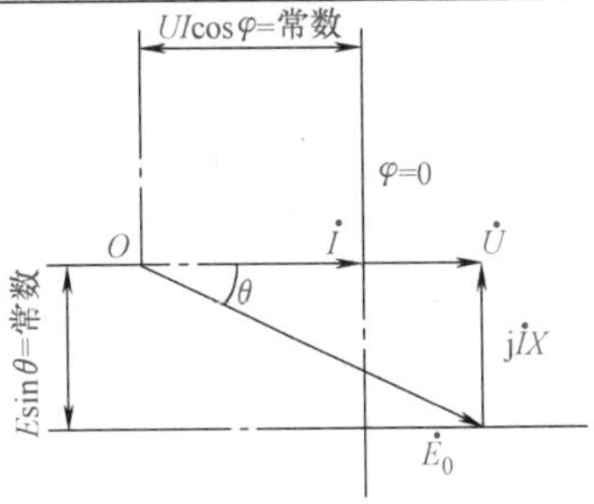 $UI\cos\varphi =$常数　$\varphi=0$　$E_0\sin\theta =$常数 |
| 过励磁 | 当增加励磁 $\dot{E}_0$ 增大时，$\dot{I}$ 超前 $\dot{U}$ 一个 $\varphi$ 角。这时同步电动机为容性负载，可以中和电网中的感性负载，使电网中的功率因素提高 | 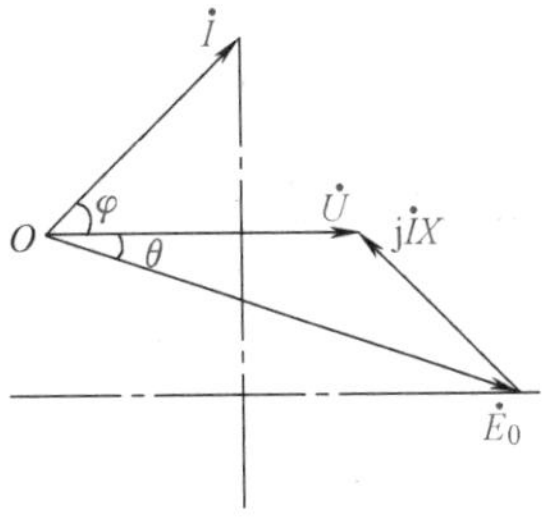 |
| 欠励磁 | 当 $\dot{E}_0$ 减小，工作在欠励磁状态时，$\dot{I}$ 就会落后 $\dot{U}$，成为感性负载，同步电动机就和异步电动机一样了，这对电网不利，所以一般都不工作在这个状态 | 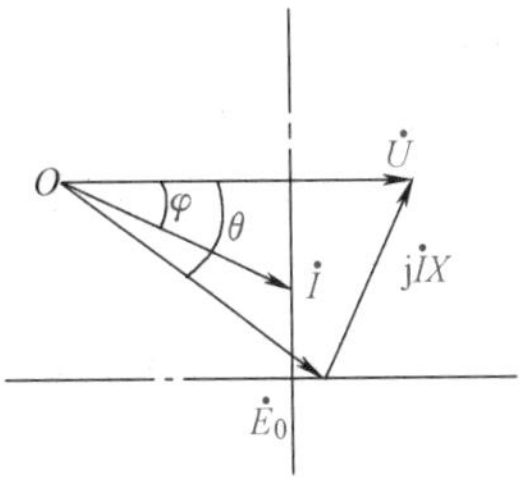 |

### 四、同步补偿机

过励磁状态下的同步电动机可以输出电感性的无功功率，可以提高电网的功率因数，人们利用这一特性制造了一种同步电动机，它不带任何机械负载，专门在过励磁状态下空载运行，只向电网输出感性无功功率，这种同步电动机称为同步补偿机，也称为同步调相机。

从表 8-4 中过励磁情况可知，当电动机不输出有功功率时，$E_0\sin\theta \approx 0$，$UI\cos\varphi \approx 0$，即有 $\theta \approx 0$，$\varphi \approx 90°$，就可得到图 8-14 所示的同步补偿机的电压、电流相量图。可见同步补偿机是在过励磁状态下空载运行，电流 $\dot{I}$ 将超前电压 $\dot{U}$ 为 90°。同步补偿机在运行时能够输出较大的感性无功功率，这就相当于给电网并联了一个大容量的电容器，使电网的功率因数得到提高。

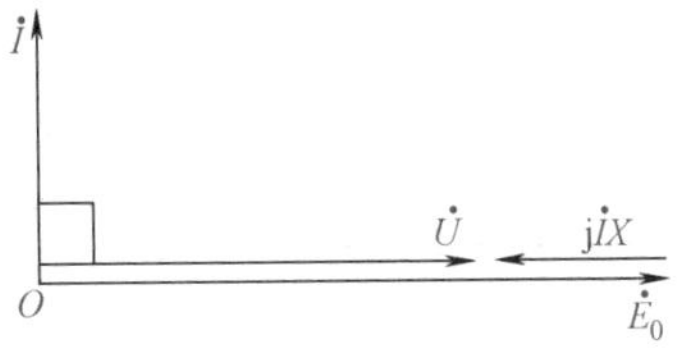

图 8-14　同步补偿机的
电压、电流相量图

同步补偿机在使用时，一般应将其接在用户区，以就近向用户提供感性无功功率，使线路上的感性无功电流大大减少，从而达到降低电网线路损耗的目的。

 技能训练

一、训练内容

同步电动机的使用和维护。

二、工具、仪器仪表及材料

绝缘电阻表、电桥、万用表等常用电工工具。

三、评分标准

评分标准见表8-5。

表8-5 评分标准

| 序号 | 主要内容 | 评分标准 | 配分 | 扣分 | 得分 |
|---|---|---|---|---|---|
| 1 | 运行前的检查 | 1. 灵活性检查不正确,扣5分<br>2. 清洁同步电动机不彻底,扣5分<br>3. 同步电动机接线错误,扣5分<br>4. 电刷压力调整不正确,扣5分<br>5. 刷握不牢固或电刷和集电环接触不符合要求,扣5分<br>6. 接地不良或绝缘电阻测试不正确,扣5分<br>7. 开关、灭弧装置不正确,扣5分 | 30分 | | |
| 2 | 运行中的监视 | 1. 不能正确判断同步电动机声音,扣5分<br>2. 不能测试同步电动机振动,扣5分<br>3. 不能测试同步电动机温度、电压、电流,各扣5分<br>4. 不能判别同步电动机火花等级,扣5分 | 40分 | | |
| 3 | 运行中的维护 | 1. 集电环、电刷和刷握进行清洁不彻底,每处扣5分<br>2. 对硅整流元件,印刷电路板清洁不彻底,每处扣5分 | 20分 | | |
| 4 | 安全文明生产 | 每违反安全文明生产规定一次扣5分 | 10分 | | |
| 5 | 工时:120min | 不准超时 | 总分 | 100分 | |
| | | | 教师签字 | | |

四、训练步骤

1)通电前,检查转轴是否灵活,有无卡住现象。

2)运行过程中,监听声音是否正常、有无振动和焦味。

3)检查接线有无松散,机壳是否松动。

4)对于有齿轮减速装置的同步电动机,要定期加齿轮油。

五、注意事项

微型同步电动机较精密，因此不要轻易拆装，如要拆洗，特别要小心。

课后练习

1. 为什么同步电动机大多采用旋转磁极式结构？

2. 汽轮发电机和水轮发电机在结构特点上有什么不同？

3. 为什么同步发电机的转速只有 3000r/min、1500r/min、1000r/min 等若干固定的转速等级，而不能有任意转速？

4. 同步发电机的励磁方式有哪些？

5. 简述同步电动机的工作原理。

6. 简述同步发电机并联运行的优点和条件。

7. 什么是同步电动机的失步现象？失步的原因是什么？

8. 为什么同步电动机不能自行起动？

9. 异步起动法起动同步电动机时，为什么其励磁绕组要通过电阻短路？

10. 为什么过励状态下的同步电动机能够提高电路的功率因数？

11. 什么叫作同步补偿机？其主要作用是什么？

# 参 考 文 献

［1］ 王建. 维修电工. 中级 ［M］. 北京：中国电力出版社，2013.
［2］ 王建. 维修电工. 高级 ［M］. 北京：中国电力出版社，2013.
［3］ 沈蓬. 电机与变压器 ［M］. 北京：中国劳动社会保障出版社，2014.
［4］ 王建. 电机变压器原理与维修 ［M］. 北京：中国劳动社会保障出版社，2012.

# 电机变压器
# 配套习题册

班级_____

姓名_____

学号_____

机 械 工 业 出 版 社

# 第一单元　单相变压器及其维护

## 任务一　小型变压器的拆装与重绕

### 一、填空题

1. 变压器是一种____的电气设备，它的基本原理是_____原理。

2. 变压器按铁心结构分类，可分为_____、_____。

3. 单相变压器按用途分类，可分为_____、_____、_____、_____。

4. 变压器按绕组分类，可分为_____、_____、_____、_____。

5. 变压器按冷却分类，可分为_____、_____、_____、_____。

6. 单相变压器的基本结构包括一只由彼此绝缘的薄硅钢片叠成的闭合铁心以及绕在铁心上的高、低压绕组两大部分。其中绕组是____部分，铁心是_____。

7. 变压器的铁心由_____和____两部分组成，_____上套装变压器绕组。

8. 按高压绕组和低压绕组的相互位置和形状不同，变压器的绕组可分为_____和_____两种。

9. 采用交叠式绕组的变压器主要用在_____、_____的变压器上。

### 二、判断题

1. （　　）在电路中所需要的各种直流电，可以通过变压器来获得。

2. （　　）变压器的基本原理是电流的磁效应。

3. （　　）电力变压器主要用于电能的输送与分配。

4. （　　）控制变压器一般用于小功率电源系统和自动控制系统。

5. （　　）心式单相变压器常用于大、中型变压器及高压的电力变压器。

6. （　　）单相心式变压器，低压绕组必须置于里层，其理由是增加高压绕组与铁心之间的安全距离。

7. （　　）交叠式绕组的主要优点是漏抗小、机械强度高、引线方便。

### 三、选择题

1. （　　）常用于单相交流电路中隔离、电压等级的变换、阻抗变换、相位变换或三相变压器组。

（A）壳式单相变压器　　　　　　（B）心式单相变压器

（C）自耦变压器　　　　　　　　（D）电流互感器

2. 变压器铁心常采用（　　）厚的硅钢片叠装而成，片间彼此绝缘。

（A）0.1mm　　　（B）0.35mm　　　（C）0.6mm　　　（D）1mm

3. 为安全考虑，单相芯式变压器高压绕组必须置于（　　　）。

（A）内层　　　（B）外层　　　（C）中间　　　（D）最内层

## 四、简答题

1. 变压器能改变直流电压吗？如果接上直流电压会发生什么现象？为什么？

2. 变压器的铁心为什么用硅钢片组成？

# 任务二　单相变压器的维护

## 一、填空题

1. 变压器的空载运行是指变压器的一次绕组＿＿＿＿＿＿＿＿，二次绕组＿＿＿＿的工作状态。

2. 一次绕组为 660 匝的单相变压器，当一次电压为 220V 时，要求二次电压为 127V，则该变压器的二次绕组应为＿＿＿＿匝。

3. 一台变压器的电压比为 1∶15，当它的一次绕组接到 220V 的交流电源上时，二次绕组输出的电压是＿＿＿＿V。

4. 变压器空载运行时，由于＿＿损耗较小，＿＿损耗近似为零，所以变压器的空载损耗近似等于＿＿损耗。

5. 变压器不但可以用来变换交流电压，还能变换＿＿＿＿＿＿＿、＿＿＿＿＿＿＿和＿＿＿＿＿＿＿，但不能变换＿＿＿和＿＿＿＿＿＿＿。

6. 变压器的外特性是指变压器的一次侧输入额定电压和二次侧负载的＿＿＿＿＿＿＿＿＿＿＿一定时，二次侧＿＿＿＿＿＿＿$U_2$ 与＿＿＿＿＿＿$I_2$ 关系。

7. 一般情况下，照明电压的波动不超过＿＿，动力电源电压不超过＿＿＿＿＿＿＿＿，否则要进行调整。

8. 如果变压器的负载系数为 $\beta$，则它的铜损耗 $P_{Cu}$ 与负载电流的关系为＿＿＿＿＿＿＿，所以铜损耗是随＿＿＿＿＿＿＿＿的变化而变化的。

9. 当变压器的负载功率因数 $\cos\varphi_2$ 一定时，变压器的效率只与＿＿＿＿＿＿＿有关；且当＿＿＿＿＿＿＿＿＿＿＿＿＿＿＿＿＿＿＿，变压器的效率最高。

10. 变压器绕组的极性是指变压器一次绕组、二次绕组在同一磁通作用下所产生的感应电动势之间的相位关系，通常用_____来标记。

11. 所谓同名端，是指 _____，一般用 __ 来表示。

12. 绕组正向串联也叫_____，即把两个线圈的_____相接，总的电动势为两个电动势____，电动势会_____。

13. 变压器同名端的判别方法有_____、_____和_____三种。

## 二、判断题

1. （　　）变压器中匝数较多、线径较小的绕组一定是高压绕组。

2. （　　）变压器既可以变换电压、电流和阻抗，又可以变换相位、频率和功率。

3. （　　）变压器用于改变阻抗时，电压比是一、二次阻抗的二次方比。

4. （　　）变压器空载运行时，一次绕组的外加电压与其感应电动势在数值上基本相等，而相位相差 $180°$。

5. （　　）当变压器的二次电流增加时，由于二次绕组磁通势的去磁作用，变压器铁心中的主磁通将减小。

6. （　　）在变压器绕组匝数、电源电压及频率一定的情况下，将变压器的铁心截面积 $S$ 减小，根据公式 $\Phi = BS$ 可知，变压器铁心中的主磁通将减小。

7. （　　）当变压器的二次电流变化时，一次电流也跟着变化。

8. （　　）变压器的外特性是用来描述输出电压 $U_2$ 随负载电流 $I_2$ 的变化而变化的情况。

9. （　　）变压器的铁损耗包括基本铁损耗和附加铁损耗两部分。

10. （　　）接容性负载对变压器的外特性影响较大，并使输出电压 $U_2$ 下降。

11. （　　）负载的功率因数对变压器外特性的影响是很大的。

12. （　　）在变压器中，铜损耗与负载电流的二次方成正比。

13. （　　）所谓同名端是指变压器绕组极性相同的端点。

14. （　　）没有被同一个交变磁通所贯穿的线圈，它们之间就不存在同名端的问题。

15. （　　）变压器的两个绕组只允许同极性并联，绝不容许反极性并联。

## 三、选择题

1. 变压器具有改变（　　）的作用。

（A）交变电压　　　　　　　　（B）交变电流

（C）变换阻抗　　　　　　　　（D）以上都是

2. 有一台 380V/36V 的变压器，在使用时不慎将高压侧和低压侧互相接错，当低压侧加上 380V 电源后，会发生的现象是（　　）。

（A）高压侧有 380V 的电压输出

（B）高压侧没有电压输出，绕组严重过热

（C）高压侧有高压输出，绕组严重过热

（D）高压侧有高压输出，绕组无过热现象

3. 有一台变压器，一次绕组的电阻为 10Ω，在一次侧加 220V 交流电压时，一次绕组的空载电流（　　）。

（A）等于 22A　　（B）小于 22A　　（C）大于 22A　　（D）不小于 22A

4. 变压器降压使用时，能输出较大的（　　）。

（A）功率　　　　（B）电流　　　　（C）电能　　　　（D）电功率

5. 将 50Hz、220V/127V 的变压器接到 100Hz、220V 的电源上，铁心中的磁通将（　　）。

（A）减小　　　　（B）增加　　　　（C）不变　　　　（D）不能确定

6. 常用的电力变压器从空载到满载，电压变化率为（　　）。

（A）1%~3%　　（B）3%~5%　　（C）4%~6%　　（D）6%~8%

7. 通常变压器的最高效率位于（　　）之间。

（A）0.5~0.6　　（B）0.6~0.7　　（C）0.7~0.8　　（D）0.8~0.9

8. 单相变压器一次侧、二次侧电压的相位关系取决于（　　）。

（A）一次、二次绕组的同名端

（B）对一次侧、二次侧出线端标志的规定

（C）一次、二次绕组的同名端以及对一次侧、二次侧出线端标志的规定

9. 变压器绕组反向串联时，总的电动势会（　　）。

（A）越来越大　　（B）越来越小　　（C）保持不变

**四、简答题**

1. 变压器中感应电动势的大小与哪些因素有关？如何计算？

2. 什么是主磁通？什么是漏磁通？

3. 实际变压器空载运行的损耗有哪些？

4. 变压器的额定电压调整率是一个常数吗？它与负载性质有哪些关系？

5. 什么是绕组的同名端？什么样的绕组之间才有同名端？

6. 变压器绕组之间进行连接时，极性判别是至关重要的。一旦极性接反，会产生什么后果？

7. 变压器绕组的极性测定中，一般采用什么方法？试用直流法和交流法简述判定变压器绕组的同名端的原理和方法。

8. 判断同名端和极性是一回事吗？它有什么实际意义？

**五、计算题**

1. 变压器一次绕组为 2000 匝，电压比 $K=30$，一次绕组接入工频电源时，铁心中的磁通最大值 $\varPhi_m = 0.015\text{Wb}$。试计算一次、二次绕组的感应电动势各为多少。

2. 单相变压器的一次电压 $U_1 = 380\text{V}$，二次电流 $I_2 = 21\text{A}$，电压比 $K = 10.5$，试求二次电压和一次电流。

3. 收音机的输出阻抗为 $450\Omega$，现有 $8\Omega$ 的扬声器与其连接，用阻抗变压器使其获得最大的输出功率，求输出变压器的电压比应为多大？

# 第二单元　三相变压器及其维护

## 任务一　三相变压器运行中的检查

### 一、填空题

1. 变压器的绕组常用绝缘铝线、铜线或铜箔绕制而成，接电源的绕组称为_____，接负载的称为_____。

2. 电力变压器如按冷却方式进行分类，电力变压器可分为_____变压器、_____变压器、_____变压器、____变压器。

3. 国产电力变压器大多数采用_____，其主要部分是____和____，由它们组成器身。为了解决散热、绝缘、密封、安全等问题，还需要____、_____、_____、_____、_____、_____和_____等附件。

4. 变压器的分接开关是用来控制_____变动，它一般装在_____，通过改变一次绕组的____来调节电压。输出电压的调节范围为_____的 5%。

5. 安全气道又称防爆器，用于避免油箱爆炸引起更大的危害。在密封变压器中，广泛采用_____作为保护。

6. 某变压器型号为 S7-500/10，其中 S 表示_____，数字 500 表示_____；10 表示_____。

7. 所谓温升，是指变压器在额定工作条件下，内部绕组允许的____与_____之差。

8. 电力变压器投入运行前要测量各电压级绕组对地的绝缘电阻，20~30kV 的变压器不低于____MΩ，3~6kV 的变压器不低于____MΩ，0.4kV 以下的变压器不低于____MΩ。

9. 变压器投入运行中，要对仪表进行监视。电压表、电流表、功率表等应_____抄表一次；在过载运行时，应每_____抄表一次；电表不在控制室时，每班至少抄表____。

10. 变压器投入运行中，对变压器要进行检查。有值班人员的应每班检查__次，每天至少检查__次，每星期进行__夜间检查。无固定人员值班的至少每____月检查一次。

11. 变压器上层油温一般应在____以下，如油温突然升高，则可能是冷却装置有故障，也可能是变压器____故障。

12. 浓雾、小雨、下雪时要检查变压器瓷套管表面、各引线接头发热部位应无水蒸气上升或落雪融化现象，_____应无冰柱。

二、判断题

1.  （    ）中小型电力变压器无载调压分接开关的调节范围是其额定输出电压的±15%。

2.  （    ）电力变压器二次绕组的额定电压是指在一次侧接入额定电压，二次侧接入额定负载，分接开关位于额定分接头上时二次侧输出的线电流。

3.  （    ）气体继电器装在油箱与储油柜之间的管道中，当变压器发生故障时，器身就会过热使油分解产生气体，发出报警信号。

4.  （    ）测量装置实质就是热保护装置，用于检测变压器的工作温度。

5.  （    ）绕组的最高允许温度为额定环境温度加变压器额定温升。

6.  （    ）新的或经大修的变压器投入运行后，应检查变压器声音的变化。

7.  （    ）变压器短时过负载而报警，解除音响报警后，可以不做记录。

8.  （    ）变压器绕组匝间或层间短路会使油温升高。

9.  （    ）硅钢片间绝缘老化后，变压器空载损耗不会变大。

10.  （    ）出现铁心片间绝缘损坏时，将使变压器发出异常声响。

11.  （    ）当铁心多点接地或接地不良时，可能引起铁心发热、油温升高、油色变黑等现象。

12.  （    ）变压器绕组导线焊接不良，将可能使变压器发出异常声响。

13.  （    ）造成变压器油发出"咕嘟"声的原因可能是绝缘板的绝缘性能变差。

三、选择题

1.  从工作原理来看，中、小型电力变压器的主要组成部分是（    ）。
  （A）油箱和储油柜          （B）油箱和散热器
  （C）铁心和绕组            （D）外壳和保护装置

2.  油浸式中、小型电力变压器中变压器油的作用是（    ）。
  （A）润滑和防氧化          （B）绝缘和散热
  （C）阻燃和防爆            （D）灭弧和均压

3.  常用的无载调压分接开关的调节范围为额定输出电压的（    ）。
  （A）±10%      （B）±5%      （C）±15%      （D）±20%

4.  变压器的额定容量是指变压器在额定负载运行时（    ）。
  （A）一次侧输入的有功功率      （B）一次侧输入的视在功率
  （C）二次侧输出的有功功率      （D）二次侧输出的视在功率

5.  变压器的额定电流是指额定状况下运行时，变压器一、二次侧的（    ）。
  （A）线电流      （B）相电流      （C）线电压      （D）相电压

6.  测量各电压级绕组对地的绝缘电阻时，（    ）kV的变压器不低于

$300\ \text{M}\Omega_{\circ}$

（A）20~30　　　（B）3~6　　　（C）1~3　　　（D）0.4kV 以下

7. 监视变压器运行时，对于不在控制室的电表应每班至少抄表（　　）次。

（A）1　　　　　（B）2　　　　　（C）3　　　　　（D）4

8. 以下说法中，（　　）不是变压器绕组匝间或层间短路故障的原因。

（A）变压器运行年久，绕组绝缘老化

（B）绕组绝缘受潮

（C）绕组绕制不当，使绝缘局部受损

（D）导线焊接不良

9. 以下说法中，（　　）不是变压器铁心片间绝缘损坏故障的现象。

（A）空载损耗变大　　　　　　　　（B）气体继电器动作

（C）变压器发出异常声响　　　　　（D）铁心发热、油温升高、油色变深

**四、简答题**

1. 为什么要高压输电？

2. 电力变压器按其功能分为哪几种？

3. 简述变压器绕组匝间或层间短路故障的原因与处理方法。

4. 简述变压器绕组接地或相间短路故障的原因与处理方法。

5. 简述变压器绕组变形与断线故障的原因与处理方法。

6. 简述变压器套管闪络故障的原因与处理方法。

7. 简述分接开关烧毁故障的原因与处理方法。

**五、计算题**

一台三相变压器，额定容量 $S_N = 400kV \cdot A$，一次、二次额定电压为 $U_{N1}/U_{N2} = 10kV/0.4kV$，一次绕组采用星形联结，二次绕组采用三角形联结。试求：

（1）一次、二次额定电流。

（2）在额定工作的情况下，一次侧、二次侧实际流过的电流。

（3）已知一次绕组的匝数是 150 匝，则二次绕组的匝数是多少？

## 任务二  三相变压器首尾端的判别

**一、填空题**

1. 三相变压器的一次绕组、二次绕组，根据不同的需要可以有_____和_____。

2. 所谓三相绕组的星形联结，是指把三相绕组的尾端连在一起构成_____，三个尾端分别接在_____的联结方式。

3. 三相变压器一次侧采用星形联结时，如果一相绕组接反，则三个铁心柱中的磁通将会_____，这时变压器的空载电流也将____。

4. 三相变压器的三角形联结是指把各相____相接构成一个封闭的回路，把_____接到三相电源上去。因首尾连接顺序不同，可分为_____和_____两种接法。

5. 对于三相电力变压器，我国国家标准规定了五种标准联结组，它们是：____、____、____、____、____。

6. 联结组标号为 Yd3 的三相变压器，其高压侧为____联结，低压侧为_____联结，高压侧线电压超前低压侧线电压____。

**二、判断题**

1. （   ）三角形联结可以使变压器的一次侧一相接反。

2. （   ）表示三相变压器联结组标号的"时钟表示法"规定：变压器高压侧线电压相量为长针，永远指向时钟上的 12 点；低压侧线电压相量为短针，指向时钟上哪一点，则该点数就是变压器联结组的标号。

3.（    ）联结组为 Yd 的三相变压器，其联结组标号一定是偶数。

4.（    ）Yyn0 联结组可供三相动力和单相照明用电。

5.（    ）Yd11 联结组用于三相四线低压照明。

6.（    ）当二次绕组三角形联结正确时，其开口电压应该为零。

三、选择题

1. YY 联结的三相变压器，若二次侧 W 相绕组接反，则二次侧线电压之间的关系为（    ）。

（A）$U_{VW} = U_{WU} = 1/\sqrt{3}\, U_{UV}$        （B）$U_{VW} = U_{WU} = \sqrt{3}\, U$

（C）$U_{VW} = U_{UV} = 1/\sqrt{3}\, U_{WU}$        （D）$U_{UV} = U_{WU} = 1/\sqrt{3}\, U_{VW}$

2. 一台三相变压器的联结组标号为 YY0，其中"Y"表示变压器的（    ）。

（A）高压绕组为星形联结        （B）高压绕组为三角形联结

（C）低压绕组为星形联结        （D）低压绕组为三角形联结

3. 一台三相变压器的联结组标号为 Yyn0，其中"yn"表示变压器的（    ）。

（A）低压绕组为有中性线引出的星形联结

（B）低压绕组为星形联结，中性点需接地，但不引出中性线

（C）高压绕组为有中性线引出的星形联结

（D）高压绕组为星形联结，中性点需接地，但不引出中性线

4. 一台三相变压器的联结组标号为 Yd11，其中"d"表示变压器的（    ）。

（A）高压绕组为星形联结        （B）高压绕组为三角形联结

（C）低压绕组为星形联结        （D）低压绕组为三角形联结

5. 一台三相变压器的联结组标号为 Ynd11，其中的"11"表示变压器的低压侧（    ）电角度。

（A）线电压相位超前高压侧线电压相位 330°

（B）线电压相位滞后高压侧线电压相位 330°

（C）相电压相位超前高压侧相电压相位 30°

（D）相电压相位滞后高压侧相电压相位 30°

6. 将联结组标号为 Yy8 的变压器每相二次绕组的首、尾端标志互相调换，重新连接成星形，则其联结组标号为（    ）。

（A）Yy10        （B）Yy2        （C）Yy6        （D）Yy4

7. 一台 Yd11 联结组别的变压器，若每相一次绕组和二次绕组的匝数比均为 $\sqrt{3}/4$，则一次侧、二次侧额定电流之比为（    ）。

（A）$\sqrt{3}/4$        （B）3/4        （C）4/3        （D）2/3

8. 一台 Yd11 联结组标号的变压器，改接为 Yy12 联结组标号后，其输出电压、电流及功率与原来相比，（    ）。

（A）电压不变，电流减小，功率减小

（B）电压降低，电流增大，功率不变

（C）电压升高，电流减小，功率不变

（D）电压降低，电流不变，功率减小

9. Yd 联结组标号的变压器，若一次绕组、二次绕组的额定电压为 220kV/110kV，则该变压器一次绕组、二次绕组的匝数比为（　　　）。

（A）$2:1$　　（B）$2:\sqrt{3}$　　（C）$2\sqrt{3}:1$　　（D）$\sqrt{3}:2$

10. 一台 Yy12 联结组的变压器，若改接并标定为 Yd11 联结组，则当一次侧仍能施加原来的额定功率时，其二次侧相电流将是原来额定电流的（　　　）倍。

（A）$1/3$　　（B）$1/\sqrt{3}$　　（C）$\sqrt{3}$　　（D）3

**四、简答题**

1. 什么是变压器绕组的星形联结？它有什么优缺点？

2. 二次侧为三角形联结的变压器，测得三角形的开口电压为 2 倍的二次侧相电压，请画图说明是什么原因造成的。

### 五、计算题

一台三相变压器一次绕组的每相匝数为 $N_1 = 2080$ 匝，二次绕组每相匝数为 $N_2 = 1280$ 匝，如果将一次绕组接在 10kV 的三相电源上，试分别求当变压器 Yy0 及 Yd1 两种联结方式的二次侧线电压。

## 任务三　三相变压器的并联运行与常见故障排除

### 一、填空题

1. 为了满足机器设备对电力的要求，许多变电所和用户都采用几台变压器并联供电来提高_____。

2. 变压器并联运行的条件是_____；_____；_____。

3. 变压器并联运行接线时，要求一次、二次电压____；电压比误差不超过____。

4. 变压器并联运行时的负载分配（即电流分配）与变压器的阻抗电压成____，因此，为了使负载分配合理（即容量大、电流也大），就要求它们的_____都一样。

5. 并联运行的变压器容量之比不宜大于____，短路电压 $U_k$ 要尽量接近，相差不大于____。

### 二、判断题

1. （　　）当负载随昼夜、季节而波动时，可根据需要将某些变压器解列或并联以提高运行效率，减少不必要的损耗。

2. （　　）两台变压器只要联结组标号相同就可以并联运行。

3. （　　）联结组标号不同的变压器（设并联运行的其他条件都满足）并联

运行一定会烧坏。

4.（　　）电压比不相等（设并联运行的其他条件都满足）的两台变压器并联运行一定会烧坏。

5.（　　）短路电压相等（设并联运行的其他条件都满足）的两台变压器并联运行，各变压器按其容量大小或正比地分配负载电流。

6.（　　）新的或经大修的变压器投入运行后，应检查变压器声音的变化。

三、选择题

1. 二次侧额定电流为1500A和1000A的两台变压器并联运行，当前一台的输出电流为1000A时，后一台的输出电流为900A，试判断这两台变压器是否满足并联运行的条件（　　）。

（A）完全满足　　　　　　　　（B）电压比相差过大

（C）短路电压相差过大　　　　（D）联结组标号不同

2. 两台变压器并联运行，空载时二次绕组中有一定大小的电流，其原因是（　　）。

（A）短路电压不相等　　　　　（B）变压比不相等

（C）联结组标号不同　　　　　（D）并联运行的条件全部不满足

四、简答题

1. 变压器为什么要并联运行？并联运行的条件是什么？

2. 两台容量不同的变压器并联运行时，大容量的阻抗电压应该大一点好，一样好，还是小一点好？为什么？

# 第三单元　特殊变压器及其维护

## 任务一　互感器的维护

**一、填空题**

1. 互感器是一种测量____和____的仪用变压器。用这种方法进行测量的优点是使测量仪表与_____、_____隔离，从而保证人身和仪表的安全，又可大大减少测量中的_____，扩大仪表的量程，便于仪表的_____。

2. 电流互感器一次绕组的匝数____，要__联接入被测电路；电压互感器一次绕组的匝数____，要__联接入被测电路。

3. 电流互感器二次侧的额定电流一般为__A，电压互感器二次侧的额定电压一般为__V。

4. 用电流比为200/5的电流互感器与量程为5A的电流表测量电流，电流表读数为4.2A，则被测电流是__A，若被测电流为180A，则电流表的读数为__A。

5. 在选择电流互感器时，必须按其_____、_____、_____及_____适当选取。

6. 使用电流互感器时，其_____大小会影响测量的准确度，因此_____应小于互感器要求的阻抗值，并且所用互感器的准确度等级应比所接的仪表准确度__两级，以保证测量的准确度。

7. 用电压比为100∶0.1的电压互感器和量程为100V的电压表测量电压，若电压表的读数为99.3V，则被测电压为__V；若被测电压为9950V，则电压表的读数为__V。

8. 在选择电压互感器时，必须使其额定电压符合被测电压值，其次要使它尽量接近_____状态。

9. 使用电压互感器时，其二次绕组接功率表或接电能表的____绕组时，要注意____不能接错。

10. 电流互感器的二次侧严禁____运行，电压互感器的二次侧严禁____运行。

11. 为了保证安全，互感器的____和_____要可靠接地。

**二、判断题**

1. (　　) 利用互感器使测量仪表与高电压、大电流隔离，从而保证仪表和人身安全，又可大大减少测量中能量的损耗，扩大仪表量程，便于仪表的标准化。

2. (　　) 电流互感器的电流比，等于二次绕组匝数与一次绕组匝数之比。

3. （　　）与普通变压器一样，当电流互感器二次侧短路时，将会产生很大的短路电流。

4. （　　）互感器负载的大小，对测量的准确度有一定的影响。

5. （　　）为了防止短路造成的危害，在电流互感器和电压互感器二次电路中，都必须装设熔断器。

6. （　　）互感器既可以用于交流电路又可以用于直流电路。

7. （　　）正常运行时，电流互感器二次侧近似于短路状态，而电压互感器二次侧近似于开路状态。

8. （　　）应根据测量准确度和电流要求来选用电流互感器。

9. （　　）电压互感器的一次侧接高电压，二次侧接电压表或其他仪表的电压绕组。

三、选择题

1. 如果不断电拆装电流互感器二次侧的仪表，则必须（　　）。
（A）先将一次侧断开　　　　　（B）先将一次侧短接
（C）直接拆装　　　　　　　　（D）先将一次侧接地

2. 决定电流互感器一次电流大小的因素是（　　）。
（A）二次电流　　　　　　　　（B）二次侧所接负载
（C）电流比　　　　　　　　　（D）被测电路

3. 电流互感器二次侧回路所接仪表或继电器，必须（　　）。
（A）串联　　　　　　　　　　（B）并联
（C）混联　　　　　　　　　　（D）任意连接

4. 电流互感器二次侧回路所接仪表或继电器，其阻抗必须（　　）。
（A）高　　　　　　　　　　　（B）低
（C）高或者低　　　　　　　　（D）既有高，又有低

5. 电流互感器的二次侧开路运行的后果是（　　）。
（A）二次电压为零
（B）二次侧产生危险高压，铁心过热
（C）二次电流为零，促使一次电流近似为零
（D）二次侧产生危险高压，变换到一次侧，使一次电压更高

四、简答题

1. 电流互感器工作在什么状态？电流互感器为什么严禁二次侧开路？为什么二次侧和铁心要接地？

2. 电压互感器工作在什么状态？电压互感器为什么二次侧不能短路？

3. 电压互感器使用中应注意什么？

## 任务二　自耦变压器的维护

**一、填空题**

1. 自耦变压器一次侧和二次侧之间既有__的联系又有__的联系。

2. 自耦变压器的输出视在功率由两部分组成，一部分是通过____从一次侧传递到二次侧的视在功率；另一部分是通过____从一次侧传递到二次侧的视在功率。

3. 为了充分发挥自耦变压器的优点，其电压比一般在__~__的范围内。

4. 三相自耦变压器一般接成____。

**二、判断题**

1. （　　）自耦变压器绕组公共部分的电流，在数值上等于一次、二次电流数值之和。

2. （　　）当自耦变压器作为减压变压器使用时，它可以作为安全隔离变压器使用。

3. （　　）自耦变压器一次侧从电源吸取的电功率，除一小部分损耗在内部外，其余的全部经一次、二次侧之间的电磁感应传递到负载上。

4. （　　）自耦变压器较普通双绕组变压器用料省、效率高。

**三、选择题**

1. 自耦变压器不能作为安全电源变压器使用的原因是（　　　）。

（A）绕组公共部分电流太小　　　　（B）电压比为 1.2~2

（C）一次侧与二次侧有电的联系　　（D）一次侧与二次侧有磁的联系

2. 自耦变压器接电源之前应把自耦变压器的手柄位置调到（　　　）。

（A）最大值　　（B）调在中间　　（C）零　　（D）2/3 处

3. 当自耦变压器的电压比 $K$（　　　）时，绕组中公共部分的电流 $I$ 就很小，因此共用的这部分绕组导线的截面积可以减小很多，减少了变压器的体积和质量。

（A）接近于 1　　（B）等于 2　　（C）为 1.2~2　　（D）小于 1

4. 将自耦变压器输入端的相线与中性线接反时，（　　　）。

（A）对自耦变压器没有任何影响

（B）能起安全隔离的作用

（C）会使输出中性线成为高电位而发生危险

5. 自耦变压器的功率传递主要是（    ）。

（A）电磁感应    （B）电路直接传到    （C）两者都有

## 四、简答题

自耦变压器为什么不能作为安全变压器使用？使用中应该注意什么？

## 五、计算题

1. 一台自耦变压器的数据：一次电压 $U_1 = 220\text{V}$，二次电压 $U_2 = 200\text{V}$，二次负载的功率因数 $\cos\varphi_2 = 1$，负载电流 $I_2 = 40\text{A}$，求：

（1）自耦变压器各部分绕组的电流；

（2）电磁感应功率和直接传导功率。

2. 一台自耦变压器，一次电压 $U_1 = 220\text{V}$，一次绕组匝数为 600 匝，如果要求二次输出电压 380V，求总匝数。如果二次侧接有 $76\Omega$ 的负载，求各部分绕组中的电流。

# 第四单元　三相异步电动机及其维修

## 任务一　三相异步电动机的装配

### 一、填空题

1. 三相异步电动机均由____和____两大部分组成。
2. 电动机的静止部分称为定子，主要有_____、_____和____等部件。
3. 转子是电动机的旋转部分，由_____、_____、____和____等组成。
4. 三相异步电动机铁心的作用是作为____的一部分，并在铁心槽内放置____。
5. 三相异步电动机定子绕组的联结方式有__形和__形联结。
6. 三相异步电动机转子绕组的作用是产生_____和_____，并在旋转磁场的作用下产生_____而使转子转动。
7. 绝缘等级是指三相电动机所采用的绝缘材料的耐热能力，它表明三相电动机允许的最高工作温度。耐热能力可分为__、__、__、__、__五个等级。
8. 工作制是指三相电动机的运转状态，即允许连续使用的时间，分为____、____、_____三种。
9. 轴承的拆卸目前采用_____、_____、_____、_____、_____ 5 种方法。
10. 将轴承套装到轴颈上，目前有_____和_____两种方法，一般情况下用_____。

### 二、判断题

（　　）1. 三相异步电动机的机座主要由铸铁或铸钢制造。

（　　）2. 三相异步电动机的定子铁心和转子铁心都是由硅钢片叠装而成的。

（　　）3. 三相交流异步电动机的额定电压和额定电流是指电动机的输入线电压和线电流。

（　　）4. 三相交流异步电动机的额定功率是指电动机轴上输出的机械功率。

（　　）5. 只要看国产三相异步电动机型号中的最后一个数字，就能估算出电动机的转速。

（　　）6. 额定转速表示三相异步电动机在额定工作情况下运行时每秒钟的转数。

（　　）7. 不需要更换轴承时，可将轴承用汽油洗干净，用清洁的布擦干。

（　　）8. 抽出转子时，应小心谨慎、动作缓慢，不可歪斜，以免碰上定子绕组。

（　　）9. 拆卸轴承时，拉具的丝杠顶点要对准转子轴端中心，动作要慢，用力要均匀。

（　　）10. 对于 2 极电动机，加入新的润滑脂应为轴承空腔容积的 1/3～1/2。

（　　）11. 对于 4 极或 4 极以上电动机，加入新的润滑脂应为轴承空腔容积的 2/3，轴承内外盖加入新的润滑脂应为盖内容积的 1/3～1/2。

三、选择题

1. 交流三相异步电动机定子铁心的作用是（　　　）。

（A）构成电动机磁路的一部分　　　　（B）加强电动机机械强度

（C）通入三相交流电产生旋转磁场　　（D）用来支承整台电动机重量

2. 一般中小型异步电动机转子与定子间的气隙为（　　　）。

（A）0.2～1mm　　（B）1～2mm　　（C）2～2.5mm　　（D）3～5mm

3. 三相异步电动机的定子铁心及转子铁心均采用硅钢片叠压而成，其原因是（　　　）。

（A）减少铁心的能量损耗　　　　　（B）允许电流通过

（C）价格低廉，制造方便　　　　　（D）增加铁心的能量损耗

4. 国产小功率三相笼型异步电动机转子导体最广泛采用的是（　　　）。

（A）铜条结构转子　　（B）铸铝转子　　（C）深槽式转子　　（D）铸铜转子

5. 下列型号的电动机中，（　　　）是三相交流异步电动机。

（A）Y-132S-4　　（B）$Z_2$-32　　（C）SJL-500/10　　（D）ZQ-32

6. 某三相交流异步电动机的铭牌参数如下：$U_N = 380V$，$I_N = 15A$，$P_N = 75kW$，$n_N = 960r/min$，$f_n = 50Hz$。对这些参数理解正确的是（　　　）。

（A）电动机正常运行时三相电源的相电压为 380V

（B）电动机额定运行时每相绕组中的电流为 15A

（C）电动机额定运行时电源向电动机输入的电功率是 7.5kW

（D）电动机额定运行时同步转速比实际转速快 40r/min

7. 拆除风扇罩及风扇叶轮时，将固定风扇罩的螺钉拧下来，用木槌在与轴平行的方向从不同的位置上（　　　）风扇罩。

（A）向内敲打　　（B）向上敲打　　（C）向上敲打　　（D）向外敲打

8. 电动机装轴承时，用煤油将轴承及轴承盖清洗干净，检查轴承有无裂纹、是否灵活、（　　　），如有问题则需更换。

（A）间隙是否过小　　（B）是否无间隙　　（C）间隙是否过大　　（D）变化很大

9. 安装转子时，转子对准定子中心，沿着定子圆周的中心线将缓缓地向定子里送进，送进过程中（　　　）定子绕组。

（A）不得接触　　（B）互相碰擦　　（C）远离　　　　（D）不得碰擦

## 四、简答题

1. 笼型异步电动机和绕线转子异步电动机在结构上有哪些相同点和不同点？

2. 如何拆卸带轮？

3. 如何拆卸风罩和风叶？

4. 如何拆卸轴承？

5. 如何安装轴承？

# 任务二 三相异步电动机的安装

## 一、填空题

1. 三相异步电动机根据结构形式分为_____、_____、_____和_____。

2. 三相异步电动机根据转子形式分为_____和_____。

3. 旋转磁场产生的必要条件有两个：1）_____；

2）_____。

4. 旋转磁场的转向是由接入三相绕组中电流的____决定的，改变电动机任意两相绕组所接的电源接线（相序），旋转磁场即____。

5. 三相定子绕组中产生的旋转磁场的转速 $n_1$ 与____成正比，与_____成反比。

6. 三相异步电动机转子的速度总是____旋转磁场的速度，因此称为异步电动机。

## 二、判断题

1. （　　）只要在三相交流异步电动机的每相定子绕组中都通入交流电流，便可产生定子旋转磁场。

2. （　　）旋转磁场的转速越快，则异步电动机的磁极对数越多。

3. （　　）转差率 $s$ 是分析异步电动机运行性能的一个重要参数，当电动机转速越快时，则对应的转差率也越大。

4. （　　）电动机额定运行时的转差率称为额定转差率 $s_N$，$s_N$ 一般在 0.01 ~ 0.07 之间。

## 三、选择题

1. 在三相交流异步电动机的定子上布置有（　　）的三相绕组。

（A）结构相同，空间位置互差 90°电角度

（B）结构相同，空间位置互差 120°电角度

（C）结构不同，空间位置互差 180°电角度

（D）结构不同，空间位置互差 120°电角度

2. 在三相交流异步电动机定子绕组中通入三相对称交流电，则在定子与转子的气隙间产生的磁场是（　　）。

（A）恒定磁场　　　　　　　　（B）脉动磁场

（C）为零的合成磁场　　　　　（D）旋转磁场

3. 在三相交流异步电动机定子上布置结构完全相同、在空间位置上互差 120°电角度的三相绕组，分别通入（　　），则在定子与转子的气隙间将会产生旋转磁场。

（A）直流电　　　　　　　　　（B）交流电

（C）脉动直流电　　　　　　　（D）三相对称交流电

4. 某进口的三相异步电动机额定频率为 60Hz，现工作在 50Hz 的交流电源上，则电动机的转速将（　　）。

（A）有所提高　　　　　　　（B）相应降低

（C）保持不变　　　　　　　（D）与频率无关

5. 若电源频率为 50Hz 的 2 极、4 极、6 极、8 极四台异步电动机的同步转速为 $n_1$、$n_2$、$n_3$、$n_4$，则 $n_1 : n_2 : n_3 : n_4$ 等于（　　）。

（A）12 : 6 : 4 : 3　　　　（B）1 : 2 : 3 : 4

（C）4 : 3 : 2 : 1　　　　　（D）1 : 4 : 6 : 9

**四、简答题**

1. 简述三相异步电动机的工作原理。

2. 三相电动机安装的步骤有哪些？

3. 如何安装电动机的传动装置？

4. 安装电动机的操作开关和熔断器时应注意哪些问题？

5. 对电动机的电源线的敷设有哪些要求？

**五、计算题**

1. 电源频率 $f_1 = 50\text{Hz}$，额定转差率 $s = 0.04$，分别求 2 极、4 极、6 极三相异步电动机的同步转速。

2. 有一台三相异步电动机的磁极数为 4，额定转速为 1440r/min，接入频率为 $f_1 = 50\text{Hz}$ 的电源上，求其同步转速 $n_1$、转差率 $s$。

# 任务三　三相异步电动机的维护

**一、填空题**

1. 功率相同的电动机，磁极数越多，则转速_____，输出转矩_____。

2. 电动机稳定运行时，作用在电动机转子上有三个转矩；使电动机旋转的_____、由电动机的机械损耗和附加损耗所引起的_____、_____。

3. 定子和转子上的铜耗与_____，因此与负载的____有关。

4. 铁损耗包括磁滞损耗和涡流损耗，它与定子上所加的_____成正比。

5. 三相异步电动机的电磁转矩的计算公式是：_____；电磁转矩与_____，____的变化将显著地影响电动机的输出转矩。

6. 三相异步电动机转子电路的感应电动势、转子漏电抗、转子电流等参数随转速的增加而____，而转子电路的功率因数随转速的增加而____。

7. 异步电动机的工作特性是指在额定电压和额定频率下，电动机的_____、_____、_____和_____

与_____之间的关系曲线。

8. 异步电动机的损耗也可分为_____和_____两部分。

9. 异步电动机的机械特性曲线是指_____、____一定时，电动机的____为横坐标，____为纵坐标画出的曲线。

10. 人为机械特性是指人为改变电动机____或_____而得到的机械特性。

11. 异步电动机的最大转矩与_____成正比，而与_____无关。异步电动机的最大转差率 $s_m$ 与转子电路电阻 $r_2$ 的大小无关。

12. 异步电动机的额定转矩不能太接近_____，以使电动机由一定的_____，电动机的过载系数是指_____和_____之比，过载系数的值通常为_____。

13. 异步电动机的机械特性可以分成两大部分：随着_____的增加，_____相应减少，这一区域称为_____；随着_____的增加，_____相应增大，这一区域称为_____。

14. 异步电动机在稳定运行区运行，负载变化时电动机转速_____，属于__机械特性。

二、判断题

1. （　　）三相异步电动机的输入功率等于输出功率与空载损耗之和。

2. （　　）当电动机正常运行时，转子的铁损很小，所以定子的铁损为整个电动机的铁损 $P_{Fe}$。

3. （　　）当加在三相异步电动机定子绕组上的电压不变时，电动机内部的铁损耗就维持不变，它不受转子转速的影响。

4. （　　）三相异步电动机中电磁转矩等于输出转矩与空载转矩之和。

5. （　　）三相异步电动机中，电磁转矩的大小与电压的二次方成正比。

6. （　　）三相异步电动机不管其转速如何改变，定子绕组上的电压、电流的频率及转子绕组的电动势、电流的频率总是固定不变的。

7. （　　）转子中的电动势及电流的频率与转差率 $s$ 成正比。

8. （　　）当转子不动时（$s=1$），转子内的感应电动势最小。

9. （　　）转子绕组的阻抗在起动瞬间最大，随转速（$s$ 下降）的增加而减少。

10. （　　）当转子不动时（$s=1$），功率因数很小。

11. （　　）当电动机正常运行时，转子电流或电动势的频率取决于转子与旋转磁场的相对转速。

12. （　　）随着输出功率 $P_2$ 的增加，转速将下降。

13. （　　）随着负载的增大，转速下降，$i_2$ 增大，相应 $i_1$ 也增大。

14. （　　）容量越小的电动机，额定效率 $\eta_N$ 越高。

15. （　　）定子电流几乎全部是无功的磁化电流，因此 $\cos\varphi_1$ 很低，通常小于 0.2。

16. （　　）电动机的转速越低，转差率越大，转子上的铜耗量就越大，输出的机械功率就越低，电动机的效率就越低。

17. （　　）固有机械特性是指异步电动机工作在额定电压和额定频率时的机械特性。

18. （　　）三相异步电动机的硬特性很适用于一般金属切削机床。

19. （　　）人为机械特性是指人为改变电动机参数或电源参数而得到的机械特性。

20. （　　）最大转矩 $T_m$ 的大小只与电源电压 $U_1$ 有关，与转子总电阻 $R_2$ 的大小有关。

21. （　　）产生最大转矩时的临界转差率 $s_m$ 与电源电压 $u_1$ 无关，但与转子电路的总电阻 $R_2$ 成正比。

22. （　　）三相异步电动机在机械特性曲线的稳定运行区运行时，当负载转矩减少，则电动机的转速将有所增加，电流及电磁转矩将减少。

23. （　　）风机型负载在转速增大时，负载转矩也增大，因此能在异步电动机机械特性的不稳定运行区运行。

24. （　　）起动转矩倍数大，说明异步电动机带负载起动的性能越好。

### 三、选择题

1. 当电动机正常运行时，转子电流或电动势的频率取决于转子与旋转磁场的相对转速，转子频率 $f_2 = sf_1$，仅为（　　）Hz。
（A）1～3　　　　（B）10～15　　　　（C）15～25　　　　（D）50

2. 对于输出功率相同的异步电动机，下列说法正确的是（　　）。
（A）若极数多，则转速就低，输出转矩就大
（B）若极数少，则转速高，输出转矩就大
（C）输出转矩与极数无关
（D）若极数多，则转速低，输出转矩就小

3. 电磁转矩的大小与旋转磁场的磁通 $\Phi_m$ 和转子电流 $I_2$ 的乘积（　　）。
（A）成正比　　　　　　　　　　（B）成反比
（C）的二次方成正比　　　　　　（D）无关

4. 转差率对转子电路的参数有很大的影响，下列说法中错误的是（　　）。
（A）转子电路中的感应电动势的频率与转差率成正比
（B）转子电路中的感应电动势的大小与转差率成正比
（C）转子电路中绕组的阻抗与转差率成正比
（D）转子电路中功率因数的大小与转差率有关

5. 当外加电源电压 $U_1$ 不变时，定子绕组的主磁通 $\Phi_m$（　　）。
（A）基本不变　　　　　　　　　（B）将增加

（C）将减少　　　　　　　　　（D）先增加后减少

6. 有 A、B 两台电动机，其额定功率和额定电压均相等，但 A 为 4 极电动机，B 为 6 极电动机，则它们的额定转矩 $T_A$、$T_B$ 与额定转速 $n_A$、$n_B$ 的关系为（　　）。

（A）$T_A < T_B$，$n_A > n_B$　　　　　（B）$T_A > T_B$，$n_A < n_B$

（C）$T_A = T_B$，$n_A > n_B$　　　　　（D）$T_A = T_B$，$n_A = n_B$

7. 一般异步电动机，额定负载时的转差率 $s_N$ =（　　）。

（A）0.01~0.05　（B）0.01~0.1　　（C）0.01~0.2　　　（D）0.1~0.2

8. 对于中小型异步电动机，最高效率出现在（　　）$P_N$ 左右。

（A）0.5　　　　（B）0.6　　　　（C）0.75　　　　　（D）1

9. 一般电动机额定负载下的效率在（　　）之间，容量越大，额定效率 $\eta_N$ 越高。

（A）50%~60%　（B）50%~70%　（C）60%~80%　　（D）74%~94%

10. 异步电动机空载时，定子电流几乎全部是无功的磁化电流，因此 $\cos\varphi_1$ 很低，通常小于（　　）。

（A）0.1　　　　（B）0.2　　　　（C）0.3　　　　　（D）0.4

11. 目前国产 Y 系列及 Y2 系列三相异步电动机的起动转矩倍数约为（　　）。

（A）1　　　　　（B）1.5　　　　（C）2.0　　　　　（D）3.0

12. 一般情况下，三相异步电动机的 $\lambda$ 值在（　　）之间。

（A）1.2~1.8　　（B）1.8~2.2　　（C）2.0~3.2　　　（D）3.0~5.0

13. 由转矩特性分析可知，电动机临界转差率 $s_m = \dfrac{R_2}{X_{20}}$，为了增大起动转矩，希望转子回路电阻 $R_2$（　　）。

（A）越大越好　（B）越小越好　（C）等于 $X_{20}$　　（D）等于 0

14. 三相异步电动机要保持稳定运行，则其转差率 $s$ 应该（　　）。

（A）小于临界转差率　　　　　（B）等于临界转差率

（C）大于临界转差率　　　　　（D）不小于临界转差率

15. 三相异步电动机不希望空载或轻载运行的主要原因是（　　）。

（A）功率因数低　　　　　　　（B）定子电流较大

（C）转速太高有危险　　　　　（D）定子电流较小

四、简答题

1. 简述三相异步电动机的功率转换过程。

2. 三相笼型异步电动机在起动时起动电流很大，但起动转矩并不大，这是什么原因？

3. 什么是三相异步电动机的机械特性？试画出机械特性曲线，并在曲线上标出 $T_{st}$、$T_N$、$T_m$ 和对应的 $s_m$ 和 $s_N$。

4. 为什么三相异步电动机的额定转矩 $T_N$ 比最大转矩 $T_m$ 小得多？能否把额定转矩值取得接近于最大转矩值？

### 五、计算题

1. Y-160M-2 型三相异步电动机的额定功率为 11kW，额定转速 $n_N = 2930$r/min，试求其额定转矩。

2. Y2-90L-6 三相异步电动机额定功率 $P_N = 1.1$kW，额定转速 $n_N = 910$r/min，$\lambda_{st} = \dfrac{T_{st}}{T_N} = 2$，$\lambda = \dfrac{T_m}{T_N} = 2.2$，试求其 $S$、$T_{st}$、$T_m$。

3. 某台三相异步电动机额定功率 $P_N = 2.8kW$，额定转速 $n_N = 1430r/min$，堵转转矩倍数为 1.9，当电源电压降为额定值的 85% 时，堵转转矩为多大？

4. 某台三相异步电动机 $T_N = 70.2N \cdot m$，堵转转矩倍数为 1.8，负载转矩 $T_L = T_N$，问电源电压降为额定电压的 80% 时，电动机能否起动？

## 任务四　三相异步电动机的运行与维修

### 一、填空题

1. 起动是指三相异步电动机通电后转速从__开始逐渐加速到_____的过程。笼型异步电动机的起动有_____和_____两种。

2. 绕线转子异步电动机的起动方法有转子回路串____和_____两种。

3. 三相异步电动机Y-△减压起动时，起动电流为直接用△起动时____，所以对降低电动机的起动电流很有效。但起动转矩也只有直接起动转矩的____，此法不适用于电动机____起动。

4. 容量在_____的三相异步电动机一般均可采用直接起动。

5. 由独立的动力变压器供电时，允许直接起动的电动机容量不超过变压器容量的____。

6. 减压起动一般适用于电动机____或____起动。

7. 异步电动机的调速方法有：改变_____调速、改变_____调速和改变_____调速三种。

8. 双速异步电动机的调速方法有_____调速和_____调速。

9. 改变转差率 $s$ 调速实际上是改变转子的转速 $n$，方法主要有改变_____或改变_____。

10. 异步电动机的变频调速有三种方式：_____、_____

和_____。

11. 异步电动机的转向取决于_____的方向，要改变异步电动机的转向，只要改变接入定子绕组的_____，即把电动机的_____相互对调。

12. 异步电动机的转向取决于_____的方向，要改变异步电动机的转向，只要改变接入定子绕组的_____，即把电动机的_____相互对调。

13. 三相异步电动机在制动时利用电磁抱闸机构来使电动机迅速停转的方法称为_____。

14. 三相异步电动机的电气制动有_____、_____和_____等。

15. 定子绕组的短路故障按发生地点划分为_____、_____和_____与_____等三种。

16. 电动机直流电阻的测定一般在_____进行。绕组电阻可采用_____测量，所测各相电阻偏差与其平均值之比不得超过__。

17. 电动机的空载试验主要为了确定_____和_____。

二、判断题

1. （    ）电容容量在 180kV·A 以上，电动机容量在 7kW 以下的三相异步电动机可直接起动。

2. （    ）软起动器实际上就是由微处理器来控制双向晶闸管交流调压装置。

3. （    ）绕线转子异步电动机串接电阻起动，即可降低起动电流，又能提高电动机的起动转矩。

4. （    ）当绕线转子异步电动机在轻载起动时，采用频敏变阻器法起动的优点较明显，如重载起动时一般采用串联电阻起动。

5. （    ）软起动器起动是通过控制双向晶闸管的导通角来改变三相异步电动机起动时加在三相定子绕组上的电压，以控制电动机的起动特性。

6. （    ）当电动机起动时在电网上引起的电压降不超过 15%～20% 时，就允许直接起动。

7. （    ）自耦变压器减压起动的缺点是设备体积大，投资较大，不能频繁起动，主要用于带一定负载起动的设备上。

8. （    ）变极调速只用于笼型异步电动机且调速要求不高的场合。

9. （    ）三相异步电动机的变极调速属于无级调速。

10. （    ）为了避免转子绕组变极的困难，绕线转子异步电动机不采用变极调速。

11. （    ）绕线转子异步电动机调速用的外接串联电阻功率较大，可以用作起动。

12. （    ）对于 Y/YY 联结的双速电动机，其变极调速前后的输出功率基本不变，因此适用于负载功率基本恒定的恒功率调速。

13. （    ）△/YY 联结的双速电动机，其变极调速前后的输出转矩基本不变，因此适用于负载转矩基本恒定的恒转矩调速。

14.（　）变频调速时恒电流控制（过载能力 λ 不变）机械特性曲线与恒磁通控制的机械特性曲线相类似，只是过载能力小，用于负载容量小且变化不大的场合。

15.（　）要使三相异步电动机反转，只要改变定子绕组任意两相绕组的相序即可。

16.（　）反接制动由于制动时对电动机产生的冲击比较大，因此应串入限流电阻，而且仅用于小功率异步电动机。

17.（　）三相异步电动机的机械制动一般常采用电磁抱闸制动。

18.（　）反接制动制动平稳。

19.（　）能耗制动的特点是制动平稳，对电网及机械设备冲击小，而且不需要直流电源。

20.（　）能耗制动制动转矩大，制动迅速。

21.（　）再生发电制动是一种比较经济的制动方法。

22.（　）再生发电制动常用于在位能负载作用下的起重机械和多速异步电动机由高速转为低速时的情况。

23.（　）电动机定子与铁心或机壳间因绝缘损坏而相碰，称为接地故障。

24.（　）电动机定子绕组内部连接线、引出线等断开或接头处松脱所造成的故障称为绕组断路故障。

25.（　）检修后的电动机，对绝缘电阻的测定主要测定各绕组间及各绕组与地间冷态绝缘电阻。对于 500V 以下的电动机，绝缘电阻不应低于 0.5MΩ。

三、选择题

1. 三相异步电动机减压起动需要在空载或轻载下起动，常见的减压方法有（　）种。

（A）2　　　　　（B）3　　　　　（C）4　　　　　　（D）5

2. 异步电动机采用 Y-△ 减压起动时，每相定子绕组上的起动电压是正常工作电压的 $1/\sqrt{3}$；则起动电流是正常工作电流的（　）。

（A）1　　　　　（B）$1/\sqrt{3}$　　　（C）1/3　　　　　（D）$\sqrt{3}$

3. 转子绕组串接电阻起动的方法适用于（　）的起动。

（A）异步电动机　　　　　　　　（B）绕线转子电动机
（C）笼型电动机　　　　　　　　（D）单相异步电动机

4. 三相笼型异步电动机直接起动电流较大，一般可达额定电流的（　）倍。

（A）2~3　　　　（B）3~4　　　　（C）4~7　　　　　（D）10

5. 当异步电动机采用星形-三角形减压起动时，每相定子绕组承受的电压是三角形联结全压起动时的（　）倍。

（A）2 　　　　　（B）3 　　　　　（C）1/$\sqrt{3}$ 　　　　　（D）1/3

6. 适用于大容量电动机且不允许频繁起动的减压起动方法是（　　　）。

（A）星-三角 　　　　　　　　（B）自耦变压器

（C）定子串电阻 　　　　　　　（D）延边三角形

7. 异步电动机采用起动补偿器起动时，其三相定子绕组的接法（　　　）。

（A）只能采用三角形联结 　　　　（B）只能采用星形联结

（C）只能采用星形-三角形联结 　　（D）三角形联结及星形联结都可以

8. 能实现无级调速的调速方法是（　　　）。

（A）变极调速

（B）改变转差率调速

（C）变频调速

9. 转子串电阻调速适用于（　　　）异步电动机。

（A）笼型 　　　　（B）绕线转子 　　　　（C）电磁调速

10. 变电源电压调速只适用于（　　　）调速。

（A）风机类 　　　　（B）恒转矩 　　　　（C）起重机械

11. 下列方法中，属于改变转差率调速的是（　　　）调速。

（A）变电源电压 　　（B）变频 　　　（C）变磁极对数

12. 三相异步电动机变极调速的方法一般只适用于（　　　）。

（A）笼型异步电动机 　　　　　　（B）绕线转子异步电动机

（C）同步电动机 　　　　　　　　（D）转差电动机

13. 双速电动机的调速属于（　　　）调速方法。

（A）变频 　　　　　　　　　　　（B）改变转差率

（C）改变磁级对数 　　　　　　　（D）降低电压

14. 三相绕线转子异步电动机的调速控制可采用（　　　）的方法。

（A）改变电源频率 　　　　　　　（B）改变定子绕组磁极对数

（C）转子回路并联频敏变阻器 　　（D）转子回路串联可调电阻

15. 要使三相异步电动机的旋转磁场方向改变，只需要改变（　　　）。

（A）电源电压 　　　　　　　　　（B）电源相序

（C）电源电流 　　　　　　　　　（D）负载大小

16. 三相异步电动机的能耗制动是向三相异步电动机定子绕组中通入（　　　）电流。

（A）单相交流 　　　　　　　　　（B）三相交流

（C）直流 　　　　　　　　　　　（D）反相序三相交流

17. 反接制动时，旋转磁场反向转动，与电动机的转动方向（　　　）。

（A）相反 　　　　（B）相同 　　　（C）不变 　　　（D）垂直

18. 起重机电磁抱闸制动原理属于（　　　）制动。

（A）电力　　　　（B）机械　　　　（C）能耗　　　　（D）反接

19. 三相异步电动机采用能耗制动，切断电源后，应将电动机（　　　）。

（A）转子回路串电阻　　　　　　　（B）定子绕组两相绕组反接

（C）转子绕组进行反接　　　　　　（D）定子绕组送入直流电

20. 对于低压电动机，如果测得绝缘电阻小于（　　　），应及时修理。

（A）3MΩ　　　（B）2MΩ　　　（C）1MΩ　　　（D）0.5MΩ

21. 三相异步电动机的常见故障有：电动机过热、电动机振动、（　　　）。

（A）将三角形联结误接为星形联结（B）笼条断裂

（C）绕组头尾接反　　　　　　　　（D）电动机起动后转速低或转矩小

22. 用绝缘电阻表逐相测量定子绕组与外壳的绝缘电阻，当转动摇柄时，指针指到零，说明绕组（　　　）。

（A）击穿　　　（B）短路　　　（C）断路　　　（D）接地

23. 三相异步电动机定子绕组检修时，用短路探测器检查短路点，若检查的线圈有短路，则串在探测器回路的电流表读数（　　　）。

（A）就小　　　（B）不变　　　（C）等于零　　　（D）就大

24. 测定电动机绕线组冷态直流电阻时，小于1Ω必须用（　　　）。

（A）惠斯通电桥　　　　　　　　　（B）绝缘电阻表

（C）接地绝缘电阻表　　　　　　　（D）开尔文电桥

25. 电动机绝缘电阻的测量，对于3~6kV的高压电动机电阻不得低于（　　　）。

（A）2MΩ　　　（B）5MΩ　　　（C）10MΩ　　　（D）20MΩ

26. 进行三相异步电动机对地绝缘耐压试验时，当绕组是局部修理时，试验电压可低些，高压电动机则为（　　　）倍的额定电压。

（A）1.0　　　（B）1.3　　　（C）1.5　　　（D）2.0

四、简答题

1. 三相异步电动机Y-△减压起动时的特点有哪些？适用于哪些场合？

2. 三相异步电动机自耦变压器减压起动时的特点有哪些？适用于哪些场合？

3. 简述三相绕线异步电动机串子串频敏变阻器减压起动的原理。

4. 简述三相异步电动机改变磁极对数调速的特点。

5. 简述绕线转子异步电动机转子串电阻调速的特点。

6. 为什么风机类负载用的笼型异步电动机可采用调电源电压调速？当电动机拖动恒转矩负载时能否用此法调速？为什么？

7. 比较三相异步电动机三种电气制动的特点及适用场合。

8. 负载倒拉反接制动与再生制动有什么联系与区别？

9. 造成绕组接地故障的原因有哪些？

10. 如何检查接地故障？

11. 如何修理绕组的接地故障？

12. 如何检查绕组断路故障？

13. 如何修理绕组断路故障？

14. 绕组短路故障产生的原因有哪些？如何检查绕组短路故障？

15. 分析接通电源后，电动机不能起动或有异常声音的原因有哪些？

**五、计算题**

一台 20kW 的三相异步电动机，其起动电流与额定电流之比为 6：5，变压器容量为 5690kV·A，试问能否全压起动？另有一台 75kW 的三相异步电动机，其起动电流与额定电流之比为 7：1，试问能否全压起动？

# 第五单元　单相异步电动机及其维修

## 任务一　单相异步电动机的装配

**一、填空题**

1. 单相异步电动机是利用单相电源供电的一种_____交流电动机，它具有_____、_____、_____等优点。

2. 单相异步电动机一般只制成____和____系列，容量一般在几瓦到几百瓦之间。

3. 为解决单相异步电动机的起动问题，通常单相异步电动机定子上安装两套绕组，一套是_____，又称主绕组，另一套是_____，又称副绕组。

4. 单相异步电动机的起动开关主要有_____、_____和_____三种。

5. 单相罩极电动机转子一般为____转子，定子铁心有_____或_____两种结构，一般采用____结构。

6. 脉动磁场的磁通大小随_____的变化而变化，但磁场的轴线空间位置不变。因此，磁场不会旋转，当然也不会产生_____。

7. 如果在单相异步电动机的定子铁心上仅嵌有一组绕组，那么通入单相正弦交流电时，电动机气隙中仅产生____磁场，该磁场是没有_____的。

8. 单相异步电动机根据结构形式分为_____、_____和_____。

9. 单相异步电动机根据起动和运行方式分为_____式、_____式、_____式、_____式和_____异步电动机。

**二、判断题**

1. （　　）内转子结构形式的单相异步电动机，其定子铁心及定子绕组置于电动机内部，转子铁心、转子绕组压装在下端盖内。

2. （　　）单相异步电动机转子与三相异步电动机笼型转子相同，采用笼型结构。

3. （　　）单相罩极异步电动机主要适用于小功率空载起动场合，如计算机散热风扇、仪表风扇、电唱机等。

4. （　　）单相罩极电动机转子一般为笼型转子。

5. （　　）单相电阻起动式异步电动机，常用于电冰箱、空调器压缩机中。

6. （　　）电磁起动继电器主要用于专用电动机上。

**三、选择题**

1. 单相交流电通入单相绕组产生的磁场是（　　　）

（A）旋转磁场 　　　　　　　　　（B）恒定磁场

（C）脉动磁场 　　　　　　　　　（D）正弦交变磁场

2. 目前，国产洗衣机中广泛应用的单相异步电动机大多属于（　　　）。

（A）单相罩极异步电动机

（B）单相电容起动式异步电动机

（C）单相电容运行式异步电动机

（D）单相双电容运行式异步电动机

3. （　　　）电动机有较大的起动转矩，广泛用于小型机床设备。

（A）单相罩极异步 　　　　　　　（B）单相电容起动式异步

（C）单相电容运行式异步 　　　　（D）单相双电容运行式异步

**四、简答题**

1. 单相异步电动机产生旋转磁场的条件是什么？

2. 简述单相双电容起动式异步电动机的拆卸步骤。

## 任务二　典型单相异步电动机的维护

**一、填空题**

1. 电容分相单相异步电动机有＿＿＿＿＿＿、＿＿＿＿＿＿和＿＿＿＿＿＿三种。

2. 单相电容运行式异步电动机的结构＿＿＿，使用维护方便，堵转电流小，有较高的效率和功率因数。

3. 电阻分相单相异步电动机的定子铁心上也嵌放着两套绕组，在电动机运行过程中，工作绕组自始至终接在电路中，一般工作绕组占定子总槽数的＿＿，起动绕组占定子总槽数的＿＿。

4. 单相罩极电动机的主要优点是＿＿＿＿＿、制造方便、成本低、运行时噪声小、维护方便，主要缺点是起动性能及运行性能较差，效率和功率因数都较低，方向＿＿＿改变。

5. 电流起动型继电器的线圈与工作绕组串联，电动机起动时工作绕组电流大，继电器动作，触头闭合，____起动绕组。随着转速的上升，工作绕组中的电流减小，触头断开，____起动绕组。

6. 电容起动式电动机具有____的起动转矩（一般为额定转矩的 1.5~3.5 倍），但起动电流相应增大，适用于____起动的机械，如小型空压机、洗衣机、空调器等。

7. 根据获得起动转矩的方法不同，电动机的结构也存在较大差异，主要分为_____电动机和_____电动机两大类。

二、判断题

1. （　　）气隙磁场为脉动磁场的单相异步电动机能自行起动。

2. （　　）给在空间互差 90°电角度的两相绕组内通入同相位交流电，就可产生旋转磁场。

3. （　　）单相电容运行异步电动机起动后，因其主绕组与副绕组中的电流是同相位的，所以称为单相异步电动机。

4. （　　）单相罩极电动机是单相异步电动机中结构最简单的一种。

5. （　　）单相罩极电动机一般用于空载起动的小功率场合。

6. （　　）单相电阻起动式异步电动机上，目前广泛采用 PTC 元件替代电阻和起动开关。

三、选择题

1. 单相交流电通入单相绕组产生的磁场是（　　　）。
（A）旋转磁场　　　（B）恒定磁场　　　（C）脉动磁场　　　（D）变化磁场

2. 单相罩极式异步电动机的转动方向（　　　）。
（A）总是由磁极的未罩部分转向被罩部分
（B）总是由磁极的被罩部分转向未罩部分
（C）决定于定子绕组首、尾端的接线关系
（D）决定于电源的相序

3. 电容或电阻起动式单相异步电动机的起动绕组占铁心总槽数的（　　　）。
（A）1/2　　　（B）1/3　　　（C）2/3　　　（D）3/4

四、简答题

1. 说明单相电容运行式异步电动机的起动原理。

2. 比较单相电容运行式、单相电容起动式、单相电阻起动式异步电动机的运行特点及适用场合。

3. 单相罩极异步电动机的优缺点是什么？

## 任务三　单相异步电动机的维修

**一、填空题**

1. 需要单相电容起动式异步电动机反转时，将工作绕组或副绕组任意一组的____对调过来即可。

2. 洗衣机拖动电动机的反转是由定时器开关改变电容器接法，使_____与_____对换，实现正反转交替运转的。

3. 单相起动异步电动机常用的调速方法有：_____、_____和_____。

4. 单相起动异步电动机串电抗器调速方法简单、操作方便，但只能____调速，且电抗器上有_____。

5. 利用改变晶闸管的导通角调速，可以使电风扇实现____调速。

**二、判断题**

1. （　　）若要单相电动机反转，就必须要旋转磁场反转。

2. （　　）罩极电动机的旋转磁场是根据主磁极和罩极的相对位置来决定的，不能随意控制反转。所以它一般用于不需改变转向的场合。

3. （　　）单相变频调速已经广泛用于家用电器。

4. （　　）内转子结构形式的单相异步电动机，其定子铁心及定子绕组置于电动机内部，转子铁心、转子绕组压装在下端盖内。

**三、选择题**

1. 改变单相电容起动式异步电动机的转向时，只要将（　　）。

（A）主、副绕组对调　　　　　（B）主、副绕组中任意一组首尾端对调

（C）电源的相线与中性线对调　（D）起动绕组与工作绕组对调

2. 交流调速控制的发展方向是（　　）。

（A）变频调速　　　　　　　　（B）电动机内部抽头调速

（C）电抗器调速　　　　　　　（D）变极调速

3. 单相异步电动机的电抗器调速法是将电抗器与电动机绕组（　　）。

（A）串联　　　　（B）并联　　　　（C）混联　　　　（D）任意连接

4. 单相异步电动机接线时，需正确区分工作绕组与起动绕组，并注意它们的首、尾端。如果出现标识脱落，则电阻大者为（　　）。

（A）工作绕组

（B）辅助绕组

（C）主回路

**四、简答题**

1. 如何改变单相电容起动式异步电动机的转向？它与改变电容运行式电动机转向的方法是否相同？

2. 对于风机类负载，单相异步电动机的调速方法有哪几种？试比较其优缺点。

3. 简述单相异步电动机无法起动的原因。

4. 简述单相异步电动机转速低于正常转速的故障原因。

5. 分析单相异步电动机过热的原因。

6. 简述通电后电动机不转的故障处理方法。

7. 简述电动机转动时噪声大或振动大的原因。

8. 单相异步电动机起动转矩很小或起动迟缓且转向不定的原因有哪些？

# 第六单元　直流电动机及其维修

## 任务一　直流电动机的装配

**一、填空题**

1. 直流电机按其工作原理的不同分为两大类,把机械能转换为直流电能输出的电机称为_____;而将直流电能转换为机械能输出的电机称为_____。

2. 直流电动机主磁极的作用是产生_____,它主要由_____和_____两大部分组成。

3. 直流电动机的电刷装置主要由____、____、____、_____和_____等组成。

4. 直流电动机的电枢铁心是_____的一部分,一般都用_____叠压而成。它的槽中嵌放有_____。

5. 电枢绕组的作用是通过电流产生_____和_____实现能量转换。

6. 直流电动机的温升是指电动机在额定运行时,_____。

7. 某直流电动机的定额方式为断续定额,其负载持续为 40%,则一个周期内其工作时间为__ min。

8. 直流电动机按主磁极励磁绕组的接法不同可分为____、____、____和____四种。

9. 他励电动机的励磁电流由_____供电,因此励磁电流的大小与电动机本身的端电压大小无关。

10. 主磁极上有两个励磁绕组的电动机称为____电动机。当两个绕组产生的磁通方向一致时,称为_____电动机。

**二、判断题**

1. (　　) 直流电动机的基本工作原理是通电导体在磁场中受力。

2. (　　) 换向器是直流电动机中换向的关键部件。

3. (　　) 直流电动机中的换向器用于产生换向磁场,以改善电动机的换向。

4. (　　) 直流电动机的运行是可逆的,即一台直流电机既可作发电机运行,又可作电动机运行。

5. (　　) 直流电动机的电枢铁心由于在直流状态下工作,通过的磁通是不变的,因此完全可以用整块的导磁材料制造,不必用硅钢片制成。

6. (　　) 为了改善换向,所有的直流电动机必须加装换向极。

7. （　　）既然换向器的作用是把流过电刷两端的直流电流变成电枢绕组中的交流电流，以使直流电动机的电枢绕组在不同的极性下所受的作用力方向不变，那么我们直接给电枢绕组通入交流电就可以取消换向器。

8. （　　）电刷利用压力弹簧的压力以保证有良好的接触。

9. （　　）电刷装置的同一刷杆上可并接一组刷握和电刷。一般刷杆数与主磁极数相等。

10. （　　）断续定额的直流电动机不允许连续运行，而连续运行的直流电动机允许断续运行。

11. （　　）串励电动机的励磁绕组匝数多，导线较细。

12. （　　）复励电动机的两个定子绕组产生的磁通方向一致时，称为差复励电动机。

三、选择题

1. 直流电动机主磁极的作用是（　　）。
（A）产生换向磁场　　　　　　　（B）产生主磁场
（C）削弱主磁场　　　　　　　　（D）削弱电枢磁场

2. 直流电动机主磁场是指（　　）。
（A）主磁极产生的磁场　　　　　（B）电枢电流产生的磁场
（C）换向极产生的磁场　　　　　（D）交流电流产生的磁场

3. 直流电动机中的换向极由（　　）组成。
（A）换向极铁心　　　　　　　　（B）换向极绕组
（C）换向器　　　　　　　　　　（D）换向极铁心和换向极绕组

4. 直流电动机中的换向器是由（　　）而成。
（A）相互绝缘的特殊形状的梯形硅片组装
（B）相互绝缘的特殊形状的梯形铜片组装
（C）特殊形状的梯形铸铁加工
（D）特殊形状的梯形整块钢板加工

5. 直流发电机中换向器的作用是（　　）。
（A）把电枢绕组的直流电动势变成电刷间的交流电动势
（B）把电枢绕组的交流电动势变成电刷间的直流电动势
（C）把电刷间的直流电动势变成电枢绕组的交流电动势
（D）把电刷间的交流电动势变成电枢绕组的直流电动势

6. 直流电动机换向极的作用是（　　）。
（A）削弱主磁场　　　　　　　　（B）增强主磁场
（C）抵消电枢磁场　　　　　　　（D）产生主磁场

7. 直流电动机的某一个电枢绕组在旋转一周的过程中，通过其中的电流是（　　）。

（A）直流电流　　　　　　　　　　　　（B）交流电流

（C）脉冲电流　　　　　　　　　　　　（D）互相抵消正好为零

8. 中、小型直流电动机的主磁极铁心一般用（　　　）制造。

（A）硅钢片　　　　（B）软铁片　　　　（C）钢片　　　　（D）铝片

9. 直流电动机中换向器的作用是（　　　）。

（A）把交流电压变成电动机的直流电流

（B）把直流电压变成电动机的交流电流

（C）把直流电压变成电枢绕组的直流电流

（D）把直流电流变成电枢绕组的交流电流

10. 直流电动机中的电刷是为了引导电流，在实际应用中一般都采用（　　　）。

（A）铜质电刷　　　　　　　　　　　　（B）银质电刷

（C）金属石墨电刷　　　　　　　　　　（D）电化石墨电刷

11. 直流电动机铭牌上的额定电流是（　　　）。

（A）额定电枢电流　　　　　　　　　　（B）额定励磁电流

（C）电源输入电动机的电流　　　　　　（D）实际电枢电流

**四、简答题**

1. 简述直流电动机的工作原理。

2. 直流电动机定子主要由哪几部分组成？各部分的作用是什么？

3. 有直流串励电动机和并励电动机各一台（没有铭牌、功率大体相近），用什么方法进行区分判断？

4. 简述直流电动机的拆卸步骤。

# 任务二 直流电动机的维护

**一、填空题**

1. 直流电动机运行时，电枢绕组元件在磁场中运动切割磁力线产生电动势，称为_____。

2. 直流电动机中产生的电枢电动势与外加电源电压及电流方向____，称为_____。

3. 电磁力在电枢上产生的转矩称为_____。

4. 电磁转矩对直流电动机来说是_____；对直流发电机来说是_____，其方向与发电动机的转动方向____。

5. 电磁功率从机械角度来讲是_____与_____的乘积，从电的角度来讲是_____与_____的乘积。

6. 直流电动机的损耗包括__损耗和____损耗，____损耗又包括____损耗和__损耗。

7. 直流电动机的效率是指它的输出____功率与输入__功率之比，并用百分数表示。

8. 直流电动机吸取电能在电动机内部产生的电磁转矩，一小部分用来克服摩擦及铁损所引起的转矩，主要部分就是轴上的有效____转矩；它们之间的平衡关系可用_____表示。

9. 直流电机的电枢反应是指_____对_____的影响，它不论对直流电动机或直流发电机都将带来_____。

10. 电枢反应对直流电动机的影响是电刷与换向器表面的火花____，电动机的_____有所减少。

11. 直流电动机的机械特性曲线是指它的____与_____间的关系曲线。

12 并励电动机具有__的机械特性，负载增大时，转速下降____。具有_____特性。

13. 串励电动机具有__的机械特性，负载较小时，转速较高，负载增大时，转速_____，这种特性适用于____变化较大且不能____的场合。

14. 积复励电动机的机械特性介于____和____电动机的机械特性之间，具有串励直流电动机的_____大、_____的优点，而没有____转速很高的缺点。

15. 直流电动机的人为机械特性是指通过改变_____、_____、_____等方法得到的机械特性。

16. 运行中的并励电动机切忌_____，所以励磁回路不允许装开关及熔断器。

17. 串励电动机不允许_____及____传动。

18. 直流电动机在通电前必须检查电动机_____、_____、_____等是否完全符合规定。

19. 监视电动机的换向火花，一般直流电动机在运行中电刷与换向器表面_____看不到火花，或只有_____火花。

二、判断题

1. （　　）直流电动机中产生的电枢电动势用来与外加电压平衡。

2. （　　）制造好的直流电动机，其电磁转矩仅与电枢电流 $I_a$ 和气隙磁通中成正比。

3. （　　）电磁转矩是由电源供给电动机的电能转换而来的，是电动机的驱动转矩。

4. （　　）不论是直流发电机还是直流电动机，电磁转矩的方向总是和电机的旋转方向一致。

5. （　　）不论何种电机，实际工作时都存在着功率损耗。

6. （　　）直流电动机的输入电功率，扣除空载损耗以后，即为电动机的输出机械功率。

7. （　　）直流电动机的铜耗包括电枢绕组、换向极绕组、励磁绕组等的电阻损耗和电刷的接触损耗。

8. （　　）直流电动机的不变损耗是指空载损耗，它包括铜损耗和铁损耗。

9. （　　）他励直流电动机的自然机械特性具有硬的机械特性。

10. （　　）并励直流电动机从空载增加到额定负载时转速下降不多。

11. （　　）并励直流电动机在空载或轻载运行时，如果励磁回路断开会造成飞车事故。

12. （　　）串励直流电动机不允许空载或轻载运行。

13. （　　）复励直流电动机的机械特性介于他励和串励电动机的机械特性之间。

14. （　　）电枢回路串电阻的人为机械特性是一组放射形直线。

15. （　　）他励直流电动机电枢串入电阻越大，机械特性越倾斜。

16. （　　）他励直流电动机改变电压 $U$ 的人为机械特性是一组平行直线。

17. （　　）一般电动机的额定功率要比负载所需的功率稍大一些，以免电动机过载。

18. （　　）直流电动机的轴承外盖边缘处不允许有漏油现象。

19. （　　）造成转速过高的原因可能是电源电压过低、主磁场过弱、电动机负载过轻。

三、选择题

1. 直流电动机的空载损耗（　　　）。

（A）随电枢电流的增加而增加　　　　（B）与电枢电流的二次方成正比

（C）与电枢电流无关　　　　　　　　（D）与电枢电流的二次方成反比

2. 直流电动机的空载转矩是指与（　　）。

（A）电磁功率对应的转矩

（B）输出功率对应的转矩

（C）空载损耗功率对应的转矩

3. 直流电动机加装换向极的目的是（　　）。

（A）增强主磁场　　　　　　　　　　（B）削弱主磁场

（C）抵消电枢磁场　　　　　　　　　（D）削弱换向磁场

4. 在并励电动机中，为了改善电动机换向而装设的换向极，其换向即绕组（　　）。

（A）应与主磁极绕组串联

（B）与电枢绕组串联

（C）一组与电枢绕组串联，另一组与主磁极绕组串联

（D）与电枢绕组并联

5. 串励电动机的机械特性是一条（　　）。

（A）直线　　　　（B）下线　　　　（C）双曲线　　　　（D）抛物线

6. 一般他励电动机的转速调整率 $\Delta n$ 为（　　）。

（A）3%~8%　　　（B）8%~10%　　　（C）10%~15%　　　（D）15%~20%

7. 串励电动机具有软的机械特性，因此适用于（　　）。

（A）转速要求基本不变的场合　　　（B）转矩要求基本不变的场合

（C）输出功率基本不变的场合　　　（D）输出电流基本不变的场合

8. 并励电动机改变电枢电压调速得到的人工机械特性与自然机械特性相比，其特性硬度（　　）。

（A）变软　　　　　　　　　　　　　（B）变硬

（C）不变　　　　　　　　　　　　　（D）先变软后变硬

9. 并励电动机改变励磁回路电阻调速得到的人工机械特性与自然机械特性相比，其特性硬度（　　）。

（A）变软　　　　　　　　　　　　　（B）变硬

（C）不变　　　　　　　　　　　　　（D）先变软后变硬

10. 监视直流电动机的电源电压时，一般电压的变动量应限制在额定电压的（　　）范围内。

（A）±（5~10）%　　（B）5%~10%　　（C）10%~15%　　（D）15%~20%

11. 在额定负载的情况下，一般直流电动机只允许有不超过（　　）级的火花。

（A）$\frac{1}{2}$　　　　（B）1　　　　（C）$1\frac{1}{2}$　　　　（D）2

## 四、简答题

1. 写出直流电动机的功率平衡方程式，并说明方程式中各符号所代表的意义。式中哪几部分的数值与负载大小基本无关？

2. 直流电机产生的电磁转矩 $T = C_T \Phi I_a$，对于直流发电机和直流电动机来说，所起的作用有什么不同？

3. 什么叫直流电机的电枢反应？电枢反应对直流电动机带来哪些影响？

4. 并励直流电动机和串励直流电动机的机械特性有什么不同？根据它们的机械特性说明它们的主要用途。

5. 什么是直流电动机的人为机械特性？并画图说明他励直流电动机的三种人为机械特性曲线。

6. 直流电动机运行中如何观察火花？如何判断火花大小？

7. 如何调整电刷的几何中性线？

8. 如何正确使用直流电动机？

9. 电动机在使用前应检查的项目有哪些？

# 任务三　直流电动机的维修

## 一、填空题

1. 直流电动机起动瞬间，转速为零，_____也为零，加之电枢电阻又很小，所以起动电流很大，可达额定电流的____倍。

2. 直流电动机的起动方法有_____起动和____起动。

3. 直流电动机的调速方法有改变_____调速、改变_____调速、改变_____调速等。

4. 当直流电动机负载大小和磁通不变时，电枢两端电压与转速的关系式电压____转速____，因端电压不能超过额定电压值，故改变电源电压调速转速只能____。

5. 改变电枢回路电阻调速时，转速随电枢回路电阻的增加而____，机械特性将会____。

6. 改变励磁回路电阻调速时，转速随主磁通的减少而____，但最高转速常控制在__倍额定转速以下。

7. 改变直流电动机旋转方向的方法有两种，一种是改变_____方向，另一种是改变_____方向。若同时采用以上两种方法，则直流电动机的旋转方向____。

8. 直流电动机常用的电气制动方法有____制动、____制动、_____制动。

9. 再生制动时直流电动机处于_____运行状态，电磁转矩对电动机起制动作用。

10. 反接制动时，当电动机降至_____时，应及时切断电源，防止_____反转。

## 二、判断题

1. （　　）直流电动机的起动电流通常可达到额定电流的 10~20 倍。

2. （　　）直流电动机通常采用降低电枢电压和电枢回路串电阻两种方法起动。

3. （　　）同时改变励磁电流和电枢电流的方向，则直流电动机的转向改变。

4. （　　）除小容量电动机外，直流电动机一般不允许直接起动。

5. （　　）直流并励电动机的励磁绕组决不允许开路。

6. （　　）要改变直流电动机的转向，只要同时改变励磁电流方向及电枢电流的方向即可。

7. （　　）并励直流电动机起动时，应先将励磁回路电阻由小往大调节。

8. （　　）在并励直流电动机电枢回路中串联起动电阻，除起动时刻用来限制起动电流外，运行时调节此电阻，又可起调速的作用。

9. （　　）改变励磁回路电阻调速法可自由地增大或减小转速，是一种应用范围非常广的调速方法。

10. （　　）使用并励直流电动机时，发现转向不对，应将接到电源两端的两根线对调一下。

11. （　　）电磁转矩与电枢旋转方向相反时，电动机处于制动运行状态。

12. （　　）电枢反电动势大于电源电压时，直流电动机处于制动运行状态。

13. （　　）并励直流电动机进行反接制动时，应同时在电枢线路串入适当的电阻，否则其电枢反向制动电流将达到近两倍直接起动电流值，电动机将受到损伤。

三、选择题

1. 直流电动机的起动电流通常可达到额定电流的 10～20 倍，所以要限制起动电流，一般把起动电流限制在（　　）$I_N$ 的范围内。

（A）1.5～2.5　　　（B）4～7　　　（C）3～5　　　（D）5～10

2. 要改变直流电动机的转动方向，以下方法可行的是（　　）。

（A）改变电流的大小　　　　　　（B）改变磁场的强弱

（C）改变电流的方向或磁场方向　　（D）同时改变电流和磁场的方向

3. 运行着的并励直流电动机，当其电枢电路的电阻和负载转矩都一定时，若降低电枢电压后，主磁极磁通仍维持不变，则电枢转速将会（　　）。

（A）升高　　　（B）降低　　　（C）不变　　　（D）先升高后降低

4. 直流电动机的能耗制动是指切断电源后，把电枢两端接到一只适宜的电阻上，此时电动机处于（　　）。

（A）电动机状态　　　　　　（B）发电机状态

（C）惯性状态　　　　　　　（D）反接制动状态

5. 直流电动机反接制动时，电枢电流很大，这是因为（　　）。

（A）电枢反电动势大于电源电压　（B）电枢反电动势为零

（C）电枢反电动势与电源电压同方向　（D）电枢反电动势与电源电压反方向

6. 直流电动机在进行电枢反接制动时，应在电枢回路中串入一定的电阻，所串电阻值不同、制动速度也不同，若所串电阻阻值较小，则制动过程所需时间（　　）。

（A）较长　　　　　　　　　（B）较短

（C）不变           （D）与电阻值大小无关

7. 造成直流电动机无法起动的原因不包括（　　　）。

（A）电源无电压           （B）励磁回路断开

（C）电刷回路断开         （D）起动电流太大

8. 造成直流电动机电刷下火花过大的原因不包括（　　　）。

（A）电刷不在中心线上       （B）电刷压力不当

（C）换向器表面不光洁       （D）电动机轻载

9. （　　　）不是造成直流电动机机壳带电的主要原因。

（A）电机受潮后绝缘电阻下降    （B）引出线碰壳

（C）各绕组绝缘损坏造成对地短路   （D）正、反转过于频繁

10. 当负载长期过载引起电动机温升过高故障的处理措施是（　　　）。

（A）更换功率大的电动机     （B）检查电源电压

（C）分别检查原因         （D）避免不必要的正、反转

## 四、简答题

1. 直流电动机调速的方法有哪几种？各有何特点？

2. 采用励磁反接的方法使并励电动机反转，将会产生什么后果？

3. 直流电动机常用的电气制动方法有哪几种？比较其优缺点。

4. 简述直流电动机无法起动故障的可能原因。

5. 简述直流电动机电刷下火花过大故障的可能原因和处理方法。

6. 简述直流电动机机壳带电故障的可能原因和处理方法。

7. 简述直流电动机机壳带电故障的处理方法。

# 第七单元 特种电机及其维护

## 任务一 伺服电动机的维护

### 一、填空题

1. 伺服电动机又称为_____，它具有一种服从_____的要求而动作的职能。

2. 伺服电动机的作用是把所接收的电信号转换为电动机转轴的_____和_____。

3. 交流伺服电动机的结构和____异步电动机相似，其定子上有两个绕组，即_____和____绕组。这两个绕组在定子圆周上相差____电角度。

4. 交流伺服电动机的转速控制方式为_____、_____和_____。

5. 直流伺服电动机按励磁方式可分为_____和_____；按速度控制方式可分为____控制和____控制。

### 二、判断题

1. （  ）交流伺服电动机为克服自转现象，广泛采用空心杯转子。

2. （  ）直流伺服电动机的工作原理和普通直流电动机相同。

3. （  ）交流伺服电动机的转速不但与励磁电压、控制电压的幅值有关，而且与励磁电压、控制电压的相位差有关。

4. （  ）直流伺服电动机的转向不受控制电压极性的影响。

5. （  ）直流伺服电动机不存在自转现象。

6. （  ）交流伺服电动机的负载一定时，控制电压越高，转速越高。

7. （  ）交流伺服电动机的控制电压一定时，负载增加，转速下降。

8. （  ）一般直流伺服电动机广泛用于自动控制系统中作执行元件，亦可作驱动元件。

9. （  ）永磁交流伺服电动机适用于精密数控机床控制的关键执行部件。

10. （  ）直流伺服电动机的优点是具有线性的机械特性，但起动转矩不大。

11. （  ）直流伺服电动机不论是他励式还是永磁式，其转速都是由信号电压控制的。

12. （  ）在直流伺服电动机中，信号电压若加在电枢绕组两端，称为电枢控制；若加在励磁绕组两端，则称为磁极控制。

13. （　　）交流伺服电动机电磁转矩的大小取决于控制电压的大小。

14. （　　）在自动控制系统中，伺服电动机常作为信号元件来使用。

三、选择题

1. 在自动控制系统中，把输入的电信号转换成电动机轴上的角位移或角速度的电磁装置称为（　　　）。

（A）伺服电动机　　　　　　　　　（B）测速发电机

（C）交磁放大机　　　　　　　　　（D）步进电动机

2. 交流伺服电动机实质上就是一种（　　　）。

（A）交流测速发电机　　　　　　　（B）微型交流异步电动机

（C）交流同步电动机　　　　　　　（D）微型交流同步电动机

3. 交流伺服电动机的定子圆周上装有（　　　）的绕组。

（A）一个　　　　　　　　　　　　（B）两个互差 90°电角度

（C）两个互差 180°电角度　　　　 （D）两个串联

4. 空心杯交流伺服电动机，当只给励磁绕组通入励磁电流时，产生的磁场为（　　　）。

（A）脉动磁场　　　　　　　　　　（B）旋转磁场

（C）恒定磁场　　　　　　　　　　（D）在脉动磁场与恒定磁场之间变化

5. 直流伺服电动机的励磁绕组通入励磁电流时，产生的磁场为（　　　）。

（A）脉动磁场　　　　　　　　　　（B）旋转磁场

（C）恒定磁场　　　　　　　　　　（D）在脉动磁场与恒定磁场之间变化

6. 直流伺服电动机的励磁方式几乎只采取（　　　）。

（A）串励式　　　（B）并励式　　　（C）复励式　　　（D）他励式

7. 直流伺服电动机励磁电压和电枢电压（　　　）时，负载增加转速下降。

（A）一定　　　（B）增加　　　（C）下降　　　（D）先增加后下降

8. 交流伺服电动机的控制绕组与（　　　）相连。

（A）交流电源　　　（B）直流电源　　　（C）信号电压　　　（D）励磁绕组

9. 在工程上，信号电压一般多加在直流伺服电动机的（　　　）两端。

（A）定子绕组　　　（B）电枢绕组　　　（C）励磁绕组　　　（D）起动绕组

10. 他励式直流伺服电动机的正确接线方式是（　　　）。

（A）定子绕组接信号电压，转子绕组接励磁电压

（B）定子绕组接励磁电压，转子绕组接信号电压

（C）定子绕组和转子绕组都接信号电压

（D）定子绕组和转子绕组都接励磁电压

11. 直流伺服电动机实质上就是一台（　　　）直流电动机。

（A）他励式　　　（B）串励式　　　（C）并励式　　　（D）复励式

12. 直流伺服电动机的结构、原理与一般（　　　）基本相同。

（A）直流发电机　（B）直流电动机　（C）同步电动机　（D）异步电动机

13. 交流伺服电动机电磁转矩的大小与控制电压的（　　）有关。

（A）大小　　　　　（B）相位　　　　　（C）大小和相位　（D）大小和频率

## 四、简答题

1. 交流伺服电动机的"自转"现象是指什么？怎样克服"自转"现象？

2. 交流伺服电动机是如何通过改变控制绕组上的控制电压来控制转子转动的？

3. 简述直流伺服电动机的工作原理。

## 任务二　步进电动机的维护

### 一、填空题

1. 步进电动机也称_____，它是把输入的_____信号，转换成_____或_____的控制电动机。

2. 三相磁阻式步进电动机的定子绕组上装有__个均匀分布的磁极，每个磁极上都绕有_____，绕组接成三相____联结；转子上无绕组，有__个磁极。

3. 步进电动机的转速大小取决于_____，频率越高，转速____。转动方向取决于_____。

4. 步进电动机按励磁方式分为_____、_____和_____。

5. 通常把由一种通电状态转换为另一种通电状态称为一拍，每一拍转过的角度叫作步距角 $\theta_s$，步距角 $\theta_s$ 的大小与转子齿数 $Z_R$ 和拍数 $N$ 的关系式为_____。

### 二、判断题

1. （　　）同一台步进电动机通电拍数增加 1 倍，步距角减小为原来的 1/2，控制的进度将有所提高。

2. （　　）不论通电拍数为多少，步进电动机步距角与通电拍数的乘积等于转子一个磁极在空间所占的角度。

3. （　　）步进电动机运动的方向取决于控制绕组通电的顺序。

4. （　　）步进电动机转速与电源电压、绕组电阻及负载有关。

5. （　　）步进电动机的转速与脉冲电源频率保持着严格的比例关系。

6. （　　）在恒定脉冲电源作用下，步进电动机可作为同步电动机使用，也可在脉冲电源控制下很方便地实现速度调节，

三、选择题

1. 某三相反应式步进电动机转子有 40 个磁极，采用单三拍供电，步距角为（　　）。

（A）1.5°　　　（B）3°　　　（C）9°　　　（D）18°

2. 某三相反应式步进电动机采用 6 拍供电，通常次序为（　　）。

（A）U→V→W→UV→VW→WU→U

（B）U→VW→V→UW→W→VU→U

（C）U→UV→V→VW→W→WU→U

（D）U→W→V→UV→→VW→WU

3. 一台三相磁阻式步进电动机，采用三相双三拍供电时，步距角为 1.5°，则其转子齿数为（　　）。

（A）40　　　（B）60　　　（C）90　　　（D）120

四、简答题

1. 在三相磁阻式步进电动机中，什么叫三相单三拍运行方式？什么叫三相双三拍运行方式？

2. 简述步进电动机的维护方法。

**五、计算题**

1. 一台反应式步进电动机，其 $Z_R = 40$，采用三相单三拍运行方式，则每一拍转子转过的步距角为多少？

2. 一台三相反应式步进电动机，采用三相单三拍运行方式，转子齿数 $Z_R = 40$，脉冲电源频率 500Hz，试求：

（1）电动机的步距角 $\theta_s$；

（2）电动机的转速 $n$；

（3）电动机每秒钟转过的机械角度。

# 第八单元　同步电机及其维护

## 任务一　同步发电机的维护

### 一、填空题

1. 在交流电机中，转子转速严格等于同步转速的电机称为_____。它包括_____、_____和_____。

2. 同步电机按结构分，有____和____两种。

3. 同步电机按通风方式分为_____、_____和_____；按冷却方式分为_____、_____和_____。

4. 同步发电机的定子铁心一般由_____叠成，沿轴向叠成多段形式，各段间留有通风槽。

5. 水轮同步发电机的转子磁极由厚度为_____叠成，磁极两端有磁极压板。

6. 汽轮同步发电机的转速较__，为了减少高速旋转引起的_____，转子一般做成细长的_____圆柱体。

7. 水轮同步发电机转速较__，要发出工频电能，发电机的____比较多。因此，发电机的转子常做成直径大、轴向长度短的_____结构。

8. 同步发电机极对数 $p$ 以及电力系统 $f$ 一定时，发电机的转速 $n$ 为恒值，$n =$ _____。

9. 同步发电机定子绕组感应电动势的频率取决于它的____和_____。

10. 汽轮发电机磁极对数 $p = 1$，我国交流频率为 50Hz，汽轮发电机转速应为____ r/min。

11. 同步发电机转速为 150r/min，要求发出 60Hz 的交流电，此发电机有__对磁极。

12. 同步发电机的励磁方式主要有_____励磁和_____励磁两大类。

13. 同步发电机半导体励磁系统分为_____和_____两种。

### 二、判断题

1. （　　）同步电机主要分同步发电机和同步电动机两类。

2. （　　）当在同步电动机的定子三相绕组中通入三相对称交流电流时，将会产生电枢旋转磁场，该磁场的旋转方向取决于三相交流电流的初相角大小。

3. （　　）同步电机与异步电机一样，主要是由定子和转子两部分组成。

4. （　　）同步发电机运行时，必须在励磁绕组中通入直流电来励磁。

5. （　　）同步发电机是根据导体切割磁力线感应电动势这一基本原理工作的。

6. （　　）同步发电机运行时，必须在励磁绕组中通入直流电来励磁。

7. （　　）同步发电机半导体励磁系统中担任整流的装置可以是硅整流装置，也可以使晶闸管整流装置。

8. （　　）当在同步电动机的定子三相绕组中通入三相对称交流电流时，将会产生电枢旋转磁场，该磁场的旋转方向取决于三相交流电流的初相角大小。

9. （　　）同步电动机通常做成凸极式。

10. （　　）满足以下条件，就可以使同步发电机与电网并联运行：发电机电压和电网电压有相同的有效值、极性和相位，还要有相同的相序。

三、选择题

1. 按功率转换关系，同步电机可分（　　）类。
（A）1　　　　　（B）2　　　　　（C）3　　　　　（D）4

2. 汽轮发电机的转子一般做成隐极式，采用（　　）。
（A）良好导磁性能的硅钢片叠加而成
（B）良好导磁性能的高强度合金钢锻成
（C）1~1.5mm厚的钢片冲制后叠成
（D）整块铸钢或锻钢制成

3. 同步发电机的定子上装有一套在空间上彼此相差（　　）的三相对称绕组。
（A）30°　　　　　　　　　　（B）60°电角度
（C）90°　　　　　　　　　　（D）120°电角度

4. 同步电机的转子磁极上装有励磁绕组，由（　　）励磁。
（A）正弦交流电　　　　　　　（B）三相对称交流电
（C）直流电　　　　　　　　　（D）脉冲电流

5. 转速为 $n=250 \text{r/min}$，发出 50Hz 交流电的同步发电机磁极对数 $p$ 为（　　）。
（A）50　　　　　（B）12　　　　　（C）24　　　　　（D）6

6. 同步发电机的工作原理是（　　）。
（A）电流的热效应　　　　　　（B）电流的磁效应
（C）电磁感应　　　　　　　　（D）通电导体在磁场中受力

7. 同步电动机的工作原理是（　　）。
（A）电流的热效应　　　　　　（B）电流的磁效应
（C）电磁感应　　　　　　　　（D）通电导体在磁场中受力

8. 大容量的同步发电机均采用（　　）。
（A）自励系统　　　　　　　　（B）半导体励磁系统
（C）他励系统　　　　　　　　（D）直流发电机励磁

**四、简答题**

1. 为什么同步电动机大多采用旋转磁极式结构？

2. 汽轮发电机和水轮发电机在结构特点上有什么不同？

3. 为什么同步发电机的转速只有 3000r/min、1500r/min、1000r/min 等若干固定的转速等级，而不能有任意转速？

4. 同步发电机的励磁方式有哪些？

5. 简述同步电动机的工作原理。

6. 简述同步发电机并联运行的优点和条件。

# 任务二 同步电动机的维护

## 一、填空题

1. 转子磁场超前定子磁场 $\theta$ 角时，同步电动机处于_____状态；转子磁场滞后定子磁场 $\theta$ 角时，同步电动机处于_____状态。

2. 同步电动机发生失步现象时，_____很大，应尽快_____，避免损坏同步电动机。

3. 同步电动机异步起动时没有起动转矩，这是由于转子的____造成的；同步电动机的起动方法有_____、_____和_____。

4. 采用异步起动法的同步电动机，起动时切忌励磁绕组____，也不能将励磁绕组直接短路，在向定子绕组通电之前，应在励磁回路中_____。

5. 同步电动机的励磁方式有_____、_____和_____。

6. 同步补偿机实际上是工作在_____状态的____运行的同步电动机。

7. 同步补偿机的作用是_____。

8. 同步电动机的电磁功率只与两个因素有关，一个因素是_____，另一个因素是_____。

9. 只向电网输出感性无功功率，这种同步电动机称为_____，也称为_____。

10. 同步补偿机在使用时，一般应将其接在_____，以就近向用户提供____无功功率。

11. 同步补偿机实际是一台在____状态下____运行的同步电动机。

12. 同步补偿机在运行时能够输出较大的_____。这就相当于给电网并联了一个大容量的电容器，使电网的_____得到了提高。

## 二、判断题

1. （　）异步起动时，同步电动机的励磁绕组不准开路，也不能将励磁绕组直接短路。

2. （　）同步电动机采用异步起动法起动时，起动电流太大，就应该采用减压起动，以减少启动电流。

3. （　）同步电动机的励磁电流小于正常励磁电流时，同步电动机就成了容性负载。

4. （　）同步电动机采用异步起动法起动时，当转速为零时，异步笼型绕组中的电流值最小，当转速为同步转速时异步绕组中的电流值最大。

5. （　）同步电动机转子的励磁大，吸引力大，功率就大。

6. （　）在同样的磁场作用下，功角 $\theta$ 越大，产生的功率也就越大。

7. （　）同步补偿机实际上就是一台满载运行的同步电动机。

8. （　　）在用电区安装同步补偿机，当用电负荷不变时，加大补偿机的励磁电流。这时用电区输电线路上的电流值将减少。

9. （　　）同步电动机的无功功率、功率因数是可以通过改变励磁来调节的。

10. （　　）同步电动机一般都工作在欠励磁状态。

**三、选择题**

1. 同步电动机转子的励磁绕组的作用是通电后产生一个（　　）磁场。

（A）脉动　　　　　　　　　　　（B）交变

（C）极性不变但大小变化的　　　（D）大小和极性都不变化的恒定

2. 同步电动机出现"失步"现象的原因是（　　）。

（A）电源电压过高　　　　　　　（B）电源电压太低

（C）电动机轴上负载转矩太大　　（D）电动机轴上负载转矩太小

3. 异步起动时，同步电动机的励磁绕组不能直接短路，否则（　　）。

（A）引起电流太大，电动机发热

（B）将产生高电动势，影响人身安全

（C）将发生漏电，影响人身安全

（D）转速无法上升到接近同步转速，不能正常起动

4. 同步电动机一般采用的起动方法是（　　）。

（A）直接起动　　（B）异步起动　　（C）同步起动　　（D）辅助起动

5. 同步补偿机实际上就是一台（　　）。

（A）空载运行的同步电动机　　　（B）负载运行的同步电动机

（C）空载运行的同步发电机　　　（D）负载运行的同步发电机

6. 同步补偿机在使用时，一般应将其接在（　　）。

（A）用户区　　　　　　　　　　（B）同步发电机附近

（C）电源附近　　　　　　　　　（D）供电线路中间

7. 同步补偿机工作在（　　）状态下。

（A）空载　　　（B）满载　　　（C）过载　　　（D）轻载

8. 同步补偿机在过励磁状态下空载运行，电流 $I$ 将超前电压 $U$ 为（　　）。

（A）30°　　　（B）60°　　　（C）90°　　　（D）120°

**四、简答题**

1. 什么是同步电动机的失步现象？失步的原因是什么？

2. 为什么同步电动机不能自行起动？

3. 异步起动法起动同步电动机时，为什么其励磁绕组要通过电阻短路？

4. 为什么过励状态下的同步电动机能够提高电路的功率因数？

5. 什么叫作同步补偿机？其主要作用是什么？